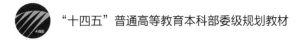"十四五"普通高等教育本科部委级规划教材

U0692892

新编服装材料学

宋文芳　杨雅蝶　编著

中国纺织出版社有限公司

内 容 提 要

本书是"十四五"普通高等教育本科部委级规划教材。本书深入浅出地介绍了服装材料的基础理论与应用设计，内容从纤维、纱线到织物，系统阐述了各类服装材料的特性与分类，并详细讲解了织物染色、印花和整理技术。书中还探讨了可持续服装材料、功能与智能服装材料的发展趋势，以及服装的服用性能和风格特征。本书的主要特色在于紧密结合实际应用，通过丰富的案例分析和设计实践，使读者能够全面掌握服装材料的设计与应用，具有较高的实用性和前瞻性。

本书适合高等院校服装专业师生作为教材使用，也可供服装制作相关从业者参考阅读。

图书在版编目（CIP）数据

新编服装材料学 / 宋文芳，杨雅蝶编著. --北京：中国纺织出版社有限公司，2024. 12. --（"十四五"普通高等教育本科部委级规划教材）. -- ISBN 978-7-5229-2407-6

Ⅰ. TS941. 15

中国国家版本馆 CIP 数据核字第 202499FN56 号

责任编辑：宗　静　　特约编辑：曹昌红
责任校对：高　涵　　责任印制：王艳丽

中国纺织出版社有限公司出版发行
地址：北京市朝阳区百子湾东里 A407 号楼　邮政编码：100124
销售电话：010—67004422　传真：010—87155801
http://www.c-textilep.com
中国纺织出版社天猫旗舰店
官方微博 http://weibo.com/2119887771
北京通天印刷有限责任公司印刷　各地新华书店经销
2024 年 12 月第 1 版第 1 次印刷
开本：787×1092　1/16　印张：19.25
字数：320 千字　定价：68.00 元

凡购本书，如有缺页、倒页、脱页，由本社图书营销中心调换

前 言
PREFACE

在人才培养模式转变及教学方法改革的背景下，我们深刻认识到，传统的服装材料学教材已经难以满足当前教学的需求。传统的教材往往侧重于理论知识的灌输，而忽视了与实践的结合，导致学生难以将所学知识应用于实际设计中。此外，随着科技的飞速发展，新型服装材料层出不穷，传统教材在内容更新上也存在滞后性。因此，我们迫切需要一本能够紧跟时代步伐、注重实践应用的服装材料学教材。

本书的编写思路是以服装材料学的基础理论为框架，结合实际应用案例，深入浅出地介绍各类服装材料的特性、分类及应用。在内容设计上，我们力求做到全面而深入，既涵盖传统材料的特性与应用，又融入现代科技对材料学的影响。同时，我们更加注重材料与设计的结合，以及材料如何为设计提供灵感和支撑。因此，在章节安排上，我们特别增设了功能与智能材料、可穿戴技术和可持续材料等内容，以拓宽学生的视野，激发他们的设计灵感和创新意识。

本书特色明显，巧妙融合理论与实践：系统讲解服装材料基础理论的同时，穿插大量实践案例，使知识与实践无缝对接，助力学生深刻领悟材料特性及应用，强化问题解决能力。内容全面且有前瞻性，覆盖纤维、纱线、织物、染色、印花、后整理至功能与智能、可持续材料等广泛领域，紧跟新型服装材料发展潮流，确保教材既有前瞻性又实用。创新、启发并重，引导学生探索材料与设计融合方法，通过案例分析与实践，激发创意与设计潜能。结构清晰，语言简洁，辅以丰富图表，极大提升阅读体验与学习效率。

在使用本书进行教学时，建议教师注重以下几点：一是要注重理论与实践相结合，通过案例分析、实践操作等方式，加深学生对服装材料特性的理解和掌握；二是要关注学生的创新意识和设计能力的培养，鼓励学生积极探索新型服装材料的应用领域和设计方法；三是要注重教材的更新和完善，及时关注新型服装材料的发展趋势，将最新成果引入教学中。

本书由宋文芳负责整体框架的构建和内容的统筹。杨雅蝶协助完成书稿的修改和完善工作。各章节的编写分工如下：绪论、第一章至第四章、第七章至第十二章由宋文芳编写；第五章至第六章由杨雅蝶编写。最后由宋文芳负责统稿工作。

在本书的编著过程中，我们得到了多位专家的悉心指导和宝贵建议。特别是柴丽芳副教授、李晓英老师、陈子豪老师等，他们对书稿进行了认真地审阅和修改，提出了许多中肯的意见和建议。在此，我们向所有为本书付出辛勤努力的审稿人表示衷心的感谢！

虽然我们在本书的编著过程中付出了巨大的努力，但由于时间仓促和水平有限，书中难免存在疏漏和不足之处。恳请广大读者在使用过程中不吝赐教，提出宝贵的意见和建议，以便我们不断改进和完善。

编著者

2024 年 10 月 30 日

教学内容与课时安排

章（课时）	课程性质（课时）	节	课程内容
第一章 （2课时）		●	绪论
第二章 （6课时）		●	服装用纤维
		一	纺织纤维概述
		二	服装用天然纤维
		三	服装用化学纤维
		四	服装用新型纤维
第三章 （4课时）		●	纱线
		一	纱线概述
		二	复杂纱线种类及其应用
第四章 （6课时）	服装材料构成认知与实践 （30课时）	●	机织物
		一	机织物概述
		二	基本织物组织及应用
		三	变化织物组织及应用
		四	机织物规格参数
第五章 （6课时）		●	针织物
		一	针织物概述
		二	纬编针织物
		三	经编针织物
		四	针织组织结构参数
第六章 （6课时）		●	服装面料的染整
		一	服装面料的染色
		二	服装面料的印花
		三	服装面料的整理
第七章 （4课时）	服装新材料与技术认知与实践 （12课时）	●	可持续服装材料
		一	可持续发展的由来及概念

续表

章（课时）	课程性质（课时）	节	课程内容
第七章 （4课时）	服装新材料与技术认知与实践 （12课时）	二	生物质服装材料
		三	可回收服装材料
第八章 （4课时）		●	功能与智能服装材料
		一	功能材料与服装设计
		二	智能材料与服装设计
第九章 （4课时）		●	智能可穿戴服装技术
		一	智能可穿戴服装技术概述
		二	智能可穿戴技术的应用案例
第十章 （4课时）	服装面料性能与风格认知 （8课时）	●	织物的服用性能
		一	织物的外观性能
		二	织物的舒适性能
		三	织物的耐用性能
		四	织物的保养性能
第十一章 （4课时）		●	织物与服装的风格特征
		一	织物的风格
		二	服装的风格
		三	面料和服装的感性风格评价及设计
第十二章 （8课时）	服装材料的选择依据与实践 案例分析 （8课时）	●	服装材料的选择
		一	服装的分类
		二	日常穿着服装材料的选择
		三	特殊功能类服装材料的选择
		四	创意服装材料的选择

注　各院校可根据自身的教学特色和教学计划对课程时数进行调整。

目 录
CONTENTS

第一章　绪论··**001**

　　本章小结···014

　　思考与练习···015

第二章　服装用纤维·····································**017**

　　第一节　纺织纤维概述·····································018

　　第二节　服装用天然纤维···································025

　　第三节　服装用化学纤维···································036

　　第四节　服装用新型纤维···································047

　　本章小结···052

　　思考与练习···052

第三章　纱线···**053**

　　第一节　纱线概述···054

　　第二节　复杂纱线种类及其应用·····························060

　　本章小结···066

　　思考与练习···067

第四章　机织物···**069**

　　第一节　机织物概述·······································070

　　第二节　基本织物组织及应用·································074

　　第三节　变化织物组织及应用·································083

　　第四节　机织物规格参数···································092

本章小结 ·· 093

思考与练习 ··· 094

第五章　针织物 ··· **095**

第一节　针织物概述 ······································ 096

第二节　纬编针织物 ······································ 098

第三节　经编针织物 ······································ 123

第四节　针织组织结构参数 ······························ 129

本章小结 ·· 131

思考与练习 ··· 131

第六章　服装面料的染整 ······························· **133**

第一节　服装面料的染色 ·································· 134

第二节　服装面料的印花 ·································· 142

第三节　服装面料的整理 ·································· 146

本章小结 ·· 149

思考与练习 ··· 149

第七章　可持续服装材料 ······························· **151**

第一节　可持续发展的由来及概念 ······················ 152

第二节　生物质服装材料 ·································· 155

第三节　可回收服装材料 ·································· 163

本章小结 ·· 168

思考与练习 ··· 168

第八章　功能与智能服装材料 ························· **169**

第一节　功能材料与服装设计 ···························· 170

第二节　智能材料与服装设计 ···························· 187

本章小结 ·· 196

思考与练习 ··· 196

第九章　智能可穿戴服装技术 ……………………………………… **197**

第一节　智能可穿戴服装技术概述 ………………………198

第二节　智能可穿戴技术的应用案例 ……………………210

本章小结 …………………………………………………215

思考与练习 ………………………………………………215

第十章　织物的服用性能 …………………………………………… **217**

第一节　织物的外观性能 …………………………………218

第二节　织物的舒适性能 …………………………………226

第三节　织物的耐用性能 …………………………………229

第四节　织物的保养性能 …………………………………234

本章小结 …………………………………………………237

思考与练习 ………………………………………………237

第十一章　织物与服装的风格特征 ……………………………… **239**

第一节　织物的风格 ………………………………………240

第二节　服装的风格 ………………………………………248

第三节　面料和服装的感性风格评价及设计 ……………254

本章小结 …………………………………………………261

思考与练习 ………………………………………………261

第十二章　服装材料的选择 ………………………………………… **263**

第一节　服装的分类 ………………………………………264

第二节　日常穿着服装材料的选择 ………………………265

第三节　特殊功能类服装材料的选择 ……………………272

第四节　创意服装材料的选择 ……………………………286

本章小结 …………………………………………………293

思考与练习 ………………………………………………293

参考文献 …………………………………………………………………… **295**

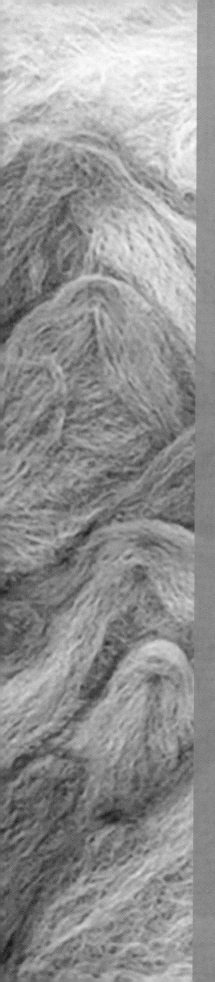

第一章

绪论

课题名称：绪论

课题内容：1.服装的概念

2.服装的功能

3.服装材料的含义及重要性

4.服装材料的分类及重要的服装材料

5.服装材料的发展历史及未来趋势

6.服装材料学的研究内容

上课时数：2课时

训练目的：使学生了解服装的基本概念、功能、材料及发展历程，
强调服装材料的重要性，并培养其逻辑思维与创新能力，
旨在造就既懂实践技能又具设计思维的复合型人才，提
升学生综合竞争力和行业发展潜力。

教学要求：1.让学生了解服装的基本概念、功能及服装材料的重要性。

2.掌握服装材料的发展历史及未来趋势。

3.明白服装功能如何通过材料实现，以及材料在服装制
作中的角色。

4.理解服装的演变规律，明确现代服装设计的要点与发
展方向。

课前准备：阅读服装概论、服装史方面的书籍。

在茹毛饮血的猿人时期，人们用兽皮和树叶保护身体，遮蔽烈日或御寒，这是最原始服装的雏形。在距今25000年周口店山顶洞中发掘出的骨针足以证明，北京山顶洞人时期正是中国服饰的起源期。那时的人们已用骨针缝制兽皮制作的衣服，用兽牙、骨管、石珠等做成串饰进行装扮。再晚一些时候，又出现了石和陶制的纺轮，说明除兽皮外，人类还会用植物纤维来纺织。在现代社会，服装除了满足人类生活的基本功能，还成为人体的装饰物品，更多是成为一个人的生活水准、消费层次和社会地位身份的参考品。智能服装的出现拓展了服装的功能，如运动监测功能。未来智能服装可能会具备更多元化的功能，如健康监测等（图1-1）。

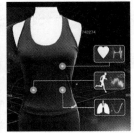

图1-1　服装的演化

一、服装的概念

从广义上讲，服装是指覆盖人体躯干和四肢、手部、脚部与头部的遮蔽物。除了我们理解的常规的衣服，手套、鞋靴或者帽子均属于服装的范畴。从狭义上讲，服装仅指覆盖躯干和四肢的遮蔽物，也是我们通常认为的服装。书中提到的服装是指狭义概念上的服装。

二、服装的功能

（一）遮体功能

服装覆盖在体表之上，起到遮羞作用，这是服装最基本的功能。

（二）防护功能

服装可以保护人体免受寒冷天气、机械外力、蚊虫叮咬、灰尘等其他物质对人体的伤害。在特殊场合，高科技服装可以帮助人体对抗外界极端环境，如消防服、防化服、航空航天服等。

（三）调节体温的功能

服装可以作为人体调节体温的一种手段。在高温天气，人们可以通过减少服装件数或者厚度，促进人体向外界环境的散热；在寒冷的天气，人们可以通过增加服装层数或者厚度，减少人体的散热量。

（四）装饰功能

一方面，服装应对人体起到美化装饰作用。设计良好的服装应该能够掩盖人体缺陷，突出人体形态美感，满足人们精神上美的享受。另一方面，服装的装饰功能丰富多样，它巧妙地将色彩、图案、面料、款式及配饰等融为一体，创造出千姿百态的视觉盛宴。

（五）标志功能

服装可以用来表示穿用者的地位、身份和权力，是各个时代常用的一种标识手段。借助服装就可以了解穿着者所属，如军服、警服、消防服、校服等。

（六）保健功能

服装的保健功能是指服装可以调节皮肤和服装之间的微气候，使其保持在人体感觉舒适的温湿度。同时，可以保持皮肤表面清洁，其能吸收皮肤的排泄物、脱落的表皮细胞等，还能抵御外部灰尘、煤烟及其他粉末等污染，使其不致污染皮肤。近年来，服装的保健功能进一步延伸，高科技的服装可以对人体有理疗作用。例如，北极绒推出的色拉姆保暖内衣，在其原料纤维中加入了远红外线放射陶瓷，这一元素能够反射人体辐射的红外线，对人体起到加热理疗作用。

三、服装材料的含义及重要性

（一）服装材料的含义

服装材料是指用于构成服装产品的所有材料，主要包括面料和辅料（图1-2）。面料是体现服装主体特征的材料，是用于服装外层的基本材料，对服装的造型、色彩、功能起主要作用。辅料是指除面料以外的一切辅助性材料，如里料、填充材料、缝纫线、拉链、纽扣、花边、使用说明吊牌等。目前，服装基本上都包含面料和辅料两部分，例如，一件简单的T恤衫除了主体面料外，还包括缝纫线和标签等辅料。

（a）面料

（b）辅料

图1-2　服装材料

全成型服装可以不包含辅料，是采用世界上尖端针织设备生产的、三维一次成型的整件衣衫。因为是一体成型，也就是没有裁剪、没有缝纫，因此也没有拼缝，没有缝线，穿着更舒适、妥帖，深得全球高端人士的喜爱和青睐。如图1-3所示为优衣库在2021年中国国际进口博览会上演示的一体成型3D无缝编织连衣裙及制造技术。目前，全成型服装制备方法太耗时，制造款式单一，无法及时满足消费者需求。未来全成型服装的广泛应用还会依赖于技术的进一步发展。

图1-3　优衣库展示的一体成型
3D无缝编织连衣裙及制造技术

（二）服装材料的重要性

在服装设计领域，服装构成的三要素包括服装的颜色、造型和材料，其中服装材料是物质载体，对服装起到决定性作用。服装材料不仅影响服装的功能，还对服装颜色和造型有重要影响。服装的颜色通过附着在材料上得以体现，同时不同材料染成相同的颜色后获得的服装风格也大不相同。例如，皮革和丝绸染有相同属性的红色，其中红色皮革服装呈现较强的光泽感，加上皮革面料的硬朗线条，使其具有复古感，衬托得着装者更加大气；相同的红色染在丝绸上，光泽感强，加上丝绸的悬垂性，使服装具有一种高贵的奢华感，妩媚优雅（图1-4）。另外，服装的款式造型亦需依靠服装材料的厚薄、轻重、柔软、挺括、悬垂性等因素。

因此，只有充分发挥服装材料的性能和特性，使材料特点与

图1-4　红色在皮革和丝绸服装上呈现的风格

服装色彩、造型风格完美结合，相得益彰，才能使服装设计取得良好的效果。

四、服装材料的分类及重要的服装材料

（一）服装材料的分类

服装材料根据功能可以分为面料与辅料，而根据原材料性质可以分为纺织制品与非纺织制品（图1-5）。

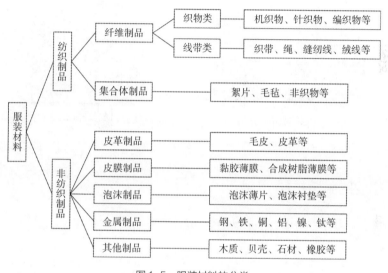

图1-5 服装材料的分类

1. 纺织制品

纺织制品主要分为纤维制品和纤维集合体制品。其中，纤维制品主要是由纱线构成，包括织物类（机织物、针织物、编织物等）和线带类制品（织带、绳、缝纫线等）。集合体制品主要由纤维直接加工而成，如絮片、毛毡和非织物等。

2. 非纺织制品

非纺织制品主要包括皮革制品（毛皮、皮革等）、皮膜制品（黏胶薄膜、合成树脂薄膜等）、泡沫制品（泡沫薄片、泡沫衬垫等）、金属制品（钢、铁、铜、铝等）和其他制品（木质、贝壳、石材、橡胶等）。

随着科技进步，服装材料种类日益丰富，例如，出现了以玻璃或者树脂为基底的光学纤维材料、形状记忆合金、柔性导电纱线和微电子电路板等。

为了减少能源危机，欧美很多大品牌服装公司研发了主动供能的"生产型"太阳能服装。图1-6为美国休闲服装领导品牌之一汤米·希尔费格（Tommy Hilfiger）与科技品牌派里昂合作推出的穿着舒适度极高的"太阳能风衣外套"。外套的背面特别留有几个位置，让穿着者可以随意拆卸与安装太阳能板，充电板产生的电力会通过一根电缆接通到前口袋的电池组，输出端则提供了两个USB端口，使用者可以轻松开启或关闭。电池组充满电后，理论上可以为1500mAh的设备（如iPhone 5）充满4次电。

图1-6　汤米·希尔费格与派里昂合作推出的穿着舒适度极高的"太阳能风衣外套"

（二）重要的服装材料

在各类服装材料中，最重要的服装材料为纤维、纱线、织物和皮革。

1. 纤维

纤维是指直径是几微米至几十微米，长度与细度之比在千倍以上，并具有一定韧性和强度的纤细物质。如图1-7所示为人们最熟知的纤维。

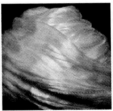

（a）棉纤维　　　　　　（b）毛纤维　　　　　　（c）丝纤维　　　　　　（d）麻纤维

图1-7　纤维

2. 纱线

纱线是由纺织纤维制成的细而柔软的、具有一定力学性能的连续纤维集合体。如图1-8所示为机织用纱线、针织用纱线和缝纫纱线。

（a）机织用纱线

（b）针织用纱线

（c）缝纫纱线

图1-8 纱线

3. 织物

织物是指由纺织纤维和（或）纱线制成的柔软而有一定力学性质和厚度的制品。如图1-9所示，织物分为机织物、针织物、非织物和经编花边。

（a）机织物

（b）针织物

（c）非织物

（d）经编花边

图1-9 织物

4. 皮革

皮革制品是由天然的、人工加工的动物毛皮或皮革加工制得的产品。从天然动物身上获得的连毛带皮的毛皮类，经过一定的鞣制加工处理，具有一定柔韧性、保暖性等性能的毛皮，如天然裘皮、皮草等［图1-10（a）］。还有从动物身上获得的去毛留皮，经过一定鞣制加工处理而得的皮革类产品，如天然兽皮、鱼皮等［图1-10（b）］。除此之外，还包括在纺织制品或其他制品的基础上，通过植毛或涂层等一系列人工加工制得的仿天然毛皮、皮革类产品，如人造毛皮、人造皮革、人造皮膜等［图1-10（c）］。

（a）天然毛皮

（b）天然皮革

（c）人造皮革

图1-10 皮革

五、服装材料的发展历史及未来趋势

（一）服装材料的发展历史

据考古发现，人类自诞生之初就会本能地利用自然界的树叶和毛皮遮挡身体，随后尼安德特人学会了把毛皮缝起来裹在身上。约公元前8000年，埃及开始用亚麻织布，随后亚麻从埃及逐步传入欧洲，而中国是在约公元前4000年开始使用苎麻纤维。约公元前5000年，印度开始使用棉纤维，其证据是考古专家在印度河流域巴基斯坦境内的古墓中发现了距今约5000多年前的棉织品和棉线遗迹。在公元前2000年以前，中国部分地区，如广西、云南、新疆等，开始采用棉纤维作服装原料，随后逐渐进入其他地区。到了宋代，棉织品得到迅速发展，已取代麻织品，成为大众衣料。约公元前5000年中国开始用丝绸制衣，相传是中国的嫘祖发明养蚕。丝绸之路开通后，丝绸源源不断运往西域各国，也促进了东西方文化交流。约公元前2000年，古代美索不达米亚地区开始使用羊毛。此后近2000年，棉、麻、丝、毛等天然纤维成为服装材料的主要来源。

"丝绸之路"促进了人造纤维的大发展。在古代欧洲，丝绸十分珍贵，仿制丝绸一直是欧洲人孜孜以求的目标。1664年，英国人罗伯特·胡克提出关于人造纤维的构想，但是受到知识和技术水平的局限，未能实现。1905年，英国考陶尔兹（Courtaulds）公司首先实现了黏胶长丝的工业化生产，1925年又成功生产出了黏胶短纤维。由于该纤维穿着性能良好，原料丰富，很快成了人造纤维的主要品种。1938年，美国实现了醋酸纤维的工业化生产，但是规模较小。1929年，德国巴斯夫公司开始了聚丙烯腈纤维（腈纶）的工业化生产，1938年，美国杜邦公司宣布了聚酰胺纤维（锦纶）的工业化，1953年，美国杜邦公司工业化生产了聚酯纤维（涤纶），1960年，意大利开始生产聚丙烯纤维（丙纶）纤维。随着纺织工业发展和化学纤维的应用，人们认识到各种纤维的不足。在20世纪60年代提出了"天然纤维合成化，合成纤维天然化"的口号，世界各国开始对化学纤维进行改进和研究。例如，20世纪70年代，日本开发出线密度为0.3~1.1dtex的新型合成纤维。1992年，英国考陶尔兹公司推出了天丝纤维的工业化生产线。进入20世纪，随着人们环保意识的增强，陆续开发了生态型纤维，例如，玉米纤维、大豆蛋白纤维、牛奶纤维等。目前，涤纶、锦纶、丙纶和腈纶是目前产量最大、应用最广泛的化学纤维。

（二）服装材料发展趋势

随着科技的发展和人们生活水平的提高，服装材料的发展呈现舒适、安全健康、智能、易用和生态环保等趋势。主要表现如下。

1. 进一步改进现有纤维材料

服装用纺织材料向着"天然纤维化纤化、化学纤维天然化"方向改进。也就是说，通过物理或化学方法的改性处理，使天然纤维在保持本身的吸湿、透气、舒适等优点的基础上，增加其弹性、抗皱性等性能。化学纤维则通过其纤维形态、结构的设计与制造或通过其大分子链的改造、基团的增减，再进行相应的后整理，向仿毛、仿丝、仿麻等仿真方向发展。

鲁泰纺织股份有限公司致力于高质量棉衬衫的研究与开发。普通棉衬衫在实际穿着与打理中有容易起皱、不挺括等问题。为解决这一问题，该公司将纱线支数为300支的棉面料通过液氨整理的方式进行了加工，并制成了抗皱免烫衬衫，其手感极其柔软舒适，布面有真丝般的光泽（图1-11）。目前，仅有我国鲁泰纺织公司能够批量生产，同时它也代表了当今国际纺织技术的最高水平，并获得国家科学技术进步二等奖。这种优质衬衫在国际市场上的售价为每件人民币5000多元。国外的采购商主要是英国、意大利和美国的客户，而且产品供不应求。

图1-11 鲁泰纺织股份有限公司开发的免烫衬衫

2. 提高服装材料的舒适性

随着时代的进步和生活水平的提高，人们对服装舒适性的要求越来越高。人们要求服装材料要更加舒适、柔软、轻薄并富有弹性等。

比音勒芬带着黑科技"Outlast空调纤维"登上夏装舞台，并宣称此面料不冷不热刚刚好（图1-12）。Outlast®是唯一拥有"经认证太空技术"标志的相变材料，其能够调节人体皮肤温度，提高人体舒适性。该纤维中包含具有能量转换功能的微胶囊相变材料，其

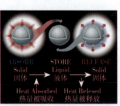

图1-12 比音勒芬"Outlast空调纤维"服装

可以根据外界温度的变化，吸收或释放热量并保持温度不变，同时伴有固、液状态转化。

3. 开发功能化、智能化的服装材料

人们日益要求服装材料具备更多的功能且更加智能化。功能性服装材料的开发主要有两种途径：其一可以研究功能化的纤维材料，如陶瓷纤维、碳纤维、高弹纤维和远红外纤维等；其二可以通过后整理工艺赋予服装材料功能，如防水透湿、隔热保温、吸汗透气、阻燃、防霉、抗静电、防污等性能。

中国户外品牌广州凯乐石户外用品有限公司推出了一款多功能登山冲锋衣（图1-13）。该冲锋衣除了具备"一衣多穿"功能，还具有极佳的防水、防风和透气性能，同时冲锋衣背部融合发热材料，以确保人体在极寒的条件下热舒适度。另外，冲锋衣内缝有银纤维纱线，可以把静电传导出去，消除了静电的危害。

图1-13　广州凯乐石户外用品有限公司推出了一款多功能登山冲锋衣

进入21世纪，信息技术和微电子技术快速发展且学科之间的交叉融合逐渐加强，在此背景下，智能服装材料应运而生，如纺织基压力传感器、光纤传感器、生物传感器和温湿度传感器等。目前，出现了一系列的智能服装，如健康监测、运动定位、情绪感知服装等。然而，大部分智能服装材料及应用仍处于前期研究阶段。

专家一致认为，智能服装在健康监测领域有广阔的应用前景，是未来需要重点研究的方向。

德国科技服务提供商玛奇图蓝（Match2blue）公司开发的科技产品安必特克斯（Ambiotex）智能贴身上衣，可以精确地测量穿着者的生命体征，并使用智能算法对其进行评估（图1-14）。智能贴身上衣里的传感器可提供用户的心电图，并监测呼吸深度，通过胸部的探测装置，将读数直接传输到用户智能手机上的安必特克斯应用程序里，并对当前的压力和健康水平进行显示和分析，此程序还可以通过GPS跟踪来精确监控身体活动和卡路里消耗。

图1-14　德国Match2blue公司开发的监测生命体征的Ambiotex智能贴身上衣

4. 提高服装材料易用性

为适应快节奏的现代生活，服装材料需要提高其易用性。也就是说，服装材料应该具有洗可穿、机可洗、抗皱免烫、防污等性能特点。

美国华盛顿州西部塔科马港市的冲浪服装公司帝国动势（ImperialMotion）制造了一款能够自我修复的外套（图1-15）。该外套采用的是由宾夕法尼亚州立大学研发的新型高科技纳米复合材料。通过手指的揉搓带来的摩擦和热量，使分子之间被破坏的结构在摩擦和热量的作用下重构，纤维的断裂处就会被自动连接。不过这种材料，目前对于修复手指大小的破洞十分有效，但如果是更大的孔洞，就显得无能为力。

图1-15 美国冲浪服装公司ImperialMotion制造的一款能够自我修复的外套

5. 开发新型花式纱线

花式线改变了传统纱线的结构，形成独特的产品风格，增加了织物的质感，使织物具有鲜明的外观效应和丰富的色彩。未来将会有更多品类的花式纱线被开发及应用，以满足人们对服装审美的需求。例如，香奈儿（Chanel）经典的粗花呢面料具有一种典雅、高贵的韵味和精致的美感，为欧美上层阶级所喜欢，该面料就是采用多色的花式纱线织造而成（图1-16）。

图1-16 粗花呢面料

6. 开发新型服装材料

由于人们日益重视生态和环保，人们开发了绿色纤维，如彩棉、聚乳酸类纤维、甲壳素纤维、竹、麻及海洋生物资源开发的新型生物质环保纤维材料。彩色棉花为人们培育的转基因产品，其可以自发长出彩色的棉花，在后续加工中不再需要染色，因此具有天然环保特性。然而，目前彩色棉花产量低、价格高，且只有绿色和棕色两种颜色，在实际使用中，彩色棉花一般和其他纤维混纺使用（图1-17）。

图1-17 彩色棉纤维及应用

7. 提高可回收服装材料的再生性

在当今时尚界，可持续已经成为一股不可忽视的流行风潮。为践行绿色低碳倡议，全球知名品牌队伍当中，耐克（Nike）、阿迪达斯（Adidas）、香奈儿（Channel）等品牌已经大规模应用回收材料制造服装和运动鞋（图1-18），优衣库（Uniqlo）等快时尚品牌先后在全球推行旧衣回收计划，意大利时尚品牌普拉达（Prada）也加入垃圾回收改造的队伍，推出全新的再生尼龙系列手袋。

图1-18 耐克公司采用回收纺织材料制造服装和鞋子

全球绿色低碳转型大趋势势不可挡，未来将会大力发展服装材料的可回收技术并进一步提高可回收服装材料的应用。

8. 发展低碳服装面料印染技术

服装面料印染加工作为一个典型的化学处理工艺过程，其对能源消耗、环境影响和消费者可能带来的生态安全问题一直受到人们的普遍关注，这又与纺织品的印染加工以及部分前处理和后整理加工紧密相关。新技术及功能性整理将在印染后整理方面大放光彩，例如，植物染色技术应用于面料染色；各种酶将广泛应用于织物的预处理、光洁整理、染色催化、羊毛织物整理和废水处理等工艺中。

海澜之家创新采用从水果中萃取的水果印染技术，传递纯天然印染的环保理念。其新品牌HLAPLUS联合市井蓝染，将板蓝萃取染液对织物进行染色，运用HLAPLUS的logo图形进行贴布创作，再经手工刺绣来点缀细节，是手工古法植物染与现代都市机能美学的有机结合，呈现别具一格的审美与低碳环保的生活方式。另外，该产品无毒、可降解且亲肤，满足消费者的穿着需求（图1-19）。

图1-19 海澜之家品牌HLAPLUS采用板蓝染色服装

六、服装材料学的研究内容

服装材料学是研究纤维、纱线和织物与服装的关系的一门科学。在具体介绍服装材料学研究内容之前，需要了解从纤维到服装的整个流程。

（一）从纤维到服装

根据服装面料成形方式的不同（即是否由纱线构成），纤维到服装的形成有两种流程（图1-20）。第一种流程是，首先纺织纤维通过纺纱技术形成纱线，接着纱线经过机织或者针织的方法形成机织物或者针织物，然后织物经过染色、印花和后整理的处理形成服装面料，有时可以对纱线直接染色，不再需要经过染整阶段。最后通过制衣技术形成服装。此流程通常用于常规穿着的服装。第二种流程是纤维直接通过非织造的方式形成服装面料，接着面料经过印花、染色和后整理步骤，最后将面料制成服装，如医用防护服装的加工。

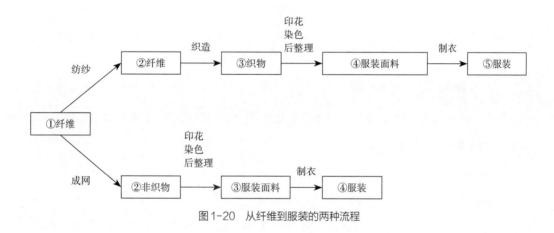

图1-20 从纤维到服装的两种流程

（二）研究内容

服装材料学的主要研究内容如下。

1. 纤维和纱线

主要关注纺织纤维的形态特征和基本性能，天然纤维、化学纤维与新型纤维的性能及应用，以及纱线的形成和分类、结构表征，花式纱线与导电纱线的性能及应用。

2. 面料

主要研究机织物和针织物的形成和组织，典型机织物和针织物及其在服装上的应用设计，非织物的特点及其在服装上的应用设计。辅料和皮革主要关注辅料的种类及性能、皮革的种类及性能以及两者在服装设计上的应用。

3. 织物染色、印花和后整理

主要介绍织物染色种类和方法、印花方法和后整理方法。重点介绍植物染色、数码印花和典型的织物的外观和功能整理的方法及应用。

4. 功能与智能服装材料及高性能纤维材料

主要介绍典型的功能服装材料、智能服装材料和高性能服装材料及其在服装上的应用设计研究。

5. 可持续服装材料

主要介绍典型的生物质材料及其应用、可回收材料技术以及可回收材料在服装上的应用设计。

6. 服装材料的性能和风格

主要介绍服装的服用性能和风格特征，其中服用性能主要包括外观特性、舒适性以及耐用和保养性能，风格特征主要包括服装的视觉风格、触觉风格以及服装风格的感性设计与评价。

7. 服装材料选择：案例分析

介绍服装材料的选择原则，在此基础上以案例分析的形式介绍了实用服装材料选择的方法以及创意服装的材料选择方法。

本章小结

- 服装作为人类文明的产物，不仅具有遮羞保暖的基本功能，还承载着装饰、身份象征及保健等多重功能，其中保健功能指服装能够调节微气候、保持皮肤清洁并抵御外部污染。

- 服装材料是服装的物质基础，根据原材料性质可分为纺织制品和非纺织制品，对服装的颜色、造型及功能起决定性作用。

- 服装材料种类繁多，发展历史悠久，从天然纤维到化学纤维，再到非纺织制品，材料科技的不断进步推动了服装行业的变革。

- 服装的制作流程包括纤维纺纱、织造、染色印花及后整理等多个环节，最终通过制衣技术形成服装，其中非织造方式在特定领域，如医用防护服中应用广泛。

- 随着科技发展和消费者需求的多样化，服装材料将不断创新，向着更加环保、智能、多功能的方向发展。

思考与练习

1.请简述服装的基本概念和主要功能，并讨论服装功能是如何通过服装材料来实现的。

2.服装材料在服装制作中扮演了怎样的角色？为什么服装材料的选择对服装的性能和品质至关重要？

3.服装材料可以如何进行分类？请列举几种重要的服装材料，并讨论它们各自的特点和适用场景。

4.简述服装材料的发展历史，并讨论历史上重要的材料革新对服装行业的影响。你认为哪些技术或材料的出现对服装材料的发展产生了革命性的影响？

5.展望未来，你认为服装材料将朝着哪些方向发展？请结合当前的技术趋势和市场需求，讨论未来服装材料可能的发展趋势和创新点。同时，思考这些发展趋势对服装材料学的研究内容将产生怎样的影响。

| 第二章 |

服装用纤维

课题名称：服装用纤维

课题内容：1.纺织纤维概述

2.服装用天然纤维

3.服装用化学纤维

4.服装用新型纤维

上课时数：6课时

训练目的：使学生全面掌握纺织纤维的基本概念、分类及性能指标，深入了解纤维形态对纺织品性能的影响，并熟悉天然纤维与化学纤维的特性及其应用领域，为后续纺织领域的学习与实践打下坚实基础。

教学要求：1.让学生全面理解纺织纤维的基本概念与核心地位。

2.掌握纺织纤维的基本性能指标与分类。

3.明白纤维形态指标对纺织品性能、外观与舒适度的影响。

4.掌握不同种类纤维的特点与应用。

5.理解新型纤维的开发趋势与环保意义。

课前准备：阅读纺织纤维方面的书籍。

纤维，作为纺织工业的基础，承载着服装与面料制作的灵魂。本章首先揭示纺织纤维的基本概念，明确其在纺织品制作中的核心地位。随后，探讨了纤维的基本性能指标，如吸湿性、弹性、耐磨性等，这些指标直接决定了纤维的适用性和最终产品的品质。接着，介绍纤维形态指标，其与纺织品的性能、外观与舒适度密切相关。最后，深入探讨纤维的分类，包括天然纤维、化学纤维及新型纤维，揭示它们各自独特的性质与应用领域。通过本章的学习，我们期望读者能够全面理解纤维的重要性，为后续在纺织领域的深入探索打下坚实基础。

第一节　纺织纤维概述

一、纺织纤维的基本概念

纺织纤维是组成纱线、织物的基础单元，是服装加工过程中最基本的材料，是决定服装最终服用性能的关键因素之一。纺织纤维没有严格的定义，按照传统教科书的概念，纺织纤维是指长度比直径大上百倍到上千倍的细长物质、有一定的强度、韧性和可纺性能的纤维。其中，纺织纤维的可纺性是指纺纱过程中纤维成纱的难易程度。可纺性好的纺织纤维具有一定的柔软度、卷曲度、可绕曲性和包缠性，使纤维和纤维之间更容易抱合，从而更容易成纱。

随着纺纱技术的进步，越来越多的纤维被纳入纺织纤维中。例如，纳米纤维具有极大的长径比，但是强度极低，可纺性差。目前，已有技术设备专门对纳米纤维进行纺纱。纳米纤维纱线比常规纱线更加柔软、多孔、渗水、轻量及透湿透气性能等（图2-1）。

图2-1　纳米纤维及纱线

二、纺织纤维的分类

纺织纤维分为两大类，即天然纤维和化学纤维。天然纤维是指自然界原有的或经人工培植的植物上、人工饲养的动物上直接取得的纺织纤维。化学纤维也称人造纤维，是指以天然高分子化合物或人工合成的高分子化合物为原料，经过制备纺丝原液、纺丝和后处理等工序制得的具有纺织性能的纤维。

天然纤维包括植物纤维、动物纤维和矿物纤维。植物纤维也称纤维素纤维，是指从植物上获取的纤维，如棉纤维、麻纤维。动物纤维又称蛋白质纤维，是指从动物身上获取的纤维，如蚕丝纤维和毛纤维。矿物纤维是指从天然矿石中剥离获取的纤维，如石棉纤维。

化学纤维包括再生纤维、合成纤维和人造无机纤维。再生纤维是以纤维素和蛋白质等天然高分子化合物为原料，经化学加工制成高分子浓溶液，再经纺丝和后处理而制得的纺织纤维。再生纤维具体又分为再生纤维素纤维（如黏胶纤维）和再生蛋白质纤维（如玉米纤维）。合成纤维是以人工合成的高分子化合物为原料，经纺丝成形和后处理而制得的化学纤维。典型的合成纤维有涤纶、锦纶、腈纶、丙纶、维纶、氨纶等。人造无机纤维是以无机物为原料制成的化学纤维，主要品种有玻璃纤维、石英玻璃纤维、硼纤维、陶瓷纤维、金属纤维等。

三、纺织纤维的基本性能

纺织纤维的基本性能影响服装的服用性能和外观风格，具体性能包括形态特征、机械性能、吸湿性、热学性能、耐气候性、电学性质、化学性质及生物性质。

（一）机械性能

纺织纤维的机械性能包括纤维的强度、延伸性、弹性、耐磨性和弯曲刚度等。纤维的强度是指纤维拉断时所能承受的最大负荷。纤维的延伸性是指纤维拉断的断裂伸长率。弹性是指纤维在外力作用下发生形变，撤销外力后，恢复变形的能力。弹性好的织物做成的服装不易褶皱，外观保型性好。纤维耐磨性是纤维表面承受摩擦的能力。纤维的耐磨性与其纺织制品的坚牢度密切相关，例如，袜子需要具有良好的耐磨性，因此常用耐磨性好的锦纶织造。弯曲刚度是指纤维抵抗弯曲变形的能力。弯曲刚度小的纤维易于弯曲，形成的织物手感柔软，垂感好；弯曲刚度大的纤维容易制成挺括的服装。例如，丝绸服装和麻纤维服装分别表现出良好的悬垂性和挺括性，这主要与纤维的抗弯刚度有关，丝纤维抗弯刚度小，而麻纤维抗弯刚度大（图2-2）。

（a）丝绸服装　　（b）麻纤维服装

图2-2　丝绸和麻纤维服装

（二）吸湿性

纤维吸湿性是指纤维从周围环境中吸收气相水分（有时也包括液相水分）的性质。纤维的吸湿性常用回潮率表示。回潮率是指纤维含水重量占纤维干重的百分比。纤维的实际回潮率随大气的相对湿度提高而增加。为了消除因回潮率不同而引起的重量不同，满足纺织材料贸易和检验的需要，国家对各种纺织材料的回潮率规定了相应的标准，称为公定回潮率。回潮率高的纤维，吸湿性好，其纺织制品的服用舒适性也好。天然纤维的吸湿性好，合成纤维的较差。另外，纤维的吸湿性会影响静电的产生，吸湿性好的纤维不容易产生静电。

（三）热学性能

纺织纤维的热学性能主要包括导热性、热收缩性、耐热性、热塑性和燃烧性等。纤维的热学性能会影响服装的耐用和保养、舒适性和外观性能。

1. 导热性

导热性是指纤维传导热量的能力，直接影响产品的保暖性和触感。纤维导热系数大，人体触摸该纤维织物时会有凉感。例如，将微量的玉石或云母等矿物质的纳米状粉末加入纤维中，利用这些矿物质导热性能好且吸热慢的特性，可以增强纤维的凉感功能（图2-3）。

2. 热收缩性

纤维的热收缩性是指纤维在受到热的作用下，发生收缩现象。在纺织品加工中，纤维热收缩可以被应用于以下几个方面：

（1）预缩处理：在纺织品加工前，将纤维在一定温度下进行热收缩处理，使纤维的长度在一定程度上缩短，从而避

图2-3　玉石纤维和玉石纤维面料

免了纺织品在后续的水洗、晾晒等过程中因为纤维的收缩而导致尺寸变化和形变，提高了纺织品的稳定性。

（2）形状恢复：将纤维进行一定程度的拉伸，然后在一定温度下进行热收缩处理，可以使纤维恢复原来的形状。这种应用广泛用于一些需要保持形状的产品，如内衣、袜子等。

（3）印花处理：在纤维热收缩的过程中，可以利用一些特殊的印花技术，如热转印、热成像等，将印花颜料转移到纤维表面上，从而实现对纤维的印花处理。

3. 耐热性

纤维的耐热性指在温度升高时纤维保持其物理机械性能的能力。棉纤维与黏胶纤维的耐热性比亚麻、苎麻好，特别是黏胶纤维，加热到180℃时，强度损失很少。因此，黏胶纤维可做轮胎帘子线。

4. 热塑性

纤维的热塑性是指将纤维材料加热到一定温度（对合成纤维来说须在玻璃化温度以上）时，纤维内部大分子之间的作用力减小，分子链段开始自由运动，纤维变形能力增大。这时，加以外力强迫其变形，会引起纤维内部分子链间部分原有的价键拆开和在新的位置重建。冷却和解除外力作用后，这个形状就能保持下来，只要以后不超过这一处理温度，形状基本上不会发生变化。纤维的这一性质称为热塑性，这一处理叫热定型。利用纤维的热塑性可以做特殊的造型效果，如皱褶裙、褶皱衬衫等。

日本著名设计师三宅一生最让人熟知的标志性设计便是"一生褶"（图2-4）。他将折纸设计理念运用到服装上，利用涤纶面料的热塑性，在高温下将其热定型处理形成各种褶皱。悬垂、层叠的设计使服装展现出细腻流畅的观感，给人以质感和高级大气感觉。另外，褶皱服装不会限制人体运动，使人体活动挥洒自由，而且轻巧方便携带。"一生褶"被誉为永不过时的服装。

图2-4 三宅一生"一生褶"作品

5. 燃烧性

纤维的燃烧性是指纤维物质在遇明火高温时的快速热降解和剧烈化学反应的结果。表示纤维燃烧性能的指标有两种：一种是表示纤维是否容易燃烧；另一种是表示纤维能否经受燃烧。前者评定纤维的可燃性，如纤维开始燃烧的点燃温度和开始冒烟的发火点温度；后者评定纤维的阻燃性，如极限氧指数，表示纤维点燃后在大气中维持燃烧所需的最低含氧量的体积百分数。点燃温度和发火点低，说明纤维容易燃烧。极限氧指数大，表示该纤维越容易在点燃后继续燃烧。极限氧指数大，说明纤维难燃；极限氧指数小，说明纤维易燃。纤维的阻燃整理一直是研究的热点。阻燃纤维产品主要应用在军队和军工生产部门、各种交通工具的内部装饰织物、高层和地下建筑物等的室内装饰织物等、特殊工作环境的防护服等（图2-5）。

图2-5　阻燃纺织品的应用领域

（四）耐气候性

纤维的耐气候性一般指用于室外的纤维材料对于外部气候条件及其变化的耐受性。例如，日光暴晒、风吹雨淋、抗氧化、昼夜温度变化引起的反复热胀冷缩、冬季抗寒抗断裂等。纤维的耐气候性越差，材料质量越差，老化越快。例如，羊毛的耐气候性比较差，在日光暴晒下容易氧化脆断、变黄。

（五）电学性质

纤维的电学性能主要包括纤维的导电性能与静电性能等。电阻是表示物体导电性能的物理量。纺织纤维通常是不良导体，电阻比较大。纤维的吸湿性和环境的相对湿度是影响纤维电阻的关键因素。纤维的吸湿性好且环境湿度较大的时候，纤维电阻会减小，不容易产生静电；而吸湿性差的纤维电阻大，容易产生静电。

（六）化学性质

纤维的化学性质主要是指纤维的耐化学药品的性质，如耐酸碱性和抗氧化性。具有良好化学性质的纺织纤维对各种化学药剂的破坏具有一定的抵抗能力，使其在穿着、洗涤和保养中更加经久耐用。

（七）生物学性质

纤维的生物学性质是指其耐受虫蛀、霉菌等的性质。这种性质主要影响服装的护理和保养性能。例如，棉纤维服装不耐霉菌，在高湿度环境中容易泛黄；毛织物服装不能在户外暴晒，其表面容易变黄，脆断。

四、纺织纤维的主要指标

纤维的形态主要是指纤维的长度、细度、截面形状、卷曲或转曲等，这与纤维的可纺性、成纱质量、手感、保暖性等密切相关。

1. 纤维长度

纺织纤维的长度是纤维外部形态的主要特征之一，大都以毫米（mm）为单位。各种纤维例如羊毛纤维在自然伸展状态都有不同程度的弯曲或卷缩，它的投影长度为自然长度（图2-6）。纤维在伸直但未伸长时两端的距离，称为伸直长度，即一般所指的纤维长度。

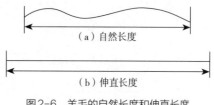

图2-6　羊毛的自然长度和伸直长度

2. 纤维细度

纤维的细度可以采用纤维的直径或截面面积的大小来表达。然而，在更多情况下，常因纤维截面形状不规则及中腔、缝隙、孔洞的存在而无法用直径、截面面积等指标准确表达。因此，纤维细度可以用单位长度的质量（线密度）或单位质量的长度（线密度的倒数）来表示，主要有线密度、纤度、公制支数和英制支数。

（1）线密度：我国法定的线密度单位为特克斯（tex），简称特，俗称号数，是指1000m长纤维在公定回潮率时的质量（g），如式（2-1）。对于纤维，特数这个指标太大，故常用分特数来表示，单位为 dtex，它等于 1/10 特数。

$$Tt = \frac{G_k}{L} \times 1000 \qquad (2-1)$$

式中：Tt ——纤维线密度，tex；

　　　G_k ——纤维的质量，g；

　　　L ——纤维的长度，m。

（2）纤度：纤度较多地用于丝和化纤长丝中，是指 9000m 长的纤维在公定回潮率时的质量克数（g）。

$$N_{den} = \frac{G_k}{L} \times 9000 \qquad (2-2)$$

式中：N_{den} ——纤维的纤度，旦；

　　　G_k ——纤维的质量，g；

　　　L ——纤维的长度，m。

（3）公制支数：是指在公定回潮率时 1g 纤维所具有的长度米（m）数。公制支数是毛纺、麻纺行业曾经使用的表示纤维、纱线粗细程度的计量指标。

$$N_m = \frac{L}{G_k} \qquad (2-3)$$

式中：N_m ——纤维的公制支数，公支；

　　　G_k ——纤维的质量，g；

　　　L ——纤维的长度，m。

（4）英制支数：是指 1 磅（1 磅 =0.4535kg）纤维或纱线所具有的 840 码（1 码 =0.9144m）长度的个数。英制支数是贸易中常用的表示纤维或纱线细度的指标。

$$N_e = \frac{L_e}{(840 \times G_e)} \qquad (2-4)$$

式中：N_e ——纤维英制支数，英支；

　　　G_e ——纤维的质量，磅；

　　　L_e ——纤维的长度，m。

3. 纤维表面形态

纤维表面形态是指通过光学显微镜或电子显微镜直接观察到的纤维纵、横向截面特征及纤维中存在的各种孔洞、缝隙等。纤维的截面形状随纤维种类而异，天然纤维具有各自的形态。例如，棉纤维和麻纤维的表面形态分别如图所示。可见棉纤维横截面呈腰圆形，中间有中腔；纵向呈扁平形，表面有天然转曲［图2-7（a）］。麻纤维横截面呈腰圆形，也有中腔，截面上有大小不等的裂缝纹；纵向有横节和竖纹［图2-7（b）］。

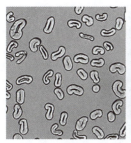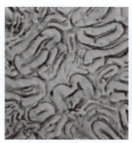

（a）棉纤维横向、纵向表面形态　　　　　　　　　（b）麻纤维横向、纵向表面形态

图2-7　棉纤维和麻纤维的横向、纵向表面形态

4. 纤维密度

纤维密度是指单位体积纤维的质量，单位为g/cm³。纤维的密度是由其本身的化学结构决定的，纤维的密度直接影响所制成织物的重量。纤维的密度一般较小，一般为0.9~1.5g/cm³。

第二节　服装用天然纤维

一、棉纤维

棉纤维是日常应用最为广泛的天然纤维。其有很多优良的性质，如吸湿、透气、柔软、保暖、耐穿且易护理等，被广泛地应用于日常穿着、家纺、内饰等领域（图2-8）。另外棉织物具有自然、柔和、朴实的外观风格，被用来做手工布艺产品。

图2-8　棉纤维的应用领域

（一）棉纤维的种类

棉纤维主要有三类，即长绒棉、细绒棉和粗绒棉，其长度和细度分布见表2-1。其中，长绒棉品质好，数量较少，仅在新疆、上海和广州地区少量种植，主要用于高档棉织物。细绒棉纤维品质优良，是棉布的主要原料，占世界棉花总产量的85%以上。粗绒棉纤维粗短，品质较差，只能适应个别纺织品需要，现在已经很少种植。

表2-1　三种棉纤维长度和细度

性质	细绒棉	长绒棉	粗绒棉
长度 / mm	23~33	33~64	15~24
细度 / tex	0.15~0.2	0.11-0.14	0.25~0.4

（二）棉纤维的外观形态

棉纤维纵向具有天然转曲，这是由于棉纤维生长发育过程中微原纤集体性沿纤维轴向的螺旋变向所致，如图2-7（a）右图所示，棉纤维沿长度方向截面的形状和面积都有很大变化。纤维截面形状与其成熟度相关：正常成熟的棉纤维横截面呈腰圆形，并可见中腔，如图2-7（a）左图所示；未成熟的纤维横截面呈扁环状，胞壁薄，中腔长；过成熟的纤维截面呈近圆形，中腔圆而小。

（三）棉纤维的化学组成

棉纤维的主要成分为纤维素（$C_6H_{10}O_5$）。除纤维素外，棉纤维还附着有5%左右的其他物质，包括糖类物质、蛋白质、有机酸等，这些物质统称为棉纤维的伴生物，棉纤维的表面含有蜡质和果胶，俗称棉蜡，棉蜡对棉纤维具有保护作用，是棉纤维具有良好纺纱性能的原因之一。但高温时，棉蜡熔融，影响纺纱工艺，棉布在染整加工前，必须经过煮练，以除去棉蜡，原棉经脱脂处理，吸湿性明显增加，脱脂棉浸水吸湿可达本身重量23～24倍（医用棉球、棉纱）。棉纤维成分分布如图2-9所示。

（四）棉纤维的品质

衡量棉纤维的品质的指标主要有纤维

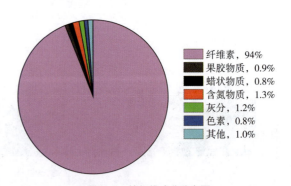

纤维素，94%
果胶物质，0.9%
蜡状物质，0.8%
含氮物质，1.3%
灰分，1.2%
色素，0.8%
其他，1.0%

图2-9　棉纤维成分分布图

细度、程度、成熟度和色泽。

1. 纤维细度

较细的棉纤维手感较柔软，可纺纱支较细；较粗的棉纤维手感较挺括，但弹性稍好。棉纤维的细度与棉花品种和成熟度有关。较长棉纤维纺成的纱线强度较大、可纺纱支较细且条干较均匀。棉纤维的长度主要取决于棉花的品种和生长条件，其中长绒棉最长，细绒棉次之，粗绒棉最短。成熟度正常的棉纤维强度高、弹性好、有丝光，还有许多天然转曲，具有良好的可纺性能。在色泽方面，正常成熟的棉纤维呈白色，可以作为纯纺棉；霜打的棉为黄色，少量使用；棉铃开裂时，由于日照不足或雨淋、潮湿、霜等原因，棉变成灰色，很少使用。

2. 棉纤维的性能

（1）强度和伸长性能：棉纤维具有较高强度，变形能力差，断裂伸长率低。

（2）吸湿性：棉纤维组成物质中的纤维素、糖类物质、蛋白质、有机酸等分子上都有亲水性的极性基团，而且棉纤维本身又是多孔物质。因此，棉纤维具有较强的吸湿能力。

（3）耐碱性：棉纤维抗碱能力很强。

（4）耐酸性：棉纤维与有机酸（醋酸、蚁酸等）一般不发生作用，但与无机酸（盐酸、硫酸、硝酸等）会发生作用而使纤维强力明显下降。

（5）易霉变：在一般情况下，棉纤维不与水发生作用。在潮湿状态下，如遇细菌或真菌，则会分解成它们喜欢的营养物质——葡萄糖，使面料发霉变质。

（6）易褶皱：这和棉纤维的弹性有直接关系，棉纤维的弹性较差，这是因为纤维素纤维易受外力变形而不容易回复的性质所致。丝光棉技术是解决棉纤维织物容易起皱的方式之一。棉的"丝光"整理就是用18%的氢氧化钠（烧碱）溶液浸渍棉纤维织物，使纤维中腔闭塞、膨胀成圆形，纤维光泽明显增强，抗拉强度提高，抗皱能力提高。丝光棉织物不易起皱，强力更佳，柔软且光泽感更强（图2-10）。

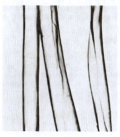   

（a）丝光棉纤维　　　（b）普通棉纤维　　　（c）丝光棉织物　　　（d）普通棉织物

图2-10　丝光棉和普通棉纤维的纤维形态及面料对比

二、麻纤维

麻纤维具有良好的吸湿散湿性，可以用作夏季服装面料，还可以制作地毯、沙发布、麻绳等（图2-11）。另外，麻织物表面不像化纤和棉布那样平滑，具有生动的凹凸纹理，画家常常利用麻布这一微妙有趣的材质美感。亚麻布其纤维强度高，不易撕裂或戳破，可任由调色刀在上面刮、压。

图2-11 麻纤维的应用领域

麻纤维分为硬质麻和软质麻两种，其中软质麻来自韧皮纤维，而硬质麻来自叶纤维。硬质麻类（如剑麻、蕉麻和新西兰麻）较粗硬、纤维长、强度高、弹性小，且耐海水腐蚀，其适合制作绳缆、织制包装用布或粗麻袋，也可以制作地毯布或与塑料压成建筑用板材等。苎麻、亚麻是优良的软质麻种，它们没木质化、强度高、伸长小、柔软细长且可纺性能好，是良好的夏季衣料。用它们织成的织物挺括、吸汗、不贴身、透气、凉爽。

（一）麻纤维的形态结构

苎麻纤维横截面为腰圆形，胞壁有裂纹，有中腔；纵向表面时平滑，时有明显竖纹，两侧有结节。亚麻纤维横截面为多角形，中腔较小；体壁有竖纹（图2-12）。

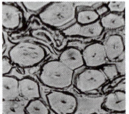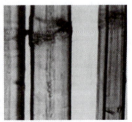

（a）苎麻纤维横向形态　（b）苎麻纤维纵向形态　（c）亚麻纤维横向形态　（d）亚麻纤维纵向形态

图2-12 苎麻和亚麻纤维的横向、纵向表面形态

（二）麻纤维的化学组成

麻纤维主要成分为纤维素，并含较多的半纤维素和木质素，还有果胶、水溶性物质、蜡质和灰分等。苎麻纤维含有73.95%纤维素、13.28%的半纤维素、1.12%的木质素与4.4%的果胶；亚麻纤维的纤维素含量约为70%~80%、半纤维素约12%~15%，木质素约2.5%~5%，果胶约1.4%~5.7%。

（三）麻纤维的性能

在机械性能方面，麻纤维的强度高，在天然纤维中居首位且超过很多化学纤维，并且其在湿态下的强度大于干燥时的强度。麻纤维弹性差，造成其容易产生褶皱。另外麻纤维的抗弯刚度大，制作成的服装挺括性好。

麻纤维吸湿性好，同时散湿性更好，被誉为纤维界的"除湿机"。不同于棉纤维，麻纤维不仅具有吸湿作用，还有导湿作用。麻纤维中心有细长空腔，并与纤维表面纵向分布的许多裂纹和小孔相连，优异的毛细效应使麻纺织品吸湿速率低于散湿速率。麻纤维面料穿着舒适，易洗快干，适合做夏季衣料（图2-13）。

不同于棉纤维，麻纤维具有抗菌和卫生保健功能，其在生长过程中不施用任何化学农药即可免遭病虫害的侵扰。麻纤维抗菌机理有两种解释：

（1）从纤维结构来说，麻纤维内部均有大量的孔腔，不仅富含氧气，抑制了厌氧菌的生长，而且由于毛细作用使纤维具有吸湿快干的功能，破坏了细菌赖以生长的潮湿环境。

（2）从纤维成分来说，纤维中含有某些具有抗菌、抑菌功能的活性成分，如麻甾醇、鞣质等，对细菌具有较好的抑杀效果。

麻纤维较耐碱而不耐酸，其在浓硫酸中会膨润溶解。另外，麻纤维染色时染料渗透困难，上染率低。

图2-13　麻纤维服装

三、毛纤维

纺织业常用的天然动物毛有绵羊毛、山羊绒、马海毛、兔毛、骆驼毛、牦牛毛等，使用量最大的为绵羊毛，俗称羊毛。

（一）羊毛的种类

美利奴羊毛是目前品质最好的羊毛，其主要产于澳大利亚，有超细型、细型、中型毛和粗壮型毛四类。我国国产羊毛主要有细羊毛、半细羊毛和粗羊毛。这些羊毛的细度和长度见表2-2。可见美利奴羊毛具有更佳的细度和长度，可纺纱支高，做成的服装品质更好。

表2-2　羊毛纤维种类及其长度和细度指标

羊毛品种		细度/μm	长度/mm
国产羊毛	细羊毛	25	55~90
	半细羊毛	25~45	70~150
	粗羊毛	>45	60~400
美利奴羊毛	超细型	<18	50~90
	细型	18~20	50~100
	中型毛	20~22	60~110
	粗壮型毛	23~25	60~120

（二）羊毛的形态及成分

羊毛纤维的横向截面为圆形或椭圆形，纵向为圆柱形且由鳞片包覆呈现大然卷曲形态（图2-14）。

羊毛的主要成分是蛋白质，是由多种氨基酸组成。羊毛纤维的微观结构主要包括鳞片层、皮质层和髓质层。

鳞片层是羊毛的表层，它的生长有一定的方向，由毛根指向毛尖，每一鳞片在毛根的一端与皮质层相连，另一端向外撑开着，一片片覆盖衔接。鳞片在羊毛上的覆盖密度，因羊毛品种存在着较大的差异。羊毛越细，鳞片越多，重叠覆盖的部分越长，鳞片多呈环状；羊毛越粗，鳞片越少，重叠覆盖的长度越短，鳞片多呈瓦楞状和鱼鳞状，相互重叠覆盖（图2-15）。

羊毛纤维的内部结构如图2-16所示。皮质层是

（a）羊毛纤维横向、纵向表面形态

（b）羊毛卷曲形态

图2-14　羊毛纤维横纵向表面形态及外观

羊毛纤维的主要组成部分，它是由许多蛋白质细胞组成的，其组成物质叫作角蛋白质。细胞之间互相黏合，中间存在空隙。皮质层是决定羊毛纤维物理、机械和化学性质的主要部分。其分为正皮质层和副皮质层两种。在有卷曲的羊毛纤维中，受力后可以拉直延伸达20%左右，放松后又能恢复原来的卷曲状态。在卷曲波外侧的称为正皮质细胞，内侧的称为副皮质细胞。正皮质层比副皮质层含硫量低，因此化学性质较活泼，易于染色；而副皮质层则相反。在优良品种的细羊毛中，两种皮质层细胞分别聚集在毛干的两半边，并沿纤维轴向互相缠绕，称为双边异构现象。

（a）细羊毛表面鳞片

（b）粗羊毛表面鳞片

图2-15 细羊毛和粗羊毛的表面鳞片对比

图2-16 羊毛纤维的内部结构形态

髓质层在羊毛纤维的中心部分，是一种不透明的疏松物质。一般细羊毛无髓质层，较粗的羊毛有不同程度的髓质层。髓质越多，羊毛外形越平直且粗硬，品质越差。含有大量髓质层的羊毛，性脆易断，卷曲少，干瘪，称为死毛。

（三）羊毛的特性

（1）色泽：羊毛呈现奶油色、棕色或者黑色。

（2）卷曲度：它具有自然卷曲，卷曲度越高，品质越好。卷曲对成纱质量和织物风格也有很大影响。羊毛纤维的卷曲程度有深有浅，可以分为三类：

①弱卷曲：这类卷曲的特点是卷曲的弧不到半个圆周，沿纤维的长度方向比较平直，卷曲数较少。半细毛的卷曲大多属于这一类型。

②常卷曲：它的特点是卷曲的波形近似半圆形，细毛的卷曲大多属于这一类型。常卷曲的羊毛多用于精梳毛纺，纺制有弹性和表面光洁的纱线和织物。

③强卷曲：它的特点是卷曲的波幅较高，卷曲数较多，细毛羊腹毛大多属于这一类型。强卷曲的羊毛适用于粗梳毛纺，纺制表面毛茸丰满、手感好、富有弹性。

（3）光泽：纤维表面的光泽与其表面鳞片的形态和排列密度相关。粗羊毛上鳞片较稀，易紧贴于毛干上，使纤维表面光滑、光泽强，如林肯毛；细羊毛的鳞片呈环状覆盖，排列紧密，对外来光线反射小，因而光泽柔和，如美利奴细羊毛。

（4）缩绒性：羊毛具有特殊的缩绒性。羊毛在湿热及化学试剂的作用下，经机械外力反复挤压，纤维集合体逐渐收缩紧密，并相互穿插纠缠，交编毡化。这一性能称为羊毛的缩绒性。这与其表面的鳞片层指向性密切相关：鳞片的根部附着于毛干，尖端伸出毛干的表面而指向毛尖。羊毛沿长度方向的摩擦，因滑动方向不同，使摩擦因数不同。滑动方向从毛尖到毛根，为逆鳞片摩擦；滑动方向从毛根到毛尖，为顺鳞片摩擦。逆鳞片摩擦因数比顺鳞片摩擦因数要大。这一差异是羊毛缩绒的基础，差异越大羊毛毡缩性越好。如图2-17所示为学生利用羊毛缩绒性制作的毛毡作品。

图2-17　羊毛毡作品（广东工业大学学生作品）

（5）吸湿性：羊毛纤维的吸湿性是常见纤维中最强的，一般大气条件下，回潮率为15%~17%。

（6）拉伸性：羊毛纤维的拉伸强度是常用天然纤维中最低的，一般羊毛细度较细，髓质层越少，其强度越高。羊毛纤维拉伸后的伸长能力却是常用天然纤维中最大的。断裂伸长率干态可达25%~35%。湿态可达25%~50%。去除外力后，伸长的弹性恢复能力是常用天然纤维中最好的，所以用羊毛织成的织物不易产生皱纹，具有良好的服用性能。

（7）耐酸、碱性：羊毛纤维较耐酸、不耐碱。较稀的酸和浓酸短时间作用对羊毛的损伤不大，所以常用酸去除原毛或呢坯中的草屑等植物性杂质。有机酸（如醋酸、蚁酸）是羊毛染色中的重要促染剂。碱会使羊毛变黄并溶解。

（8）耐热性：羊毛的耐热性在天然纤维中是最差的，其热可塑性和热收缩性则很强。羊毛面料只能湿烫，熨烫温度为160~180℃。羊毛易受虫蛀，也易霉变，这是由于其内部含有丰富的蛋白质。

（9）保暖性：羊毛纤维纺织品保暖性好。这主要归因于羊毛纤维的天然卷曲，能够锁住空气，形成一个空气的空间，从而使皮肤与寒冷的环境隔离，起到保暖效果（图2-18）。羊毛能够在皮肤一侧维持一个干爽的微环境，使人感到温暖和干爽。

图2-18 羊毛纤维作为保暖材料的应用

四、丝纤维

"锦上添花""繁花似锦"是家喻户晓人人皆知的成语，其中的"锦"字用以形容美好的事物或景物，它来源于丝织物的一类织物名称。我国有四大名锦，分别为南京云锦、成都蜀锦、苏州宋锦和广西壮锦，其多为丝织物，呈现不同的色彩、图案和质地，各有千秋（图2-19）。

（a）云锦　　　　　　（b）蜀锦　　　　　　（c）宋锦　　　　　　（d）壮锦

图2-19 四大名锦

蚕丝是蚕丝腺分泌液经吐丝结茧后得到的天然蛋白质纤维，是天然纤维中唯一的长丝。蚕丝可以来自家蚕（桑蚕），也可以来自野蚕（柞蚕、蓖麻蚕、木薯蚕、天蚕等）。

（一）蚕丝的形态结构

一个茧内约有800~1000m长度的蚕丝。一个茧内抽取的丝称为茧丝，几个茧一起抽得的称为生丝。生丝是由两根平行的丝素及包覆在丝素外层的丝胶组成，其中丝素（丝朊）占71%~80%，丝胶占18%~25%（图2-20）。

生丝需要经过一定的处理脱掉表面的丝胶才能成为制作丝绸面料的桑蚕丝。桑蚕丝横截面呈三角或半椭圆形，纵向光滑平直，较为均匀（图2-21）。桑蚕丝的成分为蛋白质纤维，包含多种氨基酸。

 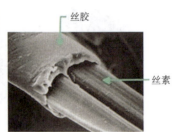 

丝胶

丝素

（a）蚕茧生丝提取　　　　　　　　　　　　（b）生丝结构与成分

图2-20　蚕茧生丝提取及生丝结构和成分

（二）蚕丝的特征

1. 光泽

蚕丝表面具备其他纤维所不能比拟的优雅而美丽的光泽，数千年来吸引着人们。蚕丝制品的光泽明亮，但不刺眼，反光折射面多，无规律，类似珍珠光泽。蚕丝纤维的光泽主要是由其截面形态造成的：蚕丝纤维结构近似于三角形的横截面，使茧丝具有柔和明亮的光泽，而圆形或者椭圆形截面的化学纤维对光的反射作用过强，使纤维光泽刺眼。另外一个原因是蚕丝纤维内部的散射反射光远远大于其表面正反射光（图2-22）。

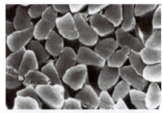

图2-21　蚕丝纤维的横向、纵向
表面形态

2. 强力和弹力

蚕丝纤维既有良好的强力（蚕丝的强度比羊毛大3倍），又有较大的延伸度（断裂伸长率达15%~25%）。这是因为蚕丝纤维分子量大、结晶度高、定向度高、弹性小于羊毛而优于棉。

3. 吸湿性

蚕丝具有良好的吸湿性，在一般大气条件下回潮率可达9%~13%。穿着蚕丝服饰能够及时吸收潮气，保持皮肤干燥，避免细菌增生，既舒适又健康。蚕丝之所以有很好的吸湿性，是由于它物理结构的多孔性，能吸收较多水分。此外，丝纤维上极性基团较多，能以氢键与水结合。蚕丝多用于夏衣、时装、内衣等（图2-23）。

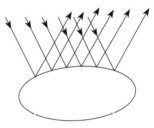
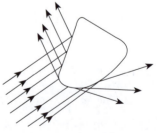

图2-22　普通化学纤维和蚕丝
纤维反光原理

香云纱又名"响云纱"，本名"莨纱"，是一种使用广东特色植物薯莨根茎的汁水对桑蚕丝织物涂层浸泡，再使用珠三角地区特有的含矿河涌塘泥覆盖涂抹，经日晒冲洗加工而成的一种纱绸制品。香云纱是世界纺织品中唯一用纯植物染料染色的丝绸面料，被纺织界誉为"软黄金"。面料正面呈黑色或褐色，反面较为浅色。与普通丝织物不同，香云纱具有耐汗、耐晒、耐皱、凉爽、易洗的特性，非常适合湿热天气。适合生产旗袍、便服等服装（图2-24）。

图2-23 蚕丝纤维的服装应用

图2-24 香云纱服装

蚕丝面料能够产生丝鸣的悦耳声音。当摩擦真丝面料时，其会发出一种独特悦耳的"丝鸣"。"丝鸣"对鉴别真丝绸和仿丝绸具有一定的参考价值。

4. 化学性能

蚕丝纤维不耐盐水浸泡，不耐酸，不耐碱，不耐光和热。因此，蚕丝面料的保养和护理要特别注意。避免出汗穿着，并且洗涤时要用专用的丝毛洗涤剂，并避免在太阳下暴晒。

第三节　服装用化学纤维

一、再生纤维

再生纤维分为再生纤维素纤维和再生蛋白质纤维两类。再生纤维素纤维是以天然纤维素为原料，由于它的化学组成和天然纤维素相同，而物理结构已经改变，所以称再生纤维素纤维。目前生产的再生纤维素纤维主要有黏胶纤维、醋酯纤维、铜氨纤维等，我国主要生产黏胶纤维。再生蛋白质纤维是以动物或植物蛋白质为原料制成的性质类似羊毛的纤维。主要品种有酪蛋白纤维、大豆蛋白质纤维、玉米蛋白质纤维、花生蛋白质纤维等。

（一）黏胶纤维

采用不同的原料和纺丝工艺，可以分别得到普通黏胶纤维，高强力黏胶纤维和高湿模量黏胶纤维等。高湿模量黏胶纤维具有优良的物理机械性能，因此有人称它为第二代黏胶纤维。它的特点是湿态断裂强度和湿模量特别高，但这种纤维生产工艺复杂，成本高，而且断裂伸长较小，耐磨性能较差，耐酸不耐碱。奥地利兰精集团是世界上最早且最大的黏胶纤维生产商，其主要生产三种类型的黏胶纤维，即普通黏胶纤维、天丝和莫代尔。天丝和莫代尔属于高湿模量黏胶纤维（图2-25）。

（a）黏胶长丝和短纤维

1. 普通黏胶纤维

普通黏胶纤维多采用棉短绒制成，俗称"人造棉""人造丝"这也是常见的黏胶纤维，目前已经大量用于面料生产供应。普通黏胶纤维吸湿性好，一般情况下其回潮率在13%左右。黏胶纤维，其纤维柔软、染色性好、染色鲜艳，不易产生静电，抗弯刚度小，面料悬垂性好。

普通黏胶的缺点也非常明显，其吸湿后织物膨胀明显，直径增大50%，所以织物摸起来硬，放入水中收缩率大，容易产生变形。另外黏胶纤维湿强是其干强的40%~50%。纤

（b）黏胶服装

图2-25　黏胶长丝、短纤维及服装

维耐磨性差、弹性差、尺寸稳定性差。

2. 天丝

天丝的生产原料为大自然中的针叶树木。溶剂可以回收，对生态无害，又被称为21世纪黏胶纤维。天丝纤维湿强度高，比棉纤维还要高。天丝纤维柔软、织物尺寸稳定性较好、水洗缩率较小、吸湿能力强且抗皱能力强。天丝纤维可用于牛仔裤、休闲装、装饰和产业用布等（图2-26）。

3. 莫代尔

莫代尔纤维是以中欧森林中的山毛榉木浆粕为原料制成，其采用高湿模量黏胶纤维的制造工艺。莫代尔湿强度不如天丝高，但是比天丝更加柔软，抗皱能力强。莫代尔面料水洗后容易变松，容易起球。该纤维多用于内衣、家纺产品（图2-27）。

（二）再生蛋白质纤维

大豆蛋白纤维是一种典型的再生蛋白质纤维，以食用级大豆蛋白粉为原料，通过生物工程技术提取出蛋白粉中的球蛋白。在制备过程中，会添加功能性助剂与腈基、羟基等高聚物接枝、共聚、共混，制成一定浓度的蛋白质纺丝液。经过改变蛋白质空间结构后，通过湿法纺丝工艺制成纤维。

图2-26 天丝纤维的应用

大豆蛋白纤维具有羊绒般的柔软手感和蚕丝般的柔和光泽，保暖性优于棉，且具有良好的亲肤性。这种纤维被誉为"新世纪的健康舒适纤维"和"肌肤喜欢的好面料"。它是一种环保纤维，主要由大豆蛋白质组成，易于生物降解，生产过程对环境和人体无污染。大豆蛋白纤维的应用非常广泛，可以用于生产内衣、T恤、睡衣以及各种平纹、斜纹、缎纹等机织面料。此外，大豆纤维与其他纤维如长绒棉、真丝、绢丝、亚麻等混纺或交织，可制成高档服装面料，如轻薄柔软型高级西装、大衣、睡衣、衬衫、晚礼服。大豆纤维也可用于被褥填充等。大豆蛋白纤维的研究和开发是中国纺织科

图2-27 莫代尔纤维的应用

技工作者的自主创新成果，也是国际上率先实现工业化生产的高新技术成果，被专家誉为"21世纪最环保纤维"。

二、合成纤维

合成纤维是由合成的高分子化合物制成的。合成纤维主要有长丝和短纤维两类（图2-28）。常用的合成纤维有：涤纶、锦纶、腈纶、氯纶、维纶、氨纶和丙纶等。

（一）涤纶

涤纶的学名叫聚对苯二甲酸乙二酯，简称聚酯纤维，俗称"涤纶"。涤纶是目前应用最为广泛的化学纤维。

1941年，JR温菲尔德和JT迪克森以对苯二甲酸和乙二醇为原料在实验室内首先研制成功涤纶纤维，1953年，杜邦公司开始工业化生产涤纶纤维，1960~1972年，涤纶产量超过了锦纶和腈纶。在我国，20世纪60年代，"的确良"（涤纶纤维面料）出现。这一面料最初在中国香港出现，人们根据广东话把它叫作"的确良"。因为它结实耐用、便宜、易洗涤且款式好看，家家户户都抢着买。在那个时代，如果能收到一件"的确良"衣服，回头率会相当高（图2-29）。1974~1978年，上海石化总厂建成，旨在生产涤纶纤维以满足解决全国8亿人民穿衣问题。1978年，仪征化纤厂及上海石化总厂二期建成，产量进一步提升。1983年中国人的穿衣问题基本解决。2018年，我国的涤纶纤维产量达到了4014万吨/年，占全球产量的80%。

图2-28　涤纶长丝和短纤维

1. 涤纶外观

涤纶一般纵向光滑，横截面一般为圆形（图2-30）。涤纶光泽明亮，但不够柔和，具

图2-29　"的确良"服装

有闪光的效果，有蜡感。

2. 涤纶的物理、化学性能

涤纶强度高，比黏胶纤维高20倍。涤纶织物弹性好，耐皱性超过其他纤维，即织物不折皱，尺寸稳定性好。涤纶耐磨性好，仅次于锦纶。

涤纶耐热性好，将它放在100℃温度下经过20天后，强力丝毫无损。涤纶热塑性好，具有极优良的定型性能，可以做各种褶皱。另外涤纶耐光性好，仅次于腈纶。

涤纶吸湿性差。涤纶表面光滑，内部分子排列紧密，分子间缺少亲水结构，因此回潮率很小，吸湿性能差，人们穿着时会感到不舒服。另外，由于纤维不吸

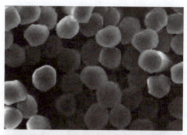

图2-30 涤纶的横向、纵向表面形态

湿，容易产生静电，吸附灰尘。染色性较差：涤纶由于表面光滑，内部分子排列紧密，分子间又缺少亲水结构，因此染色性同样也较差。

为改变纤维的吸湿性、染色性，出现了各种异形的截面。例如，将圆柱形的涤纶变为异形截面纤维，从而产生吸湿排汗作用。异形截面纤维表面微细沟槽所产生的毛细孔隙，使汗水经芯吸、扩散、传输等作用，迅速迁移至织物的表面并发散，再加上纤维与皮肤的接触点因截面的设计而减少，保证流汗后肌肤仍然保持优越的干爽感，从而达到导湿快干的目的［图2-31（a）］。这种纤维可以用于制作日常服装、运动服装等［图2-31（b）］。

（a）异形涤纶纤维的各种横截面形态

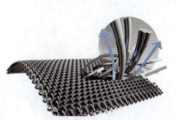

（b）COOLMAX® 纤维织物及服装

图2-31 异形截面纤维的形态及应用

涤纶耐腐蚀，耐漂白剂、氧化剂、烃类、酮类、石油产品及无机酸，耐稀碱，不怕霉。但是涤纶不耐浓碱的高温处理。利用涤纶不耐浓碱的性质，将涤纶放到高温碱溶液中，纤维表面会被腐蚀，重量变轻，细度变细，使其光泽柔和，可产生真丝风格，吸湿性也变好（图2-32）。

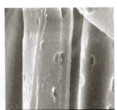

| （a）未碱减量处理的涤纶织物 | （b）碱减率9.5%的涤纶织物 | （c）碱减率25.7%的涤纶织物 | （d）仿丝绸围巾 |

图2-32　涤纶纤维碱减量处理后的表面形态及仿丝绸围巾

3. 涤纶的用途

涤纶可以在纺织服装、家纺和产业领域使用。涤纶长丝可以制作各种纺织品，而涤纶短纤维通常和棉、毛、麻等混纺，以改善天然纤维的使用性能。在产业中，涤纶可以用于制作轮胎帘子线、渔网、绳索、滤布、绝缘材料等。

（二）锦纶

锦纶是最早进行工业化生产的合成纤维品种，属于脂肪族聚酰胺纤维。锦纶也称尼龙，其主要品种有锦纶6和锦纶66。锦纶性能好、产量高，用途广，是仅次于涤纶的主要合成纤维品种。

1. 锦纶的主要物理和化学性质

锦纶纵面平直光滑，截面呈圆形，比涤纶光滑。锦纶密度小，为1.15g/cm³，锦纶织物属轻型织物。

锦纶最大特点是强度高、耐磨性好，它的强度及耐磨性居所有纤维之首。例如，可以将该纤维面料拼接在容易产生磨破的位置，以增加服装的耐用性［图2-33（a）］。锦纶的抗弯刚度低，比涤纶柔软［图2-33（b）］。

| （a）锦纶拼接冲锋衣 | （b）锦纶外壳的羽绒服 |

图2-33　锦纶服装

用该纤维面料做羽绒服外层，手感更好。锦纶织物的弹性及弹性恢复性极好，不易褶皱。

图2-34 各种色彩的锦纶纱线

锦纶的吸湿性是常见合成纤维中较好的，在一般大气条件下回潮率达4.5%左右。另外，锦纶的染色性也较好，可以染出各种鲜艳的颜色（图2-34）。

2. 锦纶的应用

锦纶以长丝为主，另外还有少量的锦纶短纤维。锦纶长丝主要用于制造强力丝，供生产袜子、内衣、运动衫等。锦纶短纤维主要是与黏胶纤维、棉、毛及其他纤维混纺，用作服装布料。锦纶还可在工业上用作轮胎帘子线、降落伞、渔网、绳索、传送带等。

（三）腈纶

腈纶是聚丙烯腈纤维在我国的商品名，是仅次于涤纶和锦纶的合成纤维品种。它柔软、轻盈、保暖、耐腐蚀、耐光似羊毛的短纤维，有"人造羊毛"之称（图2-35）。

图2-35 腈纶毛线

1. 腈纶的主要物理化学性质

腈纶织物在合成纤维织物中属较轻的织物（1.16g/cm³），仅次于丙纶，因此它是好的轻便服装面料，如登山服、冬季保暖服装等。腈纶强度比涤纶、锦纶小，断裂伸长率则与涤纶、锦纶相似，弹性较好，比羊毛好，其尺寸稳定性能较好。

腈纶织物染色鲜艳，耐光性属各种纤维织物之首。因此，腈纶织物适合做户外服装、泳装及儿童服装。腈纶织物有较好耐晒性，在常见纺织纤维中居首位。腈纶放在室外暴晒一年，其强力只下降20%，因此腈纶最适宜做室外用织物。

腈纶织物吸湿性较差，容易沾污，穿着有闷气感。腈纶耐磨性是合成纤维中最差的。腈纶耐酸、氧化剂和有机溶剂，对碱的作用相对较敏感。

2. 腈纶的应用

腈纶可纯纺（如腈纶毛线）或与羊毛混纺制毛线、毛织物等。用它制成的毛线特别是轻软的膨体绒线早就为人们所喜爱。腈纶虽比羊毛轻10%以上，但强度却大2倍多，并对日光的抵抗性也比羊毛大1倍，比棉花大10倍。因此它特别适合制造帐篷、炮衣、车篷、幕布、窗帘等室外织物（图2-36）。

图2-36　腈纶产品

服装设计中，腈纶经常被用来代替羊毛。广东工业大学招婧博的作品《小魔兽游乐场》，该设计获2019年"广州国际轻纺城杯"广东大学生优秀服装设计大赛决赛本科组银奖。该作品主要利用腈纶纱线，采用针织加编织的手法制作的儿童创意服装（图2-37）。

图2-37　针织儿童创意服装（广东工业大学　招婧博）

（四）丙纶

丙纶的学名为聚丙烯纤维。丙纶具有生产工艺简单，产品价廉，强度高，相对密度小等优点，所以丙纶发展得很快。丙纶的生产包括短纤维、长丝和裂膜纤维等。丙纶裂膜纤维是将聚丙烯先制成薄膜，然后对薄膜进行拉伸，使它分裂成原纤结成的网状而制得的。

1. 丙纶的物理化学性质

丙纶的密度为$0.91g/cm^3$，是常见化学纤维中密度最轻的品种，另外丙纶同其他合成纤维一样，不易发霉、腐烂，不怕虫蛀。因此很适合做冬季服装的絮填料或滑雪服、登山服等的面料。

丙纶的强度高，仅次于锦纶，伸长度大，初始模量较高，弹性优良。所以，丙纶耐磨性好。此外，丙纶的湿强基本等于干强，是制作渔网、缆绳的理想材料。

丙纶的吸湿性很小，几乎不吸湿，一般大气条件下的回潮率接近于零，但细旦丙纶有芯吸作用，能通过织物中的毛细管传递水蒸气，但本身不起任何吸收作用。这种纤维做成的服装可以将湿气迅速有效地转移到织物的另一侧，从而让穿着者的肌肤保持干爽透气。春秋两季穿它不感闷热，寒冷冬季穿它告别湿冷。

美国国防部选择丙纶制成的防寒起绒针织内衣，作为美军极地部队的标准穿着装备（图2-38）。该内衣利用丙纶的芯吸效应，即转移且不吸收水分和汗液作用，从而从根本上杜绝了细菌滋生存活的条件，从而达到抗菌防臭的效果，即便持久穿着也不用担心汗臭产生。丙纶适合制作寒冷环境下的内衣，在出汗状态下转移水分，但是不适合作为高温环境下服装穿着，这是因为其不吸收湿气，容易造成人体不适感觉。

图2-38 美国国防部选择丙纶制成的防寒起绒针织内衣

丙纶的染色性较差，色谱不全，只能染浅色、中色，不能印花。并且丙纶耐晒性差，易老化，因而制造时常添加防老化剂。丙纶耐酸、碱性强，对氧化剂稳定，对还原剂稳定性稍差，对干洗溶剂敏感，适合水洗，不宜干洗。

2. 丙纶的应用

丙纶可以纯纺或与羊毛、棉或黏胶纤维等混纺混织来制作各种衣料，也可以用于织各种针织品如织袜、手套、内衣、口罩、医用防护服、洗碗布、蚊帐布、絮、保暖填料，尿不湿等。在产业中，丙纶可应用于地毯、渔网、帆布、水龙带、混凝土增强材料、工业滤布、绳索、渔网、建筑增强材料、吸油毯以及装饰布等。此外，丙纶膜纤维可用作包装材料。

你知道为什么丙纶适合制作口罩吗？主要是因为：①丙纶具有极低的体积密度。在同样重量条件下，丙纶具有更大的比表面积，对污染物具有更强的吸附能力；②丙纶芯吸作用强，有利于转移人体汗液；③丙纶安全卫生、无毒无味；④丙纶价格低。同样的，丙纶应用于儿童尿不湿也是同样的原因（图2-39）。

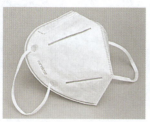

图2-39 丙纶口罩和尿不湿

（五）氨纶

氨纶的学名为聚氨酯弹性纤维。它是一种具有特别弹性性能的化学纤维，目前已工业化生产，并成为发展最快的一种弹性纤维。

1. 氨纶的主要物理和化学性质

氨纶的密度较小，仅为 $1~1.3g/cm^3$。氨纶的强度很低，是常见纺织纤维中强度最低的，但氨纶的伸长很大，断裂伸长率达450%~800%，且在断裂伸长以内的弹性恢复率在95%~98%，并且弹性很好。因此，高伸长、高弹性是氨纶的最大特点。氨纶吸湿性较差，在一般大气条件下回潮率为0.8%~1%。但其染色性能较好。此外，氨纶的耐酸碱性、耐溶剂性、耐光性、耐磨性都较好。

如图2-40所示为一件普通的羽绒服，其外层面料成分为锦纶/氨纶（86/14），但是经过店员洗涤干净之后，在衣服前襟出现了大小不同区域的泡泡。这些泡泡的产生是因为面料含有较高含量的氨纶丝，而氨纶丝强度低，其在洗涤过程中受到机械力的作用，容易断裂，因此在面料上呈现泡泡的形状。这类高氨纶丝含量的面料要注意洗涤方式。

图2-40　羽绒服外壳面料洗涤后出现泡泡形状

2. 氨纶的应用

氨纶一般不单独使用，而是少量地掺入织物中，例如，与其他纤维合股或制成包芯纱（图2-41）。可以用于织制弹力织物，如用棉包覆的氨纶牛仔裤，穿着轻松、弹性好，适于合体的造型，深受青年人的喜欢。还有氨纶包芯纱内衣、游泳衣、时装等，都有合体舒展的穿着性能。在袜口、手套，针织服装的领口、袖口，运动服、滑雪裤及宇航服中的紧身部分等都有氨纶普遍应用。

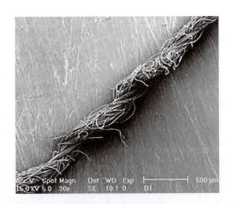

图2-41　氨纶包芯纱

在很多场合，人体需要大幅度活动，如游泳、跳舞、做瑜伽等。这些场合穿着的服装需要跟随人体运动，不阻碍人体活动，因此服装需要具备很大的弹性。另外人们日常穿着的服装也需要具备一定的弹性。氨纶作为一种弹性纤维，通常被加入服装内，以提高其弹性（图2-42）。

图2-42　氨纶在服装上的应用

（六）维纶

维纶的学名为聚乙烯醇缩甲醛纤维。维纶洁白如雪，柔软似棉，因而常被用作天然棉花的代用品，人称"合成棉花"。

1. 维纶的物理、化学性质

维纶织物吸湿性是合成纤维织物中最强的，因此具有一般棉织品的风格。同时，它比棉布更结实、更坚牢耐用。

维纶织物耐酸碱、耐腐蚀、不怕虫蛀，较长时间的日晒对其强度影响不大，因此适合制作工作服，也常用来织制帆布。长期放于海水或土壤中也无影响，所以适宜做渔网、水产养殖网。

维纶织物的缺点是耐热水性差，湿态遇热会收缩变形，且染色不鲜艳。因此，其用途受到限制，属低档衣料。因为维纶的这个缺点，目前纯维纶产品极少，大多是与其他纤维混纺（图2-43）。

2. 维纶的应用

目前，工厂正在通过生产工艺参数来生产不同水溶温度的水溶性维纶。利用维纶的不耐热水的性质，可以开发

图2-43　维纶的应用

不同应用。

（1）开发轻薄毛织物。纺纱时，在低品质支数的羊毛中混入一定比例的水溶性维纶纤维，制成中等细度毛纱，经织造成布。在后整理过程中溶去PVA纤维，从而得到轻薄的纯毛面料（图2-44）。

图2-44　溶去维纶后的轻薄纯毛面料

（2）精致面料开发。水溶性维纶纱线与其他纱线交织后，在染整过程中除去水溶性纤维，可得到经纬镂空、提花镂空、薄型、柔软、蓬松等深加工织物（图2-45）。

（3）用作绣花基布。水溶性维纶非织造布可以作为骨架使用，直接在上面进行电脑绣花，绣成后经热水处理将维纶非织造布去除，绣品自然，仿真效果好（图2-46）。

图2-45　溶去维纶后的镂空花纹面料

（4）医疗卫生用材料。采用维纶可以生产水溶性手术服、手术帽和外壳敷贴材料等，方便降解，减少环境污染。

（5）创意服装开发。利用维纶可以开发创意服装。例如，Chalayan 2016春夏系列中，大师卡拉扬带来一场魔法：以遇水溶化礼裙来展现时装的可变化性。当秀场上的人造雨开始倾盆而下，模特身上的衬衫开始溶化瓦解，展现出底下的黑白印花礼裙，给观众展示了减法时尚（图2-47）。纺织品一直是全球污染最严重的行业之一，水溶面料是对未来可持续发展的思考。

图2-46　溶去维纶后的绣花织物

（七）氯纶

氯纶的学名为聚氯乙烯纤维。我们日常生活中使用的塑料雨披、塑料鞋等大都属于这种原料。

图2-47　维纶水溶性面料的展示

氯纶织物属不易燃烧织物，离开火焰后会马上熄灭不再续燃，是良好的制作不燃窗帘和地毯的材料（图2-48）。氯纶织物不仅耐磨性很好，且保暖性也很好且棉和羊毛，分别高出50%和10%~20%。

图2-48 氯纶的应用

氯纶织物具有良好的静电绝缘性，它保暖性好，易产生和保持静电，因此用它做成的针织内衣对风湿性关节炎有一定疗效。

氯纶织物的缺点也十分明显。氯纶软化点非常低，通常温度至60~70℃时便开始软化，收缩烫时应加倍小心，尽量不要熨烫氯纶织品。氯纶耐热性极差，热收缩大，这一性质限制了它的应用，改善的办法是与其他纤维品种共聚（如维氯纶）或与其他纤维（如黏胶纤维）进行乳液混合纺丝。

第四节 服装用新型纤维

随着现在人们对环境保护意识的提高，新型纤维被开发且向着多元化、新颖化和环保型方向发展。之所以称新型纤维，主要是纤维的形状、性能或其他方面区别于传统纤维，为了适应生产、生活的需要，在某些方面得到改善的纤维。新型纤维是由于传统纤维不再满足人们在某些方面的需求，于是解决传统纤维的一些缺陷的条件下应运而生的，它反映的是人们对纺织材料要求的提高。同时，新型纤维的开发，反映了纤维材料在今后的发展趋势和方向。

一、彩棉

天然彩色棉花简称"彩棉"。它是利用现代生物工程技术选育出的一种吐絮时棉纤维就呈现红、黄、绿等天然彩色的棉花（图2-49）。

彩棉纤维在生长、成熟过程中就具有了天然色彩，无须印染，自然环保。它不需要施用农药、除草剂等化学物质，另外在纺织加工过程中，无须经漂白、印染、煮炼等整理化学处理加工过程，是一种环保型纤维。

虽然，彩棉制品被称为绿色环保的"生态纺织品"，并具有棉纤维的优点，但彩棉内衣并未受到消费者特别的青睐。主要有以下原因：

（1）基本色彩仅有棕色与绿色两种。

（2）彩棉容易掉色。这是因为彩棉中含有大量的氮元素，由于氮元素的化学性质不是很稳定，所以彩棉服装经过日晒，汗液的侵蚀，会造成服装中氮元素的游离，清洗的时候就会发生颜色的变化，称为掉色。

（3）产量低、价格高。

目前彩棉更多的是和其他纤维混纺，主要产品有纯

图2-49　彩棉纤维

彩棉、彩棉和白棉、彩棉和天丝、彩棉和莫代尔等混纺化纤织物或交错、色织的针织物与机织物。主要用在家纺、婴儿服装等（图2-50）。

图2-50　彩棉纤维的应用

二、木棉

我国的木棉纤维主要生长和种植地区为广东、广西、福建等省（区）。目前应用的木棉纤维主要指木棉属的木棉种，长果木棉种和吉贝属的吉贝种三种植物果实内的纤维。

木棉纤维纵向外观呈圆柱形，表面光滑，不显转曲；木棉纤维横截面为圆形或椭圆形，中段稍粗，根端稍圆，梢端稍细，两端封闭，细胞中充满空气（图2-51）。细胞腔中空，纤维壁厚1~2μm，纤维的中空度高达80%~90%。

木棉纤维长度较短（8~34μm），直径：20~45μm，强度低，抱合力差，缺乏弹性，但是

木棉密度小（仅为0.29g/cm³），且在光泽、抗菌防霉、吸湿性、吸油和保暖性方面具有独特优势。

由于木棉纤维粗短，很难纯纺，目前主要与棉混纺，应用于针织内衣、绒衣，机织休闲衣服等（图2-52），还可以用作中高档被褥絮片、枕芯、靠垫等的填充料。另外木棉纤维可以用作浮力材料，还可以作隔热和吸声材料，填充于房屋的隔热层和吸声层。

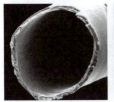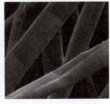

图2-51　木棉纤维的横向、纵向表面形态　　　　图2-52　木棉纤维的应用

三、罗布麻

罗布麻是野生植物纤维。由于最初在新疆罗布泊发现，故命名为罗布麻，罗布麻具有"野生纤维之王"的美誉。

罗布麻纤维比苎麻细，单纤维强力比棉花大五六倍，而延伸率只有3%，较其他麻纤维柔软。罗布麻布比一般织物耐磨、耐腐性好，吸湿性大，缩水率小，是麻织品中很有发展前途的品种。

罗布麻纤维具有良好的抑菌性，对白色念珠菌、金黄色葡萄球菌、大肠杆菌、绿脓杆菌等有明显的抑制作用。罗布麻含量为35%以上的保健服饰具有降压、平喘、降血脂等作用，能明显地改善临床症状。另外，罗布麻纤维是天然的远红外发射材料，罗布麻内衣具有保暖作用。

罗布麻纤维的缺点是弹性小，容易起皱。另外其在洗涤时，容易缩水、起毛等。目前，罗布麻可以与棉、毛或丝混纺，应用于儿童服装、床垫和家纺产品等（图2-53）。

图2-53　罗布麻纤维的应用

四、竹原纤维

竹原纤维是将生长12~18个月的慈竹，采用物理方法将竹材通过整理、制竹片、浸泡、蒸煮、分丝、梳纤、筛选等工艺去除竹子中的木质素、多戊糖、竹粉、果胶等杂质，再用脱胶工艺进行部分脱胶，部分脱胶后竹纤维的余胶将竹子纤维一根一根相互连接起来，从而制成竹纤维，这种纤维不是单纤维，而是束纤维，在加工过程中保留了其原有的天然特性。

竹原纤维纵向有横节，粗细不匀，纤维表面有无数微细凹槽。横向为不规则的椭圆形、腰圆形，内有中腔，横截面上有很多孔隙（图2-54）。

图2-54　竹原纤维的横向、纵向表面形态及竹原纤维

竹原纤维被誉为"会呼吸的纤维"，具有较好的吸湿性、透气性、凉爽感、抗菌抑菌功能、除臭吸附功能、吸湿排汗功能和超强的抗紫外线功能。然而提取竹原纤维是一个很复杂的工序，比从棉花中提取棉纤维难得多，在这个过程中会造成一定的污染。另外，竹纤维产品比较脆弱，其不能用力拧揉，否则容易破损。因此一般会采取竹纤维和棉、天丝、麻、丝等纤维混纺的方法提高强度。

含有竹原纤维的面料适合制作夏季服装、贴身内衣、运动服饰、毛巾和床上用品等与人体肌肤亲密接触的纺织品。通过与其他材料复合，目前已出现驱蚊虫、治疗病症、食品保温、警示预警、光伏充电等各类新型面料，这一复合技术拓展了竹原纤维的纺织功能，提高了附加值（图2-55）。

图2-55　竹原纤维的应用

五、竹浆纤维

竹浆纤维又称再生竹纤维或竹黏胶纤维，是近年来我国自行研发成功的一种再生纤维素纤维，是以竹子为原料，经过特殊的工艺处理，把竹子中的纤维素提取出来，再经过制胶、纺丝等工序制造成纤维。

竹浆纤维横截面为不规则锯齿形，锯齿形表面有向芯层弯曲的趋势；该纤维纵向形态平直，表面有沟槽，如图2-56所示。竹浆纤维的强伸性略优于普通黏胶纤维，干湿初始模量也略高于普通黏胶纤维，并比普通黏胶纤维有更好的加工性能和服用性能。竹浆纤维和普通黏胶纤维在标准大气压下具有相似的吸湿、放湿性能在高湿环境下比普通黏胶纤维更易吸湿。

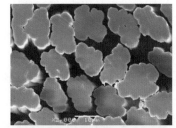

图2-56　竹浆纤维的横向、纵向表面形态

竹浆纤维已被广泛地应用于棉纺、精纺、半精纺、粗纺、家纺、填充料、无纺布等各个纺织领域，可以与毛、棉、麻、绢丝、化纤、天丝等多种天然和人造纤维混纺。

六、竹炭纤维

竹炭纤维是运用纳米技术，先将竹炭微粉化，再将纳米级竹炭微粉经过高科技工艺加工，然后采用传统的化纤制备工艺流程来纺丝成型的。

竹炭纤维独特的内部微多孔结构，使其具有超强的吸附能力和除臭功能、抗菌防霉、远红外功能、自动调节湿度、吸湿快干和优异的服用性能（图2-57）。并由于竹炭纤维特殊的分子结构和超强的吸附能力，使其具有弱导电功能，能起到防静电、抗电磁辐射的作用。

竹炭纤维的应用领域非常广泛：

（1）床上用品。

（2）腕带、袜子、毛巾、鞋垫等产品，由于其有远红外发射与屏蔽电磁波辐射功能，非常适合于老年、婴幼及

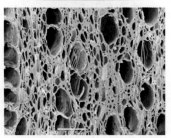

图2-57　竹炭纤维及其在一定放大倍数下的表面形态

孕产妇保健防护服装。

（3）医疗矿山防护：该纤维具有吸附、导电、抗电磁辐射功能，可用于医疗防护服装，矿山、石油、天然气操作现场工作服装。

（4）交通旅游：竹炭黏胶纤维既适合制作车、船、飞机等交通工具座椅面料及内装饰用品，也适合制作宾馆、礼堂等装饰用品。

本章小结

- 纤维是纺织工业的基础，决定服装最终服用性能。纺织纤维无严格定义，通常指细长、有强度、韧性和可纺性的物质。
- 纺织纤维分为天然纤维和化学纤维两大类。天然纤维包括植物纤维（如棉、麻）、动物纤维（如羊毛、蚕丝）和矿物纤维；化学纤维则分为再生纤维、合成纤维和人造无机纤维。
- 纤维性能包括机械性能（强度、弹性、耐磨性）、吸湿性、热学性能等，影响服装的服用性能和外观风格。
- 天然纤维中，棉纤维柔软、吸湿性好但易霉变、易褶皱；麻纤维强度高、吸湿散湿性好，具有抗菌功能；羊毛保暖性好，弹性优良。
- 化学纤维中，再生纤维如黏胶纤维吸湿性好但耐磨性差；合成纤维如涤纶耐腐蚀、强度高，应用广泛；丙纶纤维适合制作口罩和尿不湿，因其体积密度低、芯吸作用强。

思考与练习

1.请详细解释纺织纤维的概念，并讨论纺织纤维在服装材料学中的重要性。

2.纺织纤维可以分为哪些主要类别？请简述每类纤维的基本性能和特点，并讨论它们在服装制造中的应用。

3.纺织纤维的形态指标有哪些？这些指标如何影响纤维的性能和最终服装的服用性能？

4.请列举几种常见的天然纤维，并讨论它们的性质以及在服装中的应用。同时，分析天然纤维相比化学纤维的优势和不足。

5.化学纤维在服装制造中扮演了怎样的角色？请讨论几种常见的化学纤维，包括它们的特点、性质以及在服装中的应用实例。此外，随着科技的发展，新纤维不断涌现，请谈谈你对新纤维种类及其在服装材料学中的应用的看法。

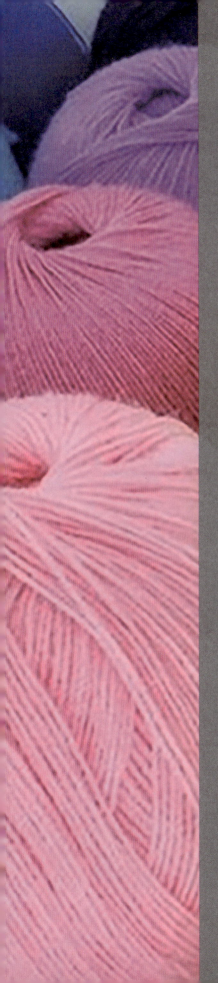

第三章

纱线

课题名称：纱线

课题内容：1.纱线概述

2.复杂纱线种类及其应用

上课时数：4课时

训练目的：使学生全面掌握纱线的基本概念、分类、结构及其性能
指标，深入了解复杂纱线的种类及其在服装设计与制作
中的应用，熟悉纱线规格对织物外观和物理性能的影响，
为后续纺织服装领域的学习与实践打下坚实基础。

教学要求：1.让学生全面理解纱线在纺织服装领域中的基本概念与
核心地位。

2.掌握纱线的基本分类、结构与性能指标。

3.熟悉复杂纱线的种类、特点及其在服装设计中的应用。

课前准备：阅读纺纱学方面的书籍。

纱线，作为纺织品的基础构成单元，其定义、分类和结构在服装材料学中占据重要地位。纱线依其原料、结构和加工方式的不同，分为多种类型，其中，复杂纱线以其独特的设计和性能，成为现代纺织领域的亮点。而花式纱线，作为复杂纱线的一种，以其多变的外观和触感，为人们提供了无尽的创意空间，通过运用花式纱线，可以打造出独具个性的服装款式，满足消费者日益增长的审美需求。

第一节　纱线概述

一、纱线的定义

由纺织纤维制成的细而柔软，并且具有一定力学性能的连续纤维集合体，统称为纱线。如图3-1所示为几种典型的纱线。如图3-2所示为显微镜下棉纱和涤纶长丝纱表面形态，可以看出其是由纤维制成的。

图3-1　几种典型的纱线　　　　　　　　图3-2　棉纱和涤纶长丝纱显微镜图片

二、纱线的分类

纱线的分类方法有多种，以下按照纤维原料组成、纱线粗细、纱线结构和纱线用途进行分类介绍。

（一）纤维原料

纱线按照纤维原料可以分为纯纺纱线和混纺纱线两种。其中纯纺纱是采用一种纤维纺成的纱线。命名时冠以"纯"字及纤维名称，如纯涤纶纱、纯棉纱等。混纺纱是采用两种或两种以上纤维混合纺成的纱线，如涤棉纱。

（二）纱线粗细

纱线按粗细分为粗特纱（32tex以上）、中特纱（21~31tex）、细特纱（11~20tex）和特细特纱（10tex以下）。以棉纱为例，粗特纱是指直径为157μm以上的纱线，中特纱是指直径为128~157μm的纱线，细特纱是指直径为90~128μm的纱线，特细特纱是指直径为90μm以下的纱线。

（三）纱线结构

纱线按照结构分为单纱、股线、变形丝和花式线。

（1）单纱：是由短纤维经纺纱形成的单根的连续长条。

（2）股线：是由两根或以上单纱合并加捻形成的纱线，若由两根单纱合并形成，则称为双股线，三根及以上则称为多股线，而股线再并合加捻就成为复捻股线。

（3）变形丝：是化学纤维原丝经过变形加工而呈卷曲、螺旋、环圈等外观特性，从而具有蓬松性、伸缩性和弹性。变形丝通常有弹力丝、膨体纱和网络丝三种。

（4）花式纱：是由特殊工艺制成，具有特种外观形态与色彩的纱线。其通常是由芯纱、饰纱和固纱在花色捻线机上加捻形成，表面具有纤维结、竹节、环圈、辫子、螺旋、波浪等特殊外观形态或颜色。

（四）纱线用途

机织用纱指加工机织物所用的纱线。机织经纱一般要求纱线强度高且耐磨，以满足高速织造的要求，而纬纱要求相对较低。

针织用纱是加工针织物所用的纱线。针织用纱需有一定的强度和延伸性，这是因为纱线在织造过程中反复承受张力以及在编织过程中受到弯曲和扭转作用。另外纱线需要具备一定柔软度，纱线易于弯曲和扭转，可减少织造过程中纱线的断头以及对成圈机件的损伤。此外，与机织用纱相比，针织用纱的捻度比机织用纱要低。若捻度过大，纱线柔软性差，织造时容易产生扭结，并且容易损坏织针；然而捻度过小，纱线强度会变低，在织造中容易断头且织物容易起毛起球，影响织物品质。

此外还有缝纫线、绣花线和特种工业用纱等。

三、纱线的加工方法

纱线的加工过程是把大量排列紊乱、有各种杂质的天然短纤维和化学短纤维原料，通过纺纱系统，纺成具有一定标准结构和性能的连续单纱。这个过程需经过多道工序、多台机器的联合作用。一般把纺纱系统按照所纺纤维的类型分为棉纺系统、麻纺系统、毛纺系统、绢纺系统。

以棉纺系统为例（图3-3），纤维先经过开松除杂，即大团的纤维变为小块、小束纤维，接着纤维经过梳理过程，经过梳理纤维横向联系基本消失，但是纤维有弯钩存在，然后纤维条经过牵伸和并合，使纤维被进一步拉细、拉长，并和其他多根条子混合在一起以改善均匀度，最后将纤维条加捻，利用回转运动，使纤维间的纵向联系固定下来的过程。

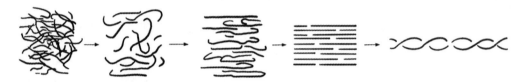

图3-3 纺纱过程示意图

四、纱线的规格和结构

（一）纱线的细度

纱线细度是纱线最重要的指标。纱线越细，纱线的质量越高，织出的织物就越光洁细腻，质量就越好。纱线细度的表示方法与纤维细度一致，此处不再赘述。

（二）纱线的结构

纱线主要有单纱和股线。单纱是纤维经纺纱工艺后形成的单根产品，其表示方法是在纱支后面直接写上单位。例如，100旦涤纶长丝纱。股线是由两根或两根以上的单纱交并合股而成的产品。两根单纱合股的线称双股线，三根单纱合股的线称三股线，多股单纱合股的线称多股线（图3-4）。

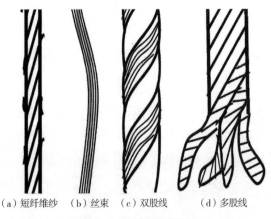

（a）短纤维纱　（b）丝束　（c）双股线　（d）多股线

图3-4 不同股数的纱线

股线的表示方法是在单纱细度后面加上股数（图 3-5）。例如，单纱细度 21tex 的双股线可写为 21tex×2；不同特数的两根单纱，如 21tex 和 29tex 合股，可写为 21tex+29tex。另外，市场上的纱线经常用英支（S）表示，例如，91^S 单纱形成的双股纱，可以写成 91^S/2；不同粗细的单纱合股，如 32^S 与 10^S 纱合股，可写成 32^S/10^S 等。

（a）21tex+29tex 棉纱

（三）纱线的捻度和捻向

纱线捻度是指纱线单位长度上的捻回数（纱线加捻时，两个截面的相对回转数）。棉纱通常以 10cm 内的捻回数来表示捻度，精纺毛纱通常以每米捻回数表示。

纱线捻向是指纱线加捻的方向，包括 S 捻（自左上方向右下方倾斜）和 Z 捻（自右上方向左下方倾斜）两种 [图 3-6（a）]。股线捻向的表示方法为：第一个字母表示单纱捻向，第二个字母表示股线捻向，如 ZS [图 3-6（b）]。经过两次加捻的股线，第三个字母表示复捻捻向，如 ZSZ [图 3-6（c）]。

（b）90^S/2 腈纶纱

（c）100^D/2 涤纶纱

图 3-5 股线的表示方法

（a）S 捻和 Z 捻

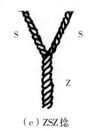

（b）ZS 捻

（c）ZSZ 捻

图 3-6 纱线的捻向

五、纱线对织物外观和物理性能的影响

（一）纱线对织物外观的影响

1. 纱线毛羽

纱线中的纤维两端露在纱身外面，形成毛羽（图 3-7）。毛羽是影响纱线外观和风格的

一个重要质量指标。短纤纱通常表面有毛羽，因此由该类纱线织成的面料表面显得较暗淡，无光泽；另外纱线表面毛羽分布不均，影响染色效果，同时毛羽存在会引起织物起球，影响织物外观［图3-8（a）］。长丝纱及织物表面光滑、发亮、均匀，另外其耐磨且不易起毛起球［图3-8（b）］。

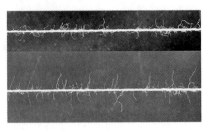

图3-7　纱线表面毛羽

（a）短纤纱及织物

（b）长丝纱及织物

图3-8　两种类型纱线及织物

2. 纱线细度

在相同条件下，较细的纱线形成的织物较为轻薄、柔软、细腻。例如，同样是纯棉纱织物，低支纱线织成的纯棉织物粗糙、光泽差，而高支纱线织成的纯棉面料通常光滑、细腻、光泽好，类似丝绸外观和手感（图3-9）。

3. 纱线捻度

纱线捻度会影响织物的反光效果。纱线的光泽随着捻度的增加而增加，当纱线捻度达到一定值后，捻度继续增加时，光线反射随捻度的增加而减弱，因此高捻度纱线所织成的织物表面反光柔和。另外，适当的捻度可使纱线表面更加均匀，毛羽减少，使织物更加光滑、平整，而捻度不足或过高时，会使织物出现毛糙、起球、起毛等情况。

另外，纱线的捻度会影响织物手感。较低捻度的纱线织成的织物柔软，而捻度增加会使织物变硬。

（a）低支纱织物

（b）高支纱织物

图3-9　低支纱与高支纱织物

4. 纱线捻向

不同捻向纱线形成的织物外观和手感不同。例如，平纹织物，经纬纱捻向不同，织物表面反光一致，光泽较好，织物松厚柔软；而经纬捻向相同时，织物表面反光不同，光泽差；斜纹织物的经纬纱采用不同捻向时，经纬纱捻向与斜纹方向垂直，纹路清晰［图3-10（a）］。而当若干根S捻、Z捻纱线相间排列，织物可产生隐条隐格效应，即织物表面呈现隐约的条形或格纹外观效应，如某些花呢衣料［图3-10（b）］。

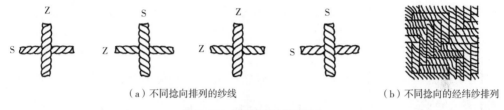

（a）不同捻向排列的纱线　　　　　　（b）不同捻向的经纬纱排列

图3-10　各种捻向纱线的配合

单纱和股纱捻向配置会影响织物外观（图3-11）。当单纱与股纱捻向相同时，纱中纤维倾斜程度大，光泽较差，捻度不稳定，股纱结构不平衡，容易产生扭结；而当两者捻向相反时，光泽好，捻度稳定，股线结构均匀、平衡。目前，多数织物中的纱线采用单纱和股纱反向加捻。

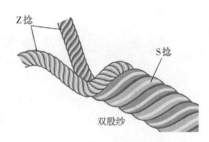

图3-11　单纱和股纱的配置

（二）纱线对织物物理性能的影响

1. 纱线毛羽

纱线毛羽可固定织物表面的空气，从而提高织物的隔热性，毛羽还能增进织物的柔软性。然而，毛羽多的织物透气性和透湿性差，另外，织物表面粗糙度和摩擦也大。

2. 纱线细度

在其他条件不变时，纤维越细，织成的织物越光滑柔软，穿着舒适。另外，纱线越细，成纱不匀率越低，纱线强度越高。

3. 纱线捻度

纱线捻度影响纱线的强力、刚柔性、弹性和缩率等指标。研究发现纱线的强力会随着纱线捻度增加先增加后下降，这一转折的纱线捻度称为纱线的临界捻度（图3-12）。不同原料的纱线，其临界

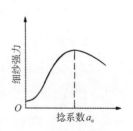

图3-12　纱线强力与捻系数a_α的关系

捻度是不一样的。通常情况下，在满足强力要求的前提下，纱线捻度越小越好，因为捻度的增加会使纱线的手感变硬、弹性下降、缩率增大，这也是长丝纱一般尽量不加捻或少加捻的缘故。

第二节　复杂纱线种类及其应用

复杂纱线具有较复杂的结构和独特外观，如花式纱线、包芯纱等。设计师可以利用复杂纱线的独特性质和外观，创造出别具一格的服装款式和细节，例如，通过运用花式纱线中的特殊花色或结构，可以在服装上打造出独特的纹理和图案，使服装更具个性和艺术感。本节仅介绍复杂纱线类型及应用。

一、复杂纱线定义及分类

复杂纱线是指具有较复杂结构和独特外观的纱线，主要包括变形纱和花式纱线两类。变形纱是利用合成纤维受热后的可塑化变形特性制成的一种具有高度蓬松度和弹性的纱线。

花式纱线是指在纺纱和制线过程中采用某种合适原料，使用专用设备或特定工艺对纤维或纱线进行加工而得到的具有某种特定结构和外观效应的纱线，是纱线产品中具有装饰作用的一种纱线。

二、复杂纱线常见种类

（一）变形纱线

变形纱主要包括膨体纱和弹力丝。膨体纱是先由两种不同收缩率的纤维混纺成纱线（短纤维纱线），然后将纱线放在蒸汽或热空气或沸水中处理，此时，收缩率高的纤维产生较大收缩，位于纱的中心，而混在一起的蓬松低收缩纤维，由于收缩小，而被挤压在纱线的表面形成圈形，从而形成丰满、柔软且富有弹性的膨体纱。在市场上流行一些毛类混纺及化纤仿毛膨体纱系列产品，主要有羊毛和腈纶混纺，兔毛、羊毛和腈纶混纺，腈纶和黏胶纤维混纺，腈纶纯纺等。该类产品主要用来制作秋冬季绒毛衫、内衣等（图3-13）。

弹力丝是指以增加弹性为主的化纤长丝。弹力丝在小负荷外力作用下可具有较大的伸长变形及变形回复能力。根据弹力丝伸缩变形能力大小分为高弹丝和低弹丝（图3-14）。其中，高弹丝原料以锦纶为主，即将加捻的锦纶长丝加热定型后，退掉部分捻度，得到呈螺旋状、伸缩能力大且外观蓬松的单丝。低弹丝是将高弹丝在一定伸长状态下再次热定型，使加工后的纱线伸缩能力和蓬松度下降。低弹丝主要以涤纶长丝为原料，少数用丙纶、锦纶等合成纤维制造。

在实际应用中，高弹丝伸缩弹性大，覆盖性能好，适宜制作紧身衣裤、毛衣毛裤、弹力袜、弹力游泳衣等；低弹丝有一定的伸缩变形能力，但远低于高弹丝，它提供的基本上还是普通长丝纱的外观效果，但触感松软，可用作普通衣料。

图3-13　腈纶短纤维膨体纱

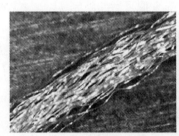

（a）低弹丝　　　　　　　（b）高弹丝

图3-14　低弹丝和高弹丝

（二）花式纱线

香奈儿面料起源于19世纪末20世纪初，是由法国设计师香奈儿将花式纱线引入织物。该面料是将不同的纱线和材料结合，呈现出了独特的纹理和图案，打破了传统纺织品平凡单调的外观。如今花式纱线不仅在香奈儿品牌中得到广泛应用，而且被其他设计师和品牌采用，成为时尚界的重要元素之一（图3-15）。

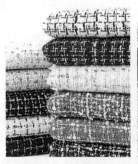

图3-15　香奈儿面料

花式纱线是指通过花式纺纱或普通纺纱系统而获得的具有特殊外观、手感、结构和质地的纱线。大多数花式线是由芯纱、饰纱和固纱三部分组成（图3-16）。其中，芯纱位于花式纱的中心，起骨架支撑作用，必须具有足够的捻度和强力。一般采用强力好的涤纶、锦

纶、丙纶等长丝或强力好的短纤维纱。饰纱常以各种形态缠绕在芯纱上形成花式效果，它可采用不同纤维原料、不同纤维颜色、

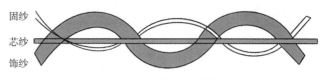

图3-16 花式纱线结构

不同加工方法预先制成。固纱用来固定饰纱形成的花型，使其牢固地缠绕在芯纱上。它通常采用强力好的细纱，其捻向应与装饰线相反。这里将介绍色纺纱、竹节纱、大肚纱、彩点线、波形线、圈圈线、拉毛线、带子线、金银丝线、珠片纱线等常见花式纱线。

1. 色纺纱

色纺纱是先将纤维染成有色纤维，然后将两种或两种以上不同颜色的纤维经过充分混合后，纺制成具有独特混色效果的纱线，纺成的纱不必经过染色处理即可直接使用 [图3-17（a）]。另外，同一根纱线可以染成不同的颜色。色纺纱形成的织物具有"空间混合"效果，立体感强，并有层次变化。值得一提的是，色纺纱低碳环保，不含重金属，它的制作工艺比传统工艺节水减排50%以上。色纺纱面料不易褪色 [图3-17（b）]。通常用来制作休闲服、内衣、床上用品、窗帘等。

（a）色纺纱线

（b）色纺纱织物

图3-17 色纺纱

2. 竹节纱

竹节纱具有粗细分布不均匀的外观，纱线忽细忽粗，有一节迸出的称竹节 [图3-18（a）]。竹节纱主要有粗细节状竹节纱、疙瘩状竹节纱、短纤维竹节纱、长丝竹节纱等。竹节纱用作服装面料或装饰面料时，花纹突出，风格独特，立体感强 [图3-18（b）]。竹节纱面料适合做夏季轻薄和冬季厚重服装 [图3-18（c）]。

（a）竹节纱

（b）竹节纱织物

（c）竹节纱服装

图3-18 竹节纱

3. 大肚纱

一根纱线上一段粗、一段细的纱线为大肚纱，其原本是毛纺过程中的瑕疵纱，后被开发为花式纱线［图3-19（a）］。大肚纱与竹节纱的主要区别是粗节处更粗且较长，使用原料以羊毛和腈纶等毛型长纤维为主体。大肚纱织成的织物表面凹凸不平［图3-19（b）］，有的局部纱线密实，织物丰腴饱满，有的局部纱线稀薄，看似磨损严重，整体风格粗犷，与当今流行的牛仔服"乞丐装"效果有异曲同工之妙［图3-19（c）］。

（a）大肚纱　　　　　　（b）大肚纱织物　　　　　（c）大肚纱服装

图3-19　大肚纱

4. 彩点纱

纱线表面附着各色彩点子的纱称为彩点纱［图3-20（a）］。这种彩点一般用各种短纤维先制成粒子，经染色后在纺纱时加入。有在深色底纱上附着浅色彩点，也有在浅色底纱上附着深色彩点。由此彩点纱织成的织物外观色彩丰富，立体感强［图3-20（b）］。国内许多女装品牌将此纱线应用于服装，例如，LILY将此纱线应用于西装外套，亦谷将此纱线用于针织衫［图3-20（c）］。

（a）彩点纱　　　　　　（b）彩点纱织物　　　　　（c）彩点纱服装

图3-20　彩点纱

5. 波形线

饰纱在芯纱和固纱的捻度夹持下向两边弯曲，成扁平状的波纹，称为波形线［图3-21（a）］。波形纱是花式线中应用最广而且生产最简单的一种花式线。波形纱通常是由细且化纤维绑在粗毛纱上，利用毛纱的蓬松性形成波浪效果。其纱线结构丰盈饱满，织物具有马赛克的模糊感，被广泛应用于春秋服装面料以及装饰用面料［图3-21（b）］。如图3-21（c）所示为DAZZLE品牌采用花式纱线制作的秋冬季外套。

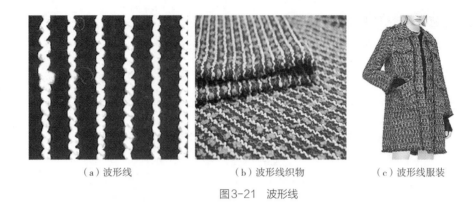

（a）波形线　　　　　　　　（b）波形线织物　　　　　　　（c）波形线服装

图3-21　波形线

6. 圈圈线

在纱线的表面生成圈圈形成圈圈线［图3-22（a）］。通过改变饰纱种类、纱线原料、颜色、纱线线密度和工艺方式等可以形成不同的织物风格。与彩点纱等类似，利用圈圈纱线表面具有的小圈可设计出具有立体颗粒感外观的面料，通过改变织造参数，并结合适当的提花工艺，圈圈纱也能用来制备手感细腻、滑糯的女装面料［图3-22（b）］。例如，皮皮狗品牌利用圈圈纱制作的毛衣和外套［图3-22（c）］。

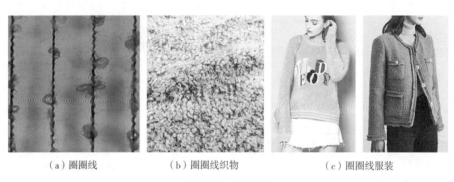

（a）圈圈线　　　　　　　　（b）圈圈线织物　　　　　　　（c）圈圈线服装

图3-22　圈圈线

7. 拉毛线

拉毛线分为长毛型和短毛型。其中长毛型拉毛线是指纱线先被纺制成圈圈线，然后圈圈再被拉毛机上的针布拉开，形成长毛茸［图3-23（a）］。而短毛型拉毛线是将普通纱线在拉毛机上加工，毛绒较短。拉毛线织物的风格可以通过不同长短、疏密、结构和颜色拉毛线的组合进行塑造，如在经典条格花纹面料上使用拉毛线，将严谨的条格分界晕染开来，形成类似水波的朦胧效果［图3-23（b）］。拉毛线可以用于纺花呢、手编毛线、毛衣和围巾等。其产品绒毛感强，手感丰满柔软［图3-23（c）］。

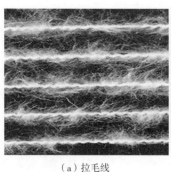

（a）拉毛线　　　　　　　　　（b）拉毛线织物　　　　　　　　（c）拉毛线服装

图3-23　拉毛线

8. 带子纱

在钩编机上，使纬线来回交织在两组经纱间，形成有宽有窄的带状，称为带子纱［图3-24（a）］。采用混色粗带子线通过基本组织织成的面料［图3-24（b）］，肌理粗糙、结构蓬松、风格粗犷，如欧时力推出了带子线女士外套［图3-24（c）］。

（a）带子纱　　　　　　　　　（b）带子纱织物　　　　　　　　（c）带子纱服装

图3-24　带子纱

9. 金银丝线

金银丝线的生产主要采用聚酯薄膜为基底，运用真空镀膜技术，在其表面镀上一层铝，再覆以颜色涂料层与保护层，切割成细条，形成金银丝［图3-25（a）］。因涂覆的颜色不同，可获得金线、银线、变色线及五彩金银线等多种品种。在服装上的刺绣图案多为金银丝线。

金银线光泽感强，易引起人们的视觉关注，一般会与其他纱线混纺或混织，点缀面料，提升光泽度。混纺金银线的原理同花式线，金银线隐藏在纱线中，织物光泽若隐若现，从不同角度观察可产生不同的光泽效果，神秘莫测［图3-25（b）］。如图3-25（c）所示分别为华伦天奴金银线提花毛衣和JESSE金银线外套。

（a）金银丝线　　　　　　（b）金银丝线织物　　　　　　（c）金银丝线服装

图3-25　金银丝线

10. 珠片纱线

　　珠片纱线是由纱线和各种形状的亮片组成，其中亮片大小为2~5mm不等，亮片的形状一般为圆形、瓜子形等［图3-26（a）］。纱线一般为涤纶线、尼龙线、精梳丝光棉和纯棉线等。由此种纱线做成的面料极富梦幻视觉效果，亮片点缀却不炫目，在阳光照射下晶莹闪烁［图3-26（b）］。如图3-26（c）所示为Miumiu品牌的绿色珠片纱针织衫。

（a）珠片纱线　　　（b）珠片纱线织物　　　（c）珠片纱线服装

图3-26　珠片纱线

本章小结

- 纱线是由纺织纤维制成的细而柔软的连续纤维集合体，按纤维原料、粗细、结构和用途可分为多种类型，如纯纺纱线、混纺纱线，及粗特纱、中特纱等。

- 纱线结构包括单纱、股线、花式线和变形丝，其规格主要涉及细度、捻度和捻向。纱线细度影响织物外观质量，捻度和捻向则关乎织物光泽、手感和物理性能。

- 纺纱过程包括开松除杂、梳理、牵伸并合和加捻等工序，不同纤维类型需采用不同纺纱系统。

- 复杂纱线如花式纱线和变形纱具有独特结构和外观，广泛应用于时尚服装设计中，增添服装个性与艺术感。

- 纱线特性直接影响织物外观和物理性能，如纱线毛羽、细度和捻度等，对织物光洁度、柔软性、透气性和强力等均有重要作用。

思考与练习

1.请简述纱线的定义，并说明纱线在纺织品制造中的重要性。

2.纱线可以如何进行分类？请列举几种主要的纱线类型，并讨论它们各自的结构特点和适用场景。

3.什么是复杂纱线？它与传统纱线相比有哪些显著的区别和优势？

4.花式纱线是如何定义的？请详细介绍花式纱线的特点，包括其外观、手感和性能等方面的特殊性。

5.花式纱线在服装设计中有哪些应用？请结合具体的服装款式或设计案例，分析花式纱线如何为服装增添独特魅力和艺术感。同时，思考设计师在运用花式纱线时需要考虑的因素和可能的创新方向。

第四章

机织物

课题名称：机织物

课题内容：1.机织物概述

2.基本织物组织及应用

3.变化织物组织及应用

4.机织物规格参数

上课时数：6课时

训练目的：使学生全面掌握机织物的基本概念及其分类，深入了解基本织物组织、变化织物组织的结构特点及应用领域，熟悉机织物规格参数对织物性能的影响，为后续纺织服装领域的学习与实践打下坚实基础。

教学要求：1.学生将全面掌握机织物基本概念。

2.深化对织物组织的认识。

3.熟悉织物主要规格参数，包括密度、紧度、幅宽和重量关键指标。

4.强化学生的实践应用能力。

课前准备：阅读与机织物相关的专业书籍和文献，了解机织物的发展历程、最新技术动态以及市场趋势。

机织物作为纺织品领域的重要组成部分，其在人类生活和社会发展中发挥着至关重要的作用。从日常生活中的衣着装饰，到工业、医疗、航空航天等领域专业应用，机织物无处不在，其独特的性能和丰富的设计满足了人们多样化的需求。

在机织物的生产过程中，组织设计是至关重要的一环。组织设计不仅决定了机织物的外观和手感，还直接影响到其性能和用途。设计师们通过精心选择纱线、设定交织方式和调整密度等参数，创造出各种具有独特风格和性能的机织物。这些设计不仅满足了市场的多样化需求，也为机织物的发展注入了新的活力。

本章主要阐述机织物的定义、基本织物组织及变化组织设计及它们在服装领域的应用。最后介绍衡量织物品质和性能的重要规格指标，以便更好地理解机织物的结构、性能和用途。

第一节　机织物概述

机织物作为纺织品的三大分类之一，其织造技术的进步、品种的增加和质量的提升，不仅反映了纺织工业的发展水平，也为人们的生活提供了丰富多样的选择。

机织物的应用领域非常广泛，几乎涵盖了人们生活的各个方面（图4-1）。在纺织和服装领域，机织物被制成各种纺织品和服装，满足人们的日常穿着和家居装饰需求；在汽车制造中，机织物用于制作座椅、内饰等部件；在航空领域，机织物用于飞机座舱内饰、降落伞等关键部件的制造；在建筑领域，机织物作为防水材料，确保建筑物的安全和耐用；在医疗领域，机织物被广泛应用于医疗敷料、手术服、口罩等。

图4-1　机织物的应用领域

一、机织物的概念与织造过程

（一）机织物的概念

机织物是由相互垂直排列的两个系统纱线，在织机上按一定规律交织而成的制品，简称织物。图4-2所示为一种机织物的简图和实物图。

（二）机织物的织造过程

了解机织物的织造过程，为后续学习机织物组织图及设计奠定基础。图4-3所示为一种典型有梭织机的简化图及实物图。首先，在上机前，纱线需要经过预处理，包括纱线的浸泡、洗涤、脱水、烘干等工序，以确保纱线的质量和干燥度，为后续工序奠定良好的基础；接着，将纱线按照一定规律排列在经轴上。然后，将经纱从经轴上送出，以一定的规律通过综框（通常为多片）的综孔，经过打纬框，卷绕在卷布辊上；由机械装置带动综框上下运动，由

图4-2 一种机织物简图和实物图

此带动经纱上下运动，形成"开口"，接着由梭子带动纬纱在"开口"内往复运动，打纬框进行打纬，形成织物，最后卷布辊将织物卷绕。织布完成后，还需要进行一系列的后处理工序，如洗涤、烘干、定型、裁剪等，以使织物达到预定的尺寸、弹性和外观效果。

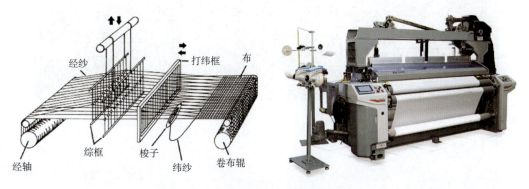

图4-3 一种典型有梭织机的简化图及实物图

二、机织物的组成概念

（一）经纱和纬纱

经纱是指在织物内与布边平行排列的纱线，其长度决定了织出的布的长度。纬纱是机织物中沿布宽方向（即横向）穿行的纱线，它与经纱垂直相交，以一定的规律与经纱交织在一起，形成织物的纬向。

（二）织物组织

经纬纱按照一定的规律相互交错或彼此沉浮的规律，称为织物组织。组织点是指经纱与纬纱交织的地方。经浮点是指经纱浮在纬纱上面的点，也称经组织点；纬浮点是指纬纱浮在经纱上面的点，也称纬组织点。浮长是指1根经纱（纬纱）浮在1根或2根以上纬纱（经纱）上的长度称为浮长。

经组织点和纬组织点的排列规律在织物中达到重复时的最小单元，称为一个组织循环，或者完全组织。完全经纱数是指构成组织循环的经纱根数，又称组织循环经纱数，以R_j表示。完全纬纱数是指构成组织循环的纬纱根数，又称组织循环纬纱数，以R_w表示。如图4-4（a）中的红色框内为一个完全组织，完全经纱和完全纬纱根数均为4根。

纬面组织是指纬浮点多于经浮点的组织［图4-4（b）］。经面组织是指经浮点多于纬浮点的组织［图4-4（c）］。

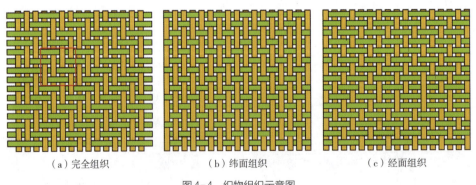

（a）完全组织　　　　　　　　（b）纬面组织　　　　　　　　（c）经面组织

图4-4　织物组织示意图

（三）飞数

在介绍飞数之前，需要先了解织物组织的意匠图画法。绘制织物组织时，通常使用一种特殊的纸张——意匠纸。这种纸张上印有整齐的格子，为描绘织物组织提供了便捷的参照。在这些格子中，纵行格子象征着经纱，而横行格子则代表着纬纱。每一个单独的格子都代表着一个组织点，它们共同构成了织物的基本结构。如图4-5所示为6根经纱与6根纬纱交织而成的织物组织图，其中，灰色格子表示经组织点，白色格子表示纬组织点。

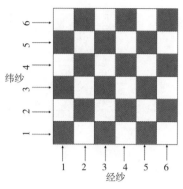

图4-5 织物组织图

在织物组织中，两相邻经（纬）组织点的距离称组织点的飞数，通常用纱线根数表示。其中，沿经纱方向计算相邻两根经纱上相应纬（经）组织点的距离称经向飞数，用（S_j）表示；沿纬纱方向计算相邻两根纬纱上相应经（纬）组织点的距离称纬向飞数，用（S_w）表示。如图4-6（a）所示组织图经向飞数为2；如图4-6（b）所示组织图纬向飞数为2，其中红色块代表两个方向上的相应组织点。

值得注意的是，飞数的方向性至关重要。对于经纱而言，当飞数向上时，其值为正，用"+"来表示；而当飞数向下时，其值为负，则以"–"来标记。以图4-6（c）所示的织物组织为例，其经向飞数起初为正，随后转为负。同样地，对于纬纱，飞数向右时，其值为正，用"+"表示；而飞数向左时，其值为负，则以"–"表示。在图4-6（d）所示的织物组织中，纬向飞数起初为正，随后也转为负。这种飞数的正负表示方法，有助于更准确地理解和分析织物组织的结构特点。

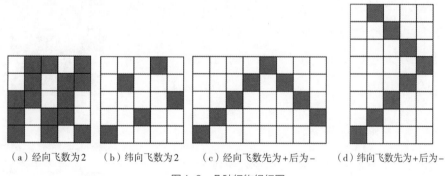

（a）经向飞数为2　　（b）纬向飞数为2　　（c）经向飞数先为+后为–　　（d）纬向飞数先为+后为–

图4-6 几种织物组织图

（四）基本组织

在组织循环中，经纱循环数与纬纱循环数相等，组织点飞数为常数，每根纱线只与另一系统的纱线交织一次的组织称为基本组织或原组织。基本组织有平纹、斜纹和缎纹组织三类（图4-7）。

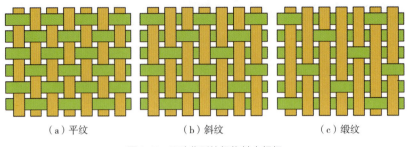

（a）平纹　　　　　　　　（b）斜纹　　　　　　　　（c）缎纹

图4-7　几种典型的织物基本组织

第二节　基本织物组织及应用

一、平纹

（一）平纹组织结构

平纹组织的结构参数为 $R_j=R_w=2$，$S_j=S_w=\pm 1$。该组织可以用 $\frac{1}{1}$ 表示，其中分子表示在一个完全组织循环中任何一根纱线上的经组织点数；分母表示在一个完全组织循环中任何一根纱线上的纬组织点数。以组织图的左下角第一根经纱与第一根纬纱相交处为起始点，起始点处为经组织点时，所绘制的平纹组织为单起平纹［图4-8（a）］；而起始点处为纬组织点时，所绘制的平纹组织为双起平纹［图4-8（b）］。

（二）平纹织物外观

普通平纹组织通常采用相同的经纬纱，形成平整、朴实的织物外观（图4-9）。

如果采用不同粗细的经纬纱织造，织物表面呈现纵向或横向凸条外观（图4-10）。如果采用纬纱细而经纱粗的配置，织物表面形成纵向凸条；如果采用经纱细而纬纱粗的配置，则织物表面形成横向凸条。

（a）单起平纹

（b）双起平纹

图4-8　平纹组织

图4-9 普通平纹织物外观

图4-10 凸条外观平纹织物

如果采用不同粗细经纬纱相间排列，织物表面获得纵向厚薄条子或格子的外观[图4-11（a）]。如果经纱密度变化，织物表面呈现疏密条子的外观[图4-11（b）]。

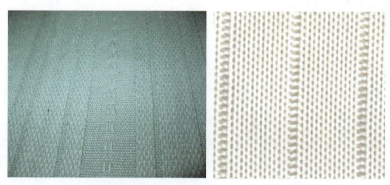

（a）厚薄条子外观　　　　　　　　（b）疏密条子外观

图4-11 厚薄条子和疏密条子外观的平纹组织

利用上机张力的不同，采用双轴织造，可获得织物表面起泡效果，俗称"泡泡纱"[图4-12（a）]。利用各种色经、色纬进行各种各样的组合排列，织物表面获得绚丽多彩的平纹色条和色格织物[图4-12（b）]。

（a）泡泡纱织物　　　　　　　　（b）平纹色条织物

图4-12 泡泡纱织物和平纹色条织物

如图4-13所示为广东工业大学服装设计专业学生课堂作业的织物作品。同样是采用平纹组织，配合不同花式纱线、不同颜色和不同经纬纱排列密度，可以获得丰富的外观效果。

图4-13　花式纱线制作的平纹组织（广东工业大学学生作品）

（三）常见平纹组织织物

平纹组织织物每隔一根纱线就进行一次交织，在基本组织结构中，其交织最频繁，屈曲最多，因此织物挺括，结构紧密，质地坚牢、平整，手感较硬。常见的平纹组织主要有：平布、府绸、凡立丁、粗平花呢、法兰绒、塔夫绸、电力纺、夏布和麻布等。这里主要介绍几种典型的平纹织物及其风格特征。

1. 府绸

府绸织物是一种高档棉织物，其常用纯棉或涤/棉细特纱，经密高于纬密，布面呈现由经纱构成的菱形颗粒效应的平纹织物［图4-14（a）］。府绸具有质地轻薄（100~150g/m^2）、结构紧密、颗粒清晰、布面光洁、手感滑爽、有丝绸感等特点。

府绸织物适用于高级男女衬衫、夏季女装及童装衣料。另外，厚重一些的府绸是男女外衣、夏季裤子及风衣、夹克衫的理想面料［图4-14（b）］。

（a）府绸织物　　　　　　　　　　　　　（b）府绸服装

图4-14　府绸面料

2. 凡立丁

凡立丁是用精梳毛纱织制的轻薄型平纹毛织物，其重约为170~200g/m²。其织纹清晰、呢面平整如镜、手感滑爽挺括、透气性好，并且多为匹染素色，颜色匀净，光泽柔和。因其性能优异、穿着舒适，凡立丁被广泛用于高档西服、职业装等，尤其在春夏季的服装制作中更为常见（图4-15）。

图4-15 凡立丁织物及服装

3. 电力纺

电力纺通常是采用桑蚕丝织造的平纹织物，是一种高档织物面料。其因采用电动丝织机取代土丝和木机制织而得名。电力纺有重磅（40g/m²以上）、中等、轻磅（20g/m²以下）三类。轻磅的可用作衬裙、头巾等，中等的可用作服装里料，而重磅适用于夏季衬衫、裙子及儿童服装面料（图4-16）。

图4-16 电力纺面料及服装

4. 夏布

夏布是用精细苎麻织造的平纹织物。它始见于清代文献，一直是中国的大众衣料，曾因其"轻如蝉翼，薄如宣纸，平如水镜，细如罗绢"，被历代列为贡布。至宋元后，它逐渐被棉织物取代，仅作为夏服和蚊帐而留传。至今，该面料因具备良好的透湿透气、吸湿排汗，穿着舒适性好等特点，被广泛应用于夏季外套、衬衫和裙装等（图4-17）。

图4-17 夏布面料及服装

二、斜纹组织

（一）斜纹组织结构

由连续的经组织点或纬组织点构成的浮长线倾斜排列，使织物表面呈现出一条条斜向纹路，这种织物称为斜纹组织（图4-18）。

图4-18 斜纹组织

斜纹组织的经纱和纬纱根数均大于等于 3（$R_j = R_w \geqslant 3$），$S_j = S_w = \pm 1$。该组织可以用 $\frac{m}{n}\nearrow$ 或 $\frac{m}{n}\searrow$ 表达，其中分子表示在一个完全组织循环中任何一根纱线上的经组织点数；分母表示在一个完全组织循环中任何一根纱线上的纬组织点数；箭头符号代表斜纹方向；m 和 n 中必定有一个 1。

斜纹组织包括经面斜纹和纬面斜纹两种。当分子大于分母时，该斜纹称为经面斜纹［图4-19（a）］；当分子小于分母时，该斜纹称为纬面斜纹［图4-19（b）］。经面斜纹是由经纱较长的浮点组成斜纹线，使正面呈现出明显的斜纹效果；纬面斜纹则是纬组织点占多数，由纬纱较长的浮点组成斜纹线。

（a）经面斜纹及布面效果

（b）纬面斜纹及布面效果

图4-19 斜纹组织及布面效果

（二）基本斜纹组织作图

斜纹组织在给定表达式的情况下，其意匠图作图过程为：

（1）需要确定组织循环纱线数 R（R=分子+分母），划定组织图的范围。

（2）从起始点开始，根据给定的条件来填绘第一根经纱的沉浮规律。

（3）按给定的条件，以第一根经纱的沉浮规律为基础，向上或向下移动一个方格，以此为起始点按分子式填绘第二根经纱的沉浮规律。

以此类推，继续按照上述方法，逐根填绘组织图范围内的经纱的沉浮规律，直至所有经纱都完成填绘。

例如，按照上述步骤，可以得到 $\frac{3}{1}$↗ 和 $\frac{1}{3}$↘ 的意匠图及混合布面效果（图4-20）。

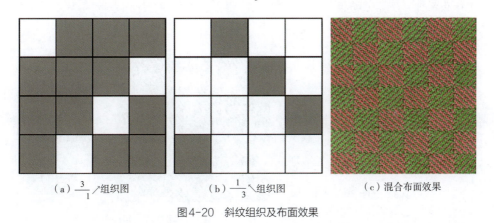

（a）$\frac{3}{1}$↗组织图　　　　（b）$\frac{1}{3}$↘组织图　　　　（c）混合布面效果

图4-20　斜纹组织及布面效果

（三）常见斜纹组织织物

斜纹组织织物纱线空隙较少，排列紧密且紧密度大于平纹。其柔软、厚实，光泽、弹性、抗皱性比平纹好，并且其耐磨性和坚牢度小于平纹织物。常见的斜纹织物主要有卡其、斜纹布、牛仔布、华达呢、哔叽和美丽绸等。

1. 卡其

卡其面料通常采用 $\frac{3}{1}$ 斜纹或者变化斜纹织物。其常用原料有纯棉、涤/棉、棉/维等。经纬纱常用单纱（21~10英支）或股线（80/2~30/2英支），经纬向紧度比大约为（1.7~2）:1。该类织物手感厚实、挺括耐穿，但不耐磨损，可用于制作各种制服、工作服、风衣、夹克衫和西裤等（图4-21）。

图4-21 卡其织物及服装

2. 牛仔布

牛仔布又称"靛蓝劳动布"，是用较粗的靛蓝染色的经纱与原白色的纬纱织成的经面斜纹布，其组织结构一般为斜纹，包括 $\frac{2}{1}$、$\frac{3}{1}$、$\frac{1}{3}$ 等规格，也有采用变化斜纹或者其他组织。牛仔布通常具有较高的经纱密度和较低的纬纱密度，并且织物正面蓝色而背面白色。该织物质地紧密、厚实、色泽鲜艳且织纹清晰，适用于男女式牛仔裤、牛仔上装、牛仔背心和牛仔裙等（图4-22）。

图4-22 牛仔布及服装

3. 美丽绸

美丽绸是纯黏胶丝或真丝织物。其采用 $\frac{3}{1}$ 斜纹或山形斜纹组织织制。该织物纹路细密清晰、手感平挺光滑，色泽鲜艳光亮。美丽绸是一种高级服装里子绸，可用作高级西服、皮草服装内衬里料（图4-23）。

图4-23 美丽绸及服装

三、缎纹组织

（一）缎纹组织结构

缎纹组织是相邻两根经纱或纬纱上的单独组织点均匀分布，但不相连续的织物组织（图4-24）。

缎纹组织表达为 $\frac{R}{S}$ 经面缎纹或 $\frac{R}{S}$ 纬面缎纹，其中 R 为组织循环纱线数，S 为飞数。缎纹组织的基本参数要满足下述条件：$R \geqslant 5$（6除外）；$1<S<R-1$；R 与 S 需互为质数。

缎纹组织的作图过程：

（1）根据 R，划定组织图的范围。

（2）从起始点开始，按给定的条件填绘第一根经纱的沉浮规律。

（3）按给定的条件，以第一根经纱的沉浮规律为基础，向上（向右）或向下（向左）移动 S 个方格，以此为起始点按分子式填绘第二根经纱的沉浮规律。

（4）以此类推，直至将组织图范围内的各根经纱的沉浮规律填完为止。

根据上述流程，以 $\frac{5}{3}$ 经面缎纹和 $\frac{5}{3}$ 纬面缎纹为例，得到它们的组织图如图4-25所示。

（二）常见缎纹组织织物

缎纹组织点交织间距大、织物浮线长、表面光滑、富有光泽、质地柔软，但是坚牢度比平纹和斜纹差。常见的缎纹织物有横贡缎、直贡呢、素绉缎和织锦缎等。

1. 横贡缎

横贡缎是指优质棉纱以五枚三飞纬面缎纹组织织成的织物（图4-26）。由于织物纱支细、织物紧密且纬密大于经密，织物表面仅呈现出纬浮线。纬面的缎纹在光线的照射下，反光较强，有丝绸的风格。横贡缎布面润滑，手感柔

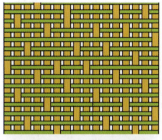

图4-24 缎纹组织外观

（a）$\frac{5}{3}$ 经面缎纹

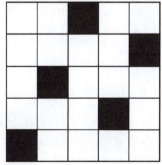

（b）$\frac{5}{3}$ 纬面缎纹

图4-25 经面缎纹和纬面缎纹组织

软，为高档的花色布。缺点是不耐磨，易起毛、勾丝，洗涤时不宜剧烈刷洗。它适宜制作女外衣、套装、裙衣、高级衬衫等。

2. 直贡呢

直贡呢通常有毛和棉两种。毛直贡呢是以较细的精梳毛纱织制成的一种经面缎纹织物，经纱密度较大，且多浮于表面，呢面有精致光滑的纹路，质地厚实耐磨，适合制作大衣、鞋面等。棉直贡呢常用作被面及衣料等（图4-27）。

图4-26　横贡缎织物

3. 素绉缎

素绉缎经纱一般采用弱捻，纬线采用强捻，以缎纹组织结构织造，正面带有缎纹的光亮，反面带有起绉效果（图4-28）。全真丝素绉缎缎面细腻，手感滑爽，富有弹性，组织密实，光泽自然，可用于晚礼服、连衣裙、高档睡衣、衬衣等。

图4-27　直贡呢织物

4. 织锦缎

织锦缎是用预先染色的桑蚕丝或化学纤维长丝在经面缎上起三色以上纬花的中国传统丝织物。织锦缎是19世纪末在中国江南织锦的基础上发展而来的，表面光亮细腻，手感丰厚，花纹精致古雅、色彩绚丽悦目，主要用作高级女装，也常用于制作领带、床罩、台毯、靠垫等装饰用品（图4-29）。

图4-28　素绉缎织物

图4-29　织锦缎织物

第三节　变化织物组织及应用

在原组织的基础上，变化组织点的浮长、飞数、排列斜纹线的方向、纱线循环数等诸因素一个或多个而得到变化组织。

一、平纹变化组织及应用

在平纹组织的基础上，沿着经（纬）纱一个方向，延长组织点，或沿经、纬纱两个方向同时延长组织点。

（一）平纹变化组织类型

1. 经重平组织

在平纹组织的基础上，沿着经纱方向延长组织点而形成的组织称为经重平组织。其表达式为$\frac{m}{n}$，其中分子为组织循环中每一根纱线上的经组织点数；在组织循环中每一根纱线上的纬组织点数。在一个组织循环内，经纱为2，纬纱为$m+n$。以$\frac{2}{2}$经重平组织为例，可以得到组织图（图4-30）。

2. 纬重平组织

在平纹组织的基础上，沿着纬纱方向延长组织点而形成的组织称为纬重平组织。其表达式为$\frac{m}{n}$，其中分子为组织循环中每一根纱线上的经组织点数；在组织循环中每一根纱线上的纬组织点数。在一个组织循环内，经纱为$m+n$，纬纱为2。以$\frac{2}{2}$纬重平组织为例，可以得到组织图（图4-31）。

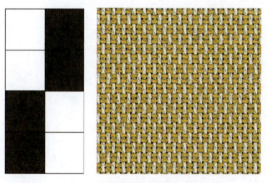

图4-30　经重平组织及组织外观

3. 方平组织

在平纹组织基础上，沿经纬两个方向延长组织点而得到的组织为方平组织。方平组织表达式为$\frac{m}{n}$，其对应的经纬纱根

图4-31　纬重平组织及组织外观

数均为 $m+n$。以 $\dfrac{3}{3}$ 方平组织为例，可以得到组织图（图4-32）。

（二）平纹变化组织的应用

重平组织织物在经向和纬向都有较为明显的重组织点，这些组织点形成了织物表面的特殊纹理，赋予织物松软的

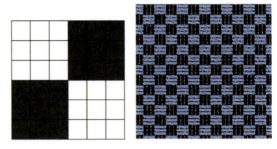

图4-32　方平组织及组织外观

触感。在毛巾行业中，这种纹理可以增强毛巾的吸水性和耐用性；在地毯行业，重平组织可以提供更持久耐用的结构和良好的脚感。另外，它也广泛应用于服装面料，可赋予服装独特的外观和手感，同时，由于其织造紧密，具有较好的耐磨性和抗皱性，因此适合制作各种需要经受频繁穿着和洗涤的服装。此外，它被应用于装饰布领域，可以营造出不同的装饰效果，满足人们对家居环境美观和舒适性的追求。

二、斜纹变化组织

斜纹变化组织可采用延长组织点、改变组织飞数数值和方向或者几种方法同时兼用的方法获得。

（一）斜纹组织的类型

1. 加强斜纹

加强斜纹是以斜纹组织为基础，延长单个组织点而得到的组织。加强斜纹既没有单独的经组织点，也没有单独的纬组织点，因此，$R \geq 4$。另外加强斜纹的飞数依然为 ± 1。加强斜纹表示为 $\dfrac{m}{n}\nearrow$ 或者 $\dfrac{m}{n}\nwarrow$，其中分子为一个组织循环中每根纱线上的经组织点数；分母为一个组织循环中每根纱线上的纬组织点数。

加强斜纹分为经面加强斜纹（分子 > 分母）、纬面加强斜纹（分子 < 分母）和双面加强斜纹（分子 = 分母）。如图4-33所示分别为经面加强斜纹、纬面加强斜纹和双面加强斜纹。

加强斜纹的组织图绘制与原组织的斜纹组织相同。以 $\dfrac{3}{2}\nearrow$ 为例，其组织图如图4-34（a）所示，形成如图4-34（b）所示的外观效果。

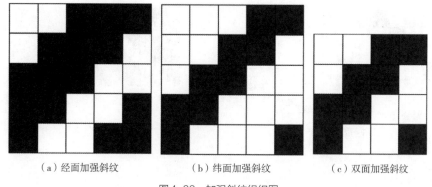

（a）经面加强斜纹　　　　（b）纬面加强斜纹　　　　（c）双面加强斜纹

图4-33　加强斜纹组织图

2. 复合斜纹

复合斜纹是指一个完全组织内具有多条宽度不同的斜纹线而构成的组织。复合斜纹表示为 $\frac{m\quad j}{n\quad k}\nearrow$ 或者 $\frac{m\quad j}{n\quad k}\nwarrow$。一个组织内的经纬纱根数均为 $m+n+j+k$，经纬向飞数均为 ±1。复合斜纹的绘制方法与原组织斜纹相同。以 $\frac{3\quad3}{2\quad1}\nearrow$ 为例，其组织图如图4-35所示。

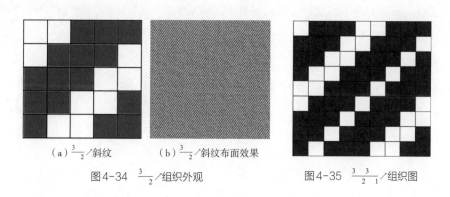

（a）$\frac{3}{2}\nearrow$斜纹　　　　（b）$\frac{3}{2}\nearrow$斜纹布面效果

图4-34　$\frac{3}{2}\nearrow$组织外观　　　　图4-35　$\frac{3\quad3}{2\quad1}\nearrow$组织图

3. 角度斜纹

斜纹组织若织物的经纬密度相同，且经纬向飞数为 ±1 时，其斜纹线与纬纱的夹角为45°；若织物的经纬密度不同或经纬向飞数不为 ±1 时，其斜纹线与纬纱的夹角往往不是45°。这时的斜纹组织称为角度斜纹如图4-36所示。

以 $\frac{5\quad5}{1\quad2}\nearrow$，$S_j=2$ 为例，其组织图作图步骤为：首先可以确定一个完全组织图的纬纱根数为13（分子+分母），接着可以确定经纱根数为13（分子+分母）除以13（分子+分母）与2（飞数）的最大公约数，即为13，最后可以按照组织规律对经纱逐根进行填充。如图4-37（a）所示为其组织图，如图4-37（b）所示为该组织图形成的外观效果。

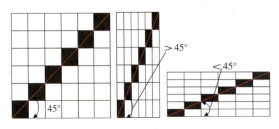

图4-36　三种不同斜度的组织示意图

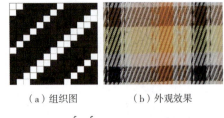

（a）组织图　　　　（b）外观效果

图4-37　$\dfrac{5}{1}\dfrac{5}{2}$／斜纹组织及组织外观

4. 山形斜纹

斜纹线呈连续山峰状的组织称为山形斜纹组织（图4-38）。它是以斜纹组织为基础组织，在一定位置变化斜纹方向（或改变飞数），使斜纹方向左右倾斜。

山形斜纹分为经山形斜纹和纬山形斜纹。经山形斜纹的"山峰"指向经纱方向，而纬山形斜纹指向纬纱方向，如图4-39所示。可以看出山形斜纹的特点是以峰顶（或谷底）的一根纱线（经山形为经纱，纬山形为纬纱）为轴线，呈两侧对称配置。具体来说，经山形斜纹是以斜纹方向改变前的第一根及第K_j根经纱为对称轴，其左右位置经纱的组织点沉浮规律相同；纬山形斜纹是以斜纹方向改变前的第一根及第K_w根经纱作为对称轴，其上下位置纬纱组织点沉浮规律相同。

图4-38　山形斜纹组织外观效果

（1）经山形斜纹作图。以基础组织$\dfrac{5}{1}\dfrac{5}{2}$／，K_j=8为例，进行经山形斜纹的作图。首先，确定一个组织循环经纱数$R_j=2K_j-2$（本例为14），组织循环纬纱数R_w=基础组织的组织循环纱线数（本例为8）。接着，按照斜纹的作图方法，从第一根到第K_j根经纱依次填绘基础组织。最后，从第（K_j+1）根经纱开始，按照与基础组织相反的斜纹方向，逐根填绘组织点，直到完成一个组织循环，即S_j=1变为S_j=-1。结果如图4-39（a）所示。

（2）纬山形斜纹作图。以基础组织$\dfrac{1}{1}\dfrac{2}{1}\dfrac{2}{1}$／，$K_w$=8为例，进行纬山形斜纹的作图。首先，确定一个组织循环经纱数=组织循环纬纱数（本例为8），组织循环纬纱数$R_w=2K_w-2$（本例为14）。接着，按照斜纹的作图方法，从第一根到第K_w根经纱依次填绘基础组织。最后，以第一根和第K_w根纬纱作为对称轴，其上、下对称位置的纬纱上组织点沉浮规律相同，如图4-39（b）所示。

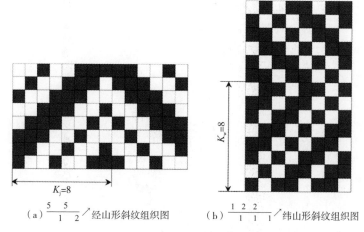

(a) $\frac{5\quad5}{1\quad2}$ ↗ 经山形斜纹组织图   (b) $\frac{1\quad2\quad2}{1\quad1\quad1}$ ↗ 纬山形斜纹组织图

图4-39 山形斜纹组织图

（二）变化斜纹组织的应用

在服装纺织品设计中，变化斜纹组织因其独特的外观和手感而备受青睐，这种多变的视觉效果为织物设计带来了更多可能性。例如，哔叽通常是二上二下斜纹，经密略大于纬密，斜纹倾斜度约为45°；织物斜向纹理明显、纹道较粗、手感丰厚、身骨弹性好，坚牢耐穿。适合做军装、套装、大衣和风衣 ［图4-40（a）］。华达呢通常为二上二下双面斜纹织物，其采用的原料通常为精纺毛纱、化纤纱或者混纺纱线，经密略大于纬密，斜纹倾斜度约为60°。华达呢呢面光洁平坦、纹理清晰笔挺、手感滑糯、身骨弹性好、健壮耐磨、光泽天然柔和。它适用于制作春秋外衣 ［图4-40（b）］。

(a) 哔叽

(b) 华达呢

图4-40 变化斜纹组织外观效果

三、缎纹变化组织及应用

缎纹变化组织是在原组织缎纹的基础上，通过增加经（或纬）组织点、变化组织点飞数或延长组织点等方法获得的组织。缎纹变化组织主要有加强缎纹、重缎纹和阴影缎纹等。

（一）缎纹变化组织类型

1. 加强缎纹

加强缎纹是以原组织缎纹为基础，在其单独的经（或纬）组织点旁添加单个或多个同类组织点而成。

需要注意的是，组织点可以加在原组织组织点的上、下、左、右，也可以加在原组织组织点对角方向。如图4-41（a）所示是以$\frac{8}{5}$纬面缎纹为基础，在每个经组织点的右边增加了一个经组织点形成；如图4-41（b）所示是以$\frac{8}{5}$纬面缎纹为基础，在每个经组织点右边跳一根经纱绘制经组织点形成；如图4-41（c）所示是以$\frac{8}{5}$纬面缎纹为基础，在每个经组织点右边跳两根经纱绘制两个经组织点形成。

加强缎纹可以在保持缎纹基本特性的基础上，增加织物的牢度，也可以获得新的织物外观与风格。例如，加强缎纹在毛织物中的应用，采用十一枚七飞织物组织，再配以较大的经纱密度，可以获得正面外观如斜纹而反面为经面缎纹的外观效应，故称缎背华达呢，这是一种紧密厚重的精纺毛织物，手感丰厚，外观挺括，弹性好。

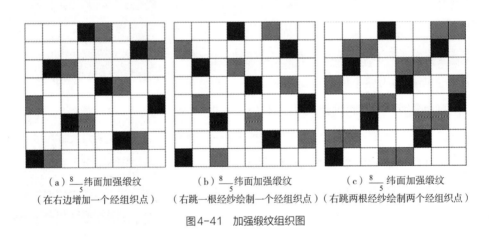

（a）$\frac{8}{5}$纬面加强缎纹　　　　　　（b）$\frac{8}{5}$纬面加强缎纹　　　　　（c）$\frac{8}{5}$纬面加强缎纹
（在右边增加一个经组织点）　（右跳一根经纱绘制一个经组织点）（右跳两根经纱绘制两个经组织点）

图4-41　加强缎纹组织图

2. 重缎纹

重缎纹是在原缎纹组织的基础上，在单独的组织点周围，沿经向或纬向，使单独的组织点变成浮长线所得到的组织。延长组织点的经向浮长，称经面重纬缎纹组织；延长组织点的纬向浮长，称纬面重纬缎纹组织。

以基础组织$\frac{5}{2}$经面缎纹为例，延长经向浮长线，得到经面重纬缎纹，如图4-42（a）所示。该织物组织主要应用于手帕。以基础组织$\frac{5}{2}$纬面缎纹为例，延长纬向浮长线，得到纬面重纬缎纹，如图4-42（b）所示。

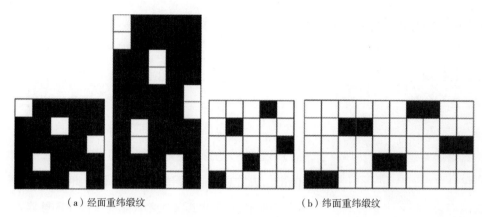

（a）经面重纬缎纹　　　　　　　　（b）纬面重纬缎纹

图4-42　重缎纹组织图

3. 阴影缎纹

阴影缎纹是由纬面缎纹逐渐过渡到经面缎纹或由经面缎纹逐渐过渡到纬面缎纹的一种变化缎纹组织。如图4-43所示为阴影缎纹外观模拟图。它所构成的织物呈现出由明到暗或由暗到明的缎纹外观效果。

以基础组织$\frac{5}{2}$纬面缎纹为例，每段的组织点增加一个经组织点，得到如图4-44所示的阴影缎纹组织图。

图4-43　阴影缎纹外观模拟图

图4-44　阴影缎纹组织图

（二）缎纹变化组织应用

由于缎纹变化组织光滑、有光泽和高档的外观，常被用于制作高档、华丽、豪华感较强的服装，如晚礼服、领带、围巾、连衣裙等。它也常用于家居装饰品的制作，例如，它可以被用来制作窗帘、床单、靠垫、地毯等家居饰品，为家居空间增添一份温馨和舒适。此外，还可以作为艺术品的材料，如绣花、绣字等。

四、联合组织

联合组织是由两种及两种以上的原组织或变化组织，运用各种不同的方法联合而成的组织，在织物表面呈现几何图形或小花纹等外观效应。联合组织主要包括纵条组织、蜂巢组织、凸条组织和小提花组织等。

1. 纵条组织

纵条组织是两种或者两种以上的织物组织左右并列形成的联合组织。如图4-35（a）所示为四种组织形成的一种联合组织图。在织造中，可以通过不同组织或颜色的纱线在纵向上形成清晰条纹的织物［图4-45（b）］。

纵条组织面料在服装、家居、装饰等领域都有广泛的应用。在服装领域，纵条组织面料常被用于制作休闲服、连衣裙等，其纵向条纹的设计能够拉长身材线条，使穿着者看起来更加修长；在家居和装饰领域，它可以被用作窗帘、床单、沙发套等家居用品的面料，为室内空间增添时尚感和活力；还可以用于制作桌布、地毯等装饰用品，为家居空间增添温馨和舒适。

2. 蜂巢组织

织物表面具有规则的四方形凹凸纹路，类似蜂巢外观，故称蜂巢组织［图4-46（a）］。蜂巢组织的巢孔底部是平纹组织，四周由内向外依次加长经纬纱的浮长直至巢边，组织结构逐渐变松，巢边纱线被托高，形成中间凹、四周高的蜂巢花形。

蜂巢组织织物手感松软、丰厚、缩水率大，被应用于衣料、披巾和茶巾等［图4-46（b）］。

3. 凸条组织

凸条组织通过将平纹或斜纹与平纹变化组织以一定方式组合而成，使织物外观具有经向的、

（a）组织图

（b）外观效果

图4-45 纵条组织

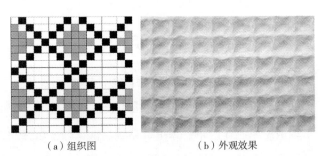

（a）组织图　　　　　　　（b）外观效果

图4-46 蜂巢组织

纬向的或倾斜的凸条效应［图4-47（a）］。凸条表面呈现平纹或斜纹组织，凸条之间有细致的凹槽，这使织物具有凹凸立体感，显得丰厚柔软。

凸条组织常用于制作各种织物，如棉灯芯绒布、色织女线呢、低弹长丝和中长仿毛织物、凸条毛花呢等。这些织物因其独特的凸条效果和良好的手感而受到广泛欢迎［图4-47（b）］。

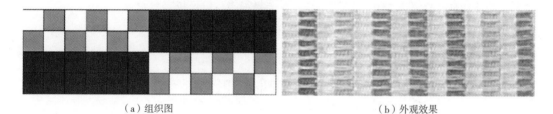

（a）组织图　　　　　　　　　　（b）外观效果

图4-47　凸条组织

4. 小提花组织

小提花组织织物的外观要求织物紧密、细洁、不粗糙、花纹不要太突出，只起点缀作用。常见的小提花组织是以平纹为地组织［图4-48（a）］。如图4-48（b）所示为在平纹组织上起花形成的小花纹效果。小提花组织不仅用于高档的床上用品、窗帘用品等，还广泛应用于其他纺织品中。

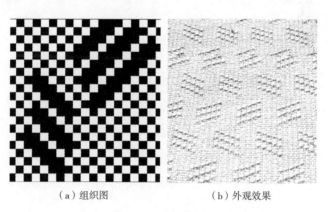

（a）组织图　　　　　　　　　　（b）外观效果

图4-48　小提花组织

五、三种组织织物对比

在同样纤维、纱线和织物参数条件下，平纹、斜纹和缎纹织物对比如下：

（1）平纹组织的经纱和纬纱每隔一根就交织一次，正反面一致，平整、轻薄且强度大。平纹织物不易起毛勾丝，耐磨耐用，价格较低，但是光泽暗淡，手感较硬。

（2）斜纹组织经纱和纬纱至少隔两根才交织一次，交织次数比平纹少，其正反面有差异，正面呈明显斜向纹路而反面比较模糊。斜纹织物在光泽亮度、柔软厚实、弹性和抗皱性方面均优于平纹，但强力一般，不及平纹织物耐磨耐用。

（3）缎纹组织经纱和纬纱至少隔三根才交织一次，其纹路不明显，织造工艺相对平纹、斜纹更复杂。缎纹织物光泽感强，呈现华丽高贵的外观。另外，它更加柔软厚实，弹性和悬垂性好，并且花纹立体感强。但是它容易起毛、勾丝，价格也相对较贵。

第四节　机织物规格参数

一、机织物长度

机织物的长度以匹长度量，即织物沿其长度方向，两端最外边完整的纬纱之间的距离，单位为米（m）。匹长的大小主要与织物种类及用途相关，同时还要考虑织物单位长度的重量、厚度、卷装容量、搬运以及印染后整理和制衣排料、铺布裁剪等因素。一般而言，中等厚度的织物的匹长约为40m。

二、织物宽度

机织物宽度（幅宽）是以厘米（cm）为单位，是指沿织物宽度方向，最外边的两根经纱间的距离。织物的幅宽应根据织物用途、生产设备条件、产量提高和原料节约等因素而定。常用的织物幅宽有91cm、110cm、145cm和149cm。

三、机织物厚度

机织物厚度是指在一定压力下织物的绝对厚度，以毫米（mm）为单位。织物厚度对织物的某些物理性能有很大的影响。在其他条件相同的情况下，织物的耐磨性和保暖性随着厚度的增加而提高。另外，织物厚度也会显著影响其坚牢度、透气性、防风性、刚度和悬垂性等性能。

织物厚度主要根据织物的用途及技术要求决定。表4-1列出了棉、毛及丝织物的一般厚度范围。

表4-1　织物厚度分类

单位：mm

织物类型	棉织物	毛精纺织物	毛粗纺织物	丝织物
轻薄型	<0.24	<0.40	<1.10	<0.14
中厚型	0.24~0.40	0.40~0.60	0.60~1.10	0.14~0.28
厚重型	>0.40	>0.60	>1.60	>0.28

四、机织物重量

织物的重量是指织物单位体积内的重量，以克/平方米（g/m^2）表示。织物重量直接影响其手感、导热性和通透性等。轻薄型织物一般是指织物重量在195g/m^2以下的织物，中厚型织物是指织物重量在195~315g/m^2的织物，厚重型织物是指织物重量在315g/m^2以上的织物。一般棉织物的单位面积质量约为70~250g/m^2；粗纺毛织物约为300~600g/m^2；精纺毛织物约为130~350g/m^2；薄型丝织物约为40~100g/m^2。

五、机织物密度

机织物密度包括织物的经向或纬向密度，是指沿织物纬向或经向单位长度内经纱或纬纱排列的根数。只有在纱线特数相同（即粗细相同）的情况下，才能谈及织物密度。在纱线特数相同的情况下，织物密度越大，其越紧密。

机织物密度通常以10cm宽度内经纱或纬纱的根数来表达。如果织物经向密度为210根/10cm，纬向密度为200根/10cm，织物密度可以表示为210×200。织物密度可在很大范围内变化，如麻类织物约40根/10cm，丝织物约1000根/10cm，大多数棉、毛织物密度为100~600根/10cm。

本章小结

- 机织物作为纺织品的关键部分，广泛应用于生活、工业、医疗等领域，其性能和设计满足多样化需求。

- 机织物基本概念，包括经纱、纬纱、织物组织等，是理解机织物结构和设计基础。

- 平纹、斜纹、缎纹是机织物的基本组织，每种组织都具有独特的外观和性能，适用十不同的应用场景。

■ 在基本组织基础上，通过改变浮长、飞数等因素，形成平纹变化组织、加强斜纹等变化组织，丰富了机织物的设计可能性。

■ 衡量机织物品质和性能的重要指标包括经纬密度、紧度、断裂强度等，这些指标直接影响织物的使用效果。

■ 根据组织设计和性能特点，机织物在服装、家居、工业等多个领域有着广泛的应用，展现了其多样化的价值和潜力。

思考与练习

1.描述机织物组织设计的基本原理，并举例说明不同的组织设计（如平纹、斜纹、缎纹）如何影响织物的外观和性能。

2.画出 $\frac{5}{2}\nearrow$ 的组织图。

3.画出 $\frac{11}{5}$ 经面缎纹的组织图。

4.画出 $\frac{3}{3}$ 方平组织图。

5.画出 $\frac{3}{2}\frac{5}{3}\searrow$ 的组织图。

6.请阐述机织物重要的规格参数。

第五章

针织物

课题名称：针织物

课题内容：1. 针织物概述

2. 纬编针织物

3. 经编针织物

4. 针织组织结构参数

上课时数：6课时

训练目的：使学生全面掌握针织物的基本概念、分类及其组织结构
特点，深入了解纬编与经编针织物的结构差异、应用领
域，熟悉针织物规格参数及其对织物性能的影响，为后
续纺织服装领域的学习与实践打下坚实基础。

教学要求：1. 学生掌握针织物基本概念。

2. 深化纬编和经编针织物组织结构认识。

3. 理解针织物规格参数与性能，理解这些参数对针织物
性能影响。

课前准备：阅读与针织物相关的专业书籍和文献，了解针织物的发
展历程、最新技术动态以及市场趋势。

针织物以其优良的弹性、独特的纹理和丰富的色彩，为服装设计提供了广阔的空间。同时，针织物的多样性也促进了服装设计的创新与发展，使服装作品更具个性化和艺术感。本章主要介绍常见纬编针织物的结构与设计，通过对比分析不同结构的针织物，如平纹、罗纹、双罗纹等，揭示它们各自的特点和适用场景。另外，简要介绍经编针织物及其设计。

第一节　针织物概述

一、针织物的概念与分类

针织物是指利用织针将纱线钩成线圈，再把线圈相互串套而成的织物。针织是指形成针织物的技术。

根据编织方法不同，针织可分为纬编和经编两类。纬编是将纱线由纬向喂入到针织机的工作针上，弯曲成圈、互相串套而形成织物的编织方法 [图5-1（a）]。经编是指纱线由经向喂入针织机的工作针上，弯曲成圈、互相串套而形成织物的编织方法 [图5-1（b）]。针织机也相应地分为纬编和经编针织机两大类。其中，纬编针织机主要有圆纬机、横机、袜机等；经编针织机主要有高速经编机、贾卡经编机、花边机、双针床经编机、缝编机等。

用纬编方法生产的织物称为纬编针织物；用经编方法生产的织物称为经编针织物。纬编针织物手感柔软，弹性、延伸性好，但容易脱散，织物尺寸稳定性较差；经编针织物尺寸稳定性较好，不易脱散，但延伸性、弹性较小，手感较差。

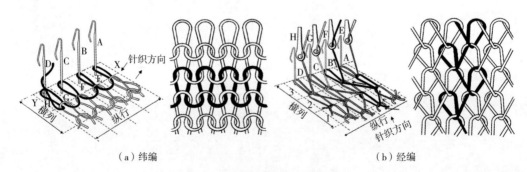

（a）纬编　　　　　　　　　　　　　　　（b）经编

图5-1　针织物示意图及织物结构图

二、针织物的应用

针织物品种繁多，应用广泛，主要集中在服用、装饰和产业用领域。

（一）服用针织物

按用途分类，服用针织物可以分为外衣类（包括便装、时装、运动装等纯外衣产品和内衣外穿的文化衫、T恤衫、紧身衫裤等）、内衣类（包括汗衫、背心、棉毛衫裤、绒衣绒裤、三角裤、睡衣、胸罩等）、袜子、手套、护膝、领带等（图5-2）。使用不同原料、不同粗细的纱线及组织结构，可以织造各种外观、性能和厚薄不同的织物，有的轻薄如蝉翼（如透明长筒丝袜），有的重如皮毛（如各种毛织物、仿毛皮织物等），也可以编织成富有特色的提花布、彩横条布、毛圈布等坯布。

图5-2 服用针织物

（二）装饰用针织物

装饰用针织物琳琅满目，从家居和办公室内饰，如床上用品、提花窗帘、台布、沙发巾、地毯、软体玩具等，到低价的包装布、抹布、盖布及火车、飞机及汽车内饰，如地毯、坐垫、顶篷等（图5-3）。它们不仅能以丰富多彩的外观美化人们的生活空间，同时还具有隔声吸音、隔热乃至防火功能。

（三）产业用针织物

针织物在产业领域发挥着越来越重要的作用。它们可以作为土工建筑增强材料（如用于路基、跑道和隧道等）、各种网制品（如

图5-3 装饰用针织物

体育用品、渔网、水源防护网和集装箱安全用网等）、各种工农业用材料（如滤布、防雨布和农作物大棚用材等）、安全防护用品（如防弹背心、救生衣、盔甲和降落伞等）、运动及娱乐纺织品（如体育场篷顶、滑雪器具和运动充气建筑物等）、医疗纺织品（如人造血管、器脏修补片、包覆材料）以及军事、国防、航空航天用纺织品等（图5-4）。利用良好的针织成型加工，可以使用碳纤维、芳纶、金属纤维、玻璃纤维等特种纤维织造出各种形态的纺织预制件，再经一系列工艺加工成汽车外壳、各种压力容器、玻璃钢板等。

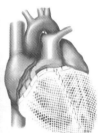

图5-4　产业用针织物

第二节　纬编针织物

一、纬编针织物的相关概念及表达方式

（一）纬编针织物的相关概念

1. 线圈

线圈是针织物的基本结构单元。纬编线圈是由圈干（1—2，4—5）和沉降弧（2—3—4，5—6—7）组成，如图5-5所示。

2. 线圈横列和线圈纵行

线圈横列（C）是指线圈沿织物横向组成的一行［图5-6（a）］；线圈纵行（W）是指线圈沿织物纵向相互串套所形成的一列［图5-6（b）］。

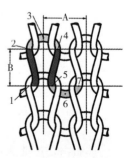

图5-5　针织物线圈

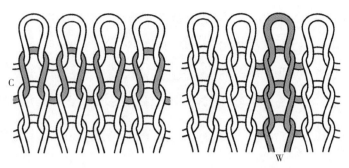

（a）线圈横列（C）　　　　　　（b）线圈纵行（W）

图5-6　针织物线圈横列和线圈纵行

3.圈距和圈高

圈距（A）是指沿线圈横列方向，两相邻线圈对应点之间的距离，圈高（B）是指沿线圈纵行方向，两相邻线圈对应点之间的距离，如图5-7所示。

4.织物正反面

织物正面是指线圈的圈柱覆盖在圈弧之上，外观呈纵条状［图5-8（a）］。织物反面是指线圈的圈弧覆盖在圈柱之上，外观呈圈弧状［图5-8（b）］。

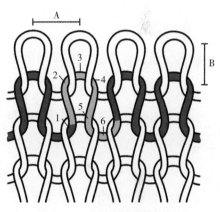

图5-7　针织物线圈圈距和圈高

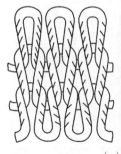

（a）织物正面　　　　　　　　　　　（b）织物反面

图5-8　织物正反面

5.单面织物和双面织物

单面织物是指由一个针床编织而成的针织物，其线圈的圈弧或圈柱集中分布在织物的一面［图5-9（a）］。双面织物是指由两个针床编织而成的针织物，其两面均有正面线圈和反面线圈［图5-9（b）］。

（a）单面织物　　　　　　　　　　（b）双面织物

图5-9　单面织物和双面织物

（二）纬编织物的表示方法

纬编针织物的表示方法有四种，即线圈图、意匠图、编织图和三角配置图。这里主要讲授前三种方法。

1. 线圈图

线圈图是指用图解的方法将线圈在织物中的形态描绘下来。如图5-10所示为一种针织物的两种线圈图画法。线圈图比较直观，但是绘制起来比较繁杂，适用于简单组织。

2. 意匠图

意匠图是将针织结构单元组合的规律，用人为规定的符号在小方格纸上表示出来的一种图形，分为花纹意匠图和结构意匠图。这种方法绘制简便省时，适用于较大的花纹或复杂的组织结构。

（1）花纹意匠图：用于表示提花织物正面的花型与图案，每一方格代表一个线圈，方格内的不同符号代表不同的颜色。有时也采用在小方格内直接填充色彩的方法来表示（图5-11）。

（2）结构意匠图：指将成圈、集圈（悬弧）和浮线（不编织）等用规定的符号在方格纸上表示出来，多用于表示单面织物。如图5-12（a）为两种织物的线圈图，图5-12（b）为它们对应的结构意匠图。

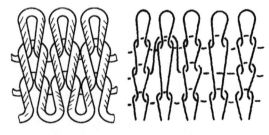

图5-10　针织物的线圈图

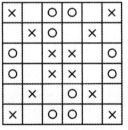

✕ 红色　〇 蓝色　□ 白色

图5-11　针织物的花纹意匠图

3. 编织图

编织图是指将织物的横断面形态，按编织的顺序和织针的工作情况，用图形表示出来的一种方法（图5-13）。

编织图适用于大多数纬编织物，特别是适用于双面纬编针织物的表达，绘制简单。在编织图上，可以清晰地看到织针排列与配置（针盘和针筒织针），以及每根纱线在每一枚针所编织的结构单元。纬编针织物花色组织常用成圈、集圈、浮线组合而成；另外，织针可以处于编织状态；也可以把织针从针槽内取出，把织针从针槽内取出称为抽针；对于双面织物，要根据织物结构的要求确定上下针的对应关系。编织图的图形符号及表示见表5-1。

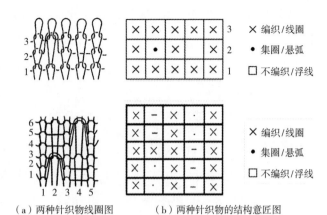

（a）两种针织物线圈图　　　（b）两种针织物的结构意匠图

图5-12　两种针织物的线圈图和结构意匠图

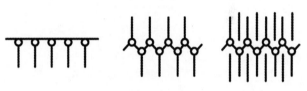

图5-13　几种编织图

表5-1　编织图的图形符号及表示

编织方法	位置	表示符号
成圈	针盘	
	针筒	
集圈	针盘	
	针筒	
浮线	针盘	
	针筒	
抽针	某个位置	

图5-14（a）所示为两种针织物的线圈图，图5-14（b）所示为其对应编织图。

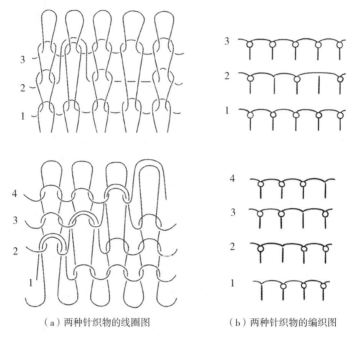

（a）两种针织物的线圈图　　　　　　（b）两种针织物的编织图

图5-14　两种针织物的线圈图和编织图

二、纬编针织物的组织结构

　　纬编针织物组织可以分为基本组织、变化组织和花色组织三大类。其中，基本组织是由线圈以最简单的方式组合而成的组织，主要包括纬平针组织、罗纹组织和双反面组织。变化组织是在一个基本组织的相邻线圈纵行间配置另一个或另几个基本组织的线圈纵行而成，如双罗纹织物。花色组织是以基本组织或变化组织为基础，利用线圈结构的改变，编入一些辅助纱线或其他纺织原料而成，如添纱、集圈、衬垫、毛圈、提花、波纹等。下面介绍常见的纬编针织物组织结构、特点及应用设计。

（一）纬平针组织

1. 纬平针组织结构

　　纬平针组织是单面纬编针织物的基本组织，其正反面结构如图5-15（a）所示。纬平针组织织物正面平整光滑，呈纵向条纹效果；反面较正面阴暗，具有横向圈弧，如图5-15（b）所示。

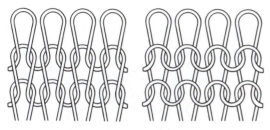
（a）纬平针组织的正反面线圈图

（b）纬平针组织的正反面外观图

图5-15 纬平针组织

2. 纬平针特点

第一，纬平针组织织物具有以下特点：纬平针组织织物内线圈容易歪斜，即在自由状态下，线圈横列与纵行不垂直的现象。此现象主要与纱线捻度、抗弯刚度及线圈密度相关：纱线捻度越大，线圈歪斜程度越大（应力不匀，纱线力图解捻）；纱线抗弯刚度越大，线圈歪斜程度越大；线圈密度越大，线圈歪斜程度越小。

第二，纬平组织织物容易在边缘产生卷曲，主要是纱线力图伸直引起。纬平织物的卷曲不利于剪裁，但是可以利用此特点进行一些特殊的服装造型设计（图5-16）。

第三，纬平针织物可沿织物横列方向脱散，也可以沿织物纵行方向脱散。横向脱散发生在织物边缘，此时纱线没有断裂，抽拉织物最边缘一个横列的纱线端，可使纱线从整个横列中脱散出来，它可以被看作编织的逆过程。在制作成衣时需要缝边或拷边。纵向脱散发生在织物中某处纱线断裂时，此时线圈沿着纵行断纱处依次从织物中脱离出来，从而使这一纵行的线圈失去了串套联系。

第四，纬平组织织物在拉伸时具有较大的延伸性。横向拉伸时，圈柱变圈弧，而纵向拉伸时，圈弧变圈柱，因此织物具有较大的延伸性，并且横向延伸性大于纵向延伸性。

3. 纬平组织的应用

纬平针组织织物轻薄，主要用于生产内衣、毛衫、袜品、服装衬里、某些涂层材料底布以及其他单面花式织物的基础组织。

图5-16 纬平组织织物的边缘卷曲

（二）罗纹组织

1. 罗纹组织结构

罗纹组织是由正面线圈纵行和反面线圈纵行以一定组合相间配置而成。罗纹组织通常根据一个循环组织内的正反线圈纵行比例命名，例如，1+1，2+2、3+2罗纹等（有时亦用1×1、2×2、3×2），前面和后面的数字分别代表正面和反面线圈纵行数。

如图5-17所示为1+1罗纹线圈图和外观图。可以看出其正反面外观效果一致，仅可以看到正面线圈纵行。这是因为沉降弧由前到后，再由后到前将正反面线圈连接，造成沉降弧较大的弯曲与扭转，由于纱线的弹性，纱线力图伸直，使相邻的正反面线圈纵行相互靠近，彼此潜隐半个纵行（图5-18）。在自然状态下，1+1罗纹织物正反面仅能看到正面线圈。

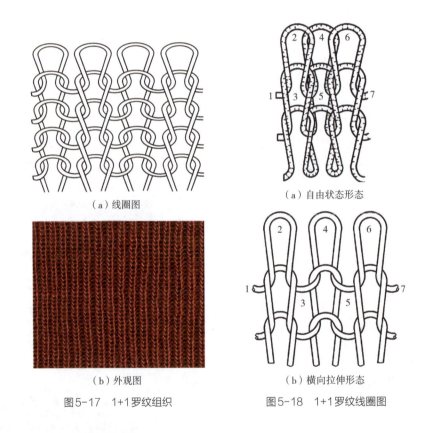

（a）线圈图

（b）外观图

图5-17　1+1罗纹组织

（a）自由状态形态

（b）横向拉伸形态

图5-18　1+1罗纹线圈图

如图5-19所示为2+2罗纹织物、3+2罗纹织物对应的线圈图和织物外观图。织物正面呈凹凸外观，并且看到的更多是正面线圈，与前述1+1罗纹仅呈现正面线圈原因一致。

常见的罗纹变化组织有抽针罗纹（抽条棉毛布）。在编织的过程中，抽去上针盘或下针筒的某些织针，缺织针的地方仅会形成单面线圈结构，从而形成凹凸条纹，有一种虚实相间的外观（图5-20）。

由于单面织物部分的卷边性，抽条罗纹织物的凹凸效果更加明显，形成褶裥效果，可以用于制作连衣裙和外套等。

2. 罗纹织物特点

罗纹组织具有较大的延伸性，其横向延伸度高于纬平针组织。罗纹在边缘横列只能逆编织方向脱散，顺编织方向一般不脱散。当罗纹内某一线圈纱线断裂时，线圈会沿着纵行从断纱处梯脱。

罗纹组织不会发生明显卷边现象，这是因为正反线圈同时存在，造成卷边的力彼此平衡。即使罗纹组织中的正反面线圈不同，卷边现象也不明显。由于正反面线圈纵行相间配置，罗纹组织中的线圈不会出现歪斜。

3. 罗纹组织的应用

鉴于罗纹组织无法顺编织方向沿边缘横列脱散，可直接织成光边，用在服装收口部分，无须再缝边或拷边，特别适合制作内衣、毛衫、袜品等的边口部分（图5-21）。

双罗纹组织织物厚实，弹性好，经常被用于制作贴身的棉毛衫裤、休闲服、运动服、T恤衫和鞋里布等。此外，罗纹组织织物加入弹性纱线后，其弹性更佳，可以用来制作护膝、护腕和护肘等（图5-22）。

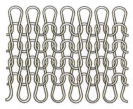

（a）2+2罗纹织物的线圈图和织物外观图

（b）3+2罗纹织物的线圈图和织物外观图

图5-19　罗纹织物

图5-20　抽针罗纹面料及服装

图5-21　罗纹组织用在袖口、领口

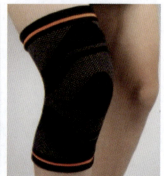

图5-22　罗纹组织在休闲服和护膝的应用

罗纹组织可以形成彩色横条、彩色纵条、彩色格纹效果。由于罗纹组织的每一横列是由两根纱线编织，将不同色纱在不同的横列中进行编织，可以形成彩色横条纹；将两种不同色纱进行编织，可以形成彩色纵条纹；如果采用两种不同的色纱，并变换不同横列的纱线颜色，可以形成彩色方格布（图5-23）。

图5-23 彩色罗纹组织用于女装

（三）双反面组织

1. 双反面组织结构

双反面组织是由正面线圈横列和反面线圈横列相互交替配置而成，如图5-24所示。在双反面组织中，线圈圈柱由前至后，由后至前，导致线圈受力不平衡，力图伸直，造成线圈圈弧突出在前，圈柱凹陷在后，从而使织物正反面都呈现出反面线圈效果，故被称为双反面组织（也称珍珠编）。

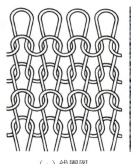

（a）线圈图　　　　　　　（b）外观图

图5-24 1+1双反面组织

如图5-24所示为1+1双反面组织，即由一个正面线圈横列和一个反面线圈横列交替编织而成。此外，还有2+2、2+3等双反面结构，即通过改变正反面线圈横列排列比例关系获得。另外，通过配置正反面线圈横列的比例关系，可以在织物表面形成凹凸条纹或者花纹。

2. 双反面组织特点及应用

双反面组织在横向和纵向上均有较强的延伸度。这是因为织物纵向缩短（由于线圈向垂直于织物平面方向倾斜），因而织物厚度相应增加，其在纵向也具有较大的延伸度。与纬平针组织类似，在织物边缘横列，双反面组织顺着编织方向与逆编织方向均容易脱散。双反面组织产生的卷边现象不明显，这是因为组织内正反线圈横列产生的作用力相互抵消。双反面组织多用于毛衣、运动衫或童装等成型产品（图5-25）。

（四）提花组织

提花组织是依据花纹设计要求，有选择地将纱线垫在某些针上并编织成圈，而未垫放纱线的织针不成圈，纱线以浮线形状留在不参加编织织针的后面所形成的一种花色组织。其结构单元为线圈加浮线。如图5-26所示为提花组织线圈图。提花组织分为单

图5-25 双反面组织的应用

面提花和双面提花组织，其中单面提花组织主要有浮线和嵌花提花组织，双面提花组织有芝麻点提花、空气层提花等。

1. 单面提花

单面提花组织由线圈和浮线组成，分为均匀和不均匀提花组织。

（1）单面均匀提花组织。单面均匀提花组织通常采用不同颜色或不同种类的纱线进行编织，每一纵行上的线圈个数相同，大小基本一致，其结构均匀，外观平整。如图5-27（a）所示为一种单面双色提花组织。单面均匀提花组织主要特征为：每一种色纱在每个横列中必须至少编织一次线圈，如果是双色提花，两种色纱在每一列中都要出现；每个线圈背后均有浮线且浮线数等于色纱数减一，如双色提花线圈背后有一根浮线，三色提花线圈背后有两根浮线。均匀提花主要是通过不同纱线的组合来形成花纹效应，因此设计时采用意匠图来表示更为方便。如图5-27（b）和图5-27（c）图像为图5-27（a）图像的意匠图和编织图。如图5-28所示为一种单面均匀提花组织正反面效果图。

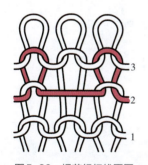

图5-26 提花组织线圈图

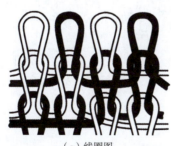

（a）线圈图

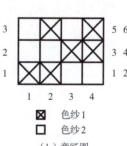

（b）意匠图

⊠ 色纱1
□ 色纱2

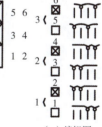

（c）编织图

图5-27 单面双色提花组织

在单面均匀提花织物中，连续浮线的次数一般不超过4~5针。这是因为在织造过程中，过长的浮线可能改变垫纱角度，造成纱线无法垫入针钩内；另外，织物反面过长的浮

线也易造成断纱和勾丝，影响织物实际穿着。为提高垫纱可靠性并减少浮线长度，可以在浮线长的地方按照一定的间隔将浮线编织成集圈。这种集圈线圈对织物平整度有一定的影响，但是不影响织物的花纹外观。

（2）单面不均匀提花组织。单面不均匀提花组织通常采用单色纱线，如图5-29所示。这类组织通常有拉长的线圈，这归因于有些织针在连续几个横列不编织。拉长的线圈会拉紧与之相连的平针线圈，从而引起针织物表面的凹凸外观。在编织过程中，某一线圈连续不脱圈的次数通常用"线圈指数"表达，此值越大，线圈越大，凹凸外观越显著。按照花纹要求，拉长线圈配置在平针线圈中，可呈现不同凹凸花纹效果。需要注意的是这类织物"线圈指数"不能太大，另外，在编织过程中，给纱张力应较小而均匀，否则容易出现破洞。

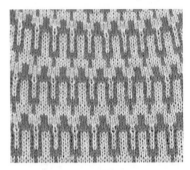

（a）正面效果

（b）反面效果

图5-28　单面均匀提花组织效果

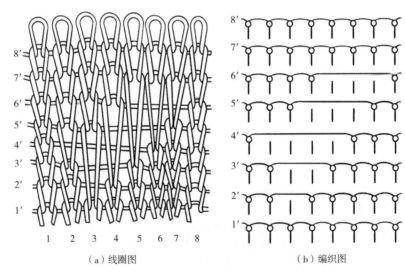

（a）线圈图　　　　　　　　　　（b）编织图

图5-29　单面不均匀提花组织

2. 双面提花

双面提花组织是在双针床织机上织造，其花纹可以在织物一面也可以在织物两面产生。常见的有横条、芝麻点、空气层和嵌花组织等。

（1）双面提花类型。

①横条反面双面提花组织。横条反面双面提花的特点是每一成圈系统所有的反面线圈对应织针都参加编织。如图5-30所示为横条反面双面提花组织线圈图、正反面意匠图和编织图。可以看出该组织正面是按照花纹要求由两根不同颜色纱线构成的一个提花线圈横列，而织物反面是由一种颜色纱线形成一个线圈横列，产生横条效应（图5-31）。

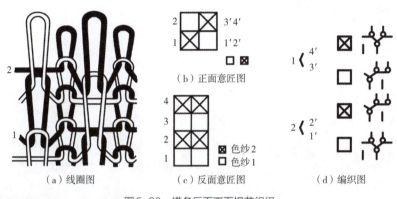

（a）线圈图　　　　（b）正面意匠图　　　　（c）反面意匠图　　　　（d）编织图

⊠ 色纱2　　□ 色纱1

图5-30　横条反面双面提花组织

②芝麻点反面双面提花组织。芝麻点反面双面提花是指反面由两种颜色纱线交错排列形成的，具有芝麻点分布外观。如图5-32所示为两色芝麻点反面双面提花组织。可以看出，织物反面每个横列的线圈是由两种色纱编织而成，并且交替排列。另外，织物反面不同色纱线圈分布均匀，反面线圈的颜色基本不会从正面露出。织物色彩清晰平整、厚薄适宜（图5-33）。

③空气层双面提花组织。空气层双面提花组织织物的正反面均按照花纹要求选针编织，通常正面选针编织时，反面不编织；反面选针编织时，正面不编织，这样织物间可形成空气层（图5-34）。通常空气层与花型的面积相关，即花型面积越大，这个空气层就越大。该织物厚实、花型清晰、不易露底。

④嵌花组织。嵌花组织包括单面嵌花组织和双面嵌花组织。其是指把不同颜色纱线编织的色块，沿纵行方向连接起来形成一种色彩花型织物，其中每一个色块由一根纱线编织且该纱线只处于该色块中。与横条和芝麻点提花组

（a）正面

（b）反面

图5-31　横条反面双面提花
组织外观

（a）线圈图

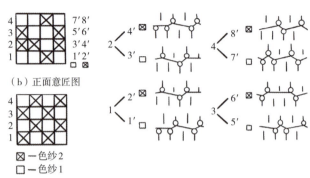
（b）正面意匠图

（c）反面意匠图

⊠—色纱2
□—色纱1

（d）编织图

图5-32 两色芝麻点反面双面提花组织

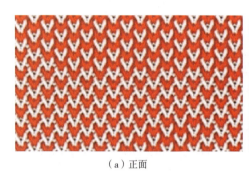
（a）正面

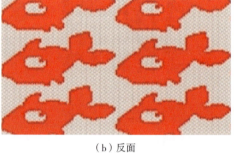
（b）反面

图5-33 两色芝麻点反面双面提花组织外观

图5-34 空气层双面提花组织外观

织不同，该织物组织反面无浮线或芝麻点，其不仅正面花纹自然美观，反面也光洁、平整。需要注意是色块拼接处成齿状而非光滑的直线。嵌花组织可形成各种几何图形、字母、照片图案等（图5-35）。

（2）双面提花特点及应用。双面提花组织横向延伸性较小，这是由于织物组织中浮线的存在。在提花组织特别是单面提花组织的织造中，要避免过长的浮线长度，以免产生勾丝，影响实际穿着。提花组织脱散性小，这是因为几根纱线形成了提花组织线圈纵行和横列。同时提花织物较厚，单位面积质量较重。提花组织通常由几个编织系统形成一个线圈横列，因此加工此织物的生产效率较低。特别是色纱数较多时，通常情况下，加工提花织物的色纱数少于4种。

利用不同颜色和类型的纱线，提花组织可以产生丰富的花型效果，可用于羊毛衫、连衣裙、袜子等服装面料，沙发布和窗帘等家居内饰面料以及飞机和火车等交通工具软内饰等（图5-36）。

图5-35 嵌花组织外观

图5-36 双面提花组织的应用

（五）集圈组织

集圈组织是指在组织内的某些线圈上，不仅套有一个封闭的旧线圈（拉长的线圈），还悬挂有一个或几个未封闭悬弧的纬编花色组织。该组织仅含有线圈和悬弧两种结构单元，如图5-37（a）所示；形成的织物外观如图5-37（b）所示。

根据集圈悬弧跨过织针的个数，可以分为单针集圈（即跨过一根织针）、双针集圈（即跨过两根织针）、三针集圈（即跨过三根织针）等［图5-37（a）］。根据某一针上集圈个数，集圈组织又可分为单列（一个悬弧）、双列（两个悬弧）及多列集圈（多个悬弧）。一般来说，一枚针

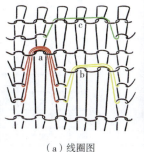

（a）线圈图　　　　（b）织物外观

图5-37 集圈组织

上的集圈个数可达7~8个。然而，集圈个数越多，旧线圈承受的张力越大，容易引起断纱和破坏针钩。通常把集圈针数和列数合并命名，其中针数在前，列数在后，如单针三列集圈、双针双列集圈、三针单列集圈。

1.集圈组织类型

（1）单面集圈。在平针组织基础上，编织集圈而形成的花色组织称为单面集圈组织。利用集圈单元在平针中的配置可构造变化繁多的花色外观，如图5-37所示为采用集圈形成的凹凸和网孔外观。如图5-38所示为采用单针单列集圈单元在平针线圈中规律排列形成的一种斜纹效应。如果集圈单元采用单针双列集圈，效果更为明显。另外，由于成圈和集圈反光效果存在差异，单面集圈织物上会出现一种阴影效应，这是由于两种线圈单元的反光效果差异造成的。

采用两种以上的色纱和不同类型的集圈单元进行组合，可以得到彩色花纹效应。由于织物正面拉长的线圈遮盖了集圈单元中的悬弧，其不呈现于织物正面。因此，当利用色纱织造时，织物正面仅呈现被拉长线圈色纱的色彩外观。如图5-39所示的组织是由双针单列和三针单列的集圈组成，在纵行1、2、6、7上，由于红色纱形成的悬弧被白纱形成的拉长线圈所覆盖，故在正面形成白色的纵条纹。反之，在纵行3、4、5上，由于白纱形成的悬弧被红色纱形成的拉长线圈所覆盖，故形成红色的纵条纹。

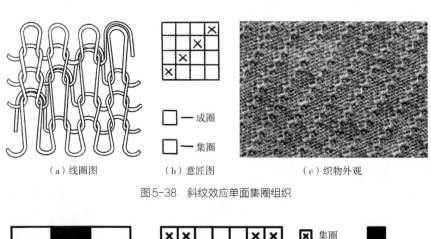

（a）线圈图　　　（b）意匠图　　　（c）织物外观

图5-38　斜纹效应单面集圈组织

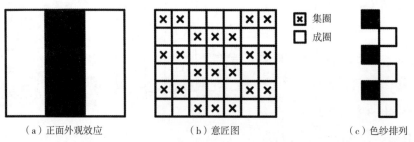

（a）正面外观效应　　　　（b）意匠图　　　　（c）色纱排列

图5-39　不同色纱形成的单面集圈组织

（2）双面集圈组织。双面集圈组织可以编织具有集圈效应的织物，其可以利用双针床编织，也可以利用单针床编织。常见的双面集圈组织有畦编组织和半畦编组织。如图5-40所示为半畦编组织，又称单鱼鳞组织，其集圈只出现在织物的一面，两个横列形成一个循环。该组织织物两面呈现不同的外观效果。

如图5-41所示为畦编组织，其集圈出现在织物两面，且在纵行，一隔一交替排列，两个横列形成一个循环。畦编组织两面外观相同。由于悬弧的作用，该组织织物较罗纹组织更加厚重，适宜制作毛衫。

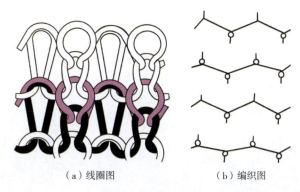

（a）线圈图　　　　　　　（b）编织图

图5-40　半畦编组织

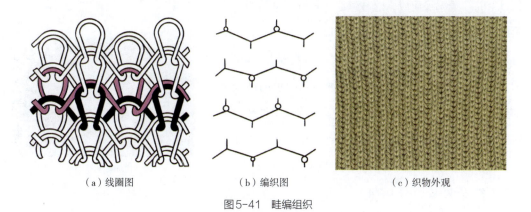

（a）线圈图　　　　　（b）编织图　　　　　（c）织物外观

图5-41　畦编组织

2. 集圈组织的特点与应用

集圈组织可以产生丰富多彩的外观效果，即可通过变化纱线颜色及集圈配置，编织出表面具有各种图案、凹凸与孔眼等效应的织物，从而赋予织物不同的外观与服用性能。

集圈组织脱散性比较小，但拉长的线圈导致其容易抽丝。由于集圈单元悬弧的存在，织物宽度变大，而长度缩短。与平针组合和罗纹组织相比，集圈组织厚度更厚，横向延伸度较小。另外，集圈组织强度更低，这是组织内线圈大小不同造成应力不均引起的。

集圈组织具有丰富的花色效应和独特的质感，使其在服装生产中具有广泛的应用，独特的质感和花色效应可以为这些用品增添时尚感和个性化元素。可以用于制作各种款式的服装，如外套、衬衫、裙子等。同时，由于其厚度较大，也适合用于制作冬季服装或需要保暖性能的服装。它还可以用于制作各种家居纺织品，如床单、被罩、窗帘等。其丰富的花色效应和厚实感可以为家居环境增添温馨和舒适感。此外，还可以用于制作各种饰品，如围巾、手套、帽子等。

（六）添纱组织

部分线圈或全部线圈是由两根及以上的纱线编织而成的织物，称为添纱组织。按照花纹要求，添纱组织内各纱线所编织的线圈分别分布于织物正面（面纱）或反面（地纱）。如图5-42（a）所示为两种颜色纱线形成的添纱组织线圈图。如图5-42（b）所示为添纱组织织物外观。添纱组织包括全部添纱组织和部分添纱组织。

1. 添纱组织类型

（1）全部添纱组织。织物内所有线圈是由两根或两根以上的纱线编织而成，这种组织为全部添纱组织。当采用两种不同类型或者色彩的纱线时，所得到织物两面可呈现不同的色彩效果和服用形式。如图5-43（a）所示为一种全部添纱平针组织，两种不同颜色的纱线分别分布于织物两面。如图5-43（b）所示为两种颜色的纱线交换出现在织物正反面的添纱组织。如图5-43（c）所示为两种纱线随机出现在织物正反面的组织。此外，还有罗纹添纱组织（图5-44）。

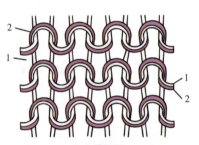

（a）线圈图

（b）织物外观

图5-42　添纱组织

（a）一种全部添纱平针组织

（b）两种颜色添纱平针组织

（c）两种纱线随机出现在正反面的添纱组织

图5-43　三种全部添纱平针组织外观

图5-44 罗纹添纱组织

（2）部分添纱组织。仅有部分线圈进行添纱的组织称为部分添纱组织。如图5-45所示为浮线添纱组织，其中添纱纱线是以横向喂入的形式形成线圈和浮线，添纱线圈覆盖在地组织的部分线圈上，而添纱浮线位于平针地组织线圈背后［图5-45（a）］。一般而言，地纱纱线较细，而添纱纱线较粗，这种组合会使地纱成圈处织物稀薄，呈现网孔状外观［图5-45（b）］。

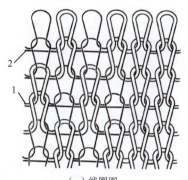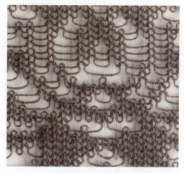

（a）线圈图 （b）织物外观

图5-45 部分添纱组织和网孔状外观的添纱组织

如图5-46所示为绣花添纱组织图，其中地纱始终成圈，而添纱则有规律地在一些织针上进行成圈，并且这些线圈位于织物正面，呈现花色外观。

绣花添纱组织包含单色和双色两类，两者分别在一个线圈纵行内，形成一种和两种颜色。需要注意的是在一个横列中，添纱可以垫放在一枚或几枚针上，也可以不在织针上垫纱（纱线以浮线状态位于织物反面）。

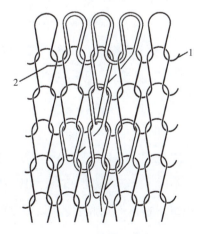

图5-46 绣花添纱组织图

2.添纱组织的特性与应用

全部添纱组织如果采用不同颜色或类型纱线进行编织时，可以使其两面呈现不同色彩和服用性能。由于两根纱线无法为彼此覆盖，织物通常会出现夹色效果。另外，通常在地组织中加入氨纶弹性纱线，以改善织物的弹性、延伸性和尺寸稳定性。

在服装设计领域，设计师们可以利用添纱组织实现各种时尚元素，如花纹、条纹和渐变色彩等，为服装设计带来更多的可能性。同时，通过在针织过程中添加金属丝或亮片纱线，可以创造出闪亮的效果，使服装更加华丽（图5-47）。由于浮线的存在，部分添纱组织容易勾丝，它们适宜制作袜品和内衣等。在家居领域，添纱组织可以用于制作各种风格的家居纺织品，如抱枕、地毯和窗帘等，为家居空间增添美感和个性。此外，添纱组织还可用于制作具有艺术感的壁挂和装饰品，提升家居品位。

图5-47　添纱组织在服装领域的应用

（七）移圈组织

移圈组织又称纱罗组织，其是以纬编基本组织为基础，根据花型要求将一些织针上的线圈转移到其他纵行织针上的一种组织（图5-48）。移圈组织可分为单面移圈和双面移圈组织，其表面可呈各种花式效应。

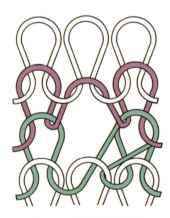

图5-48　简单的移圈组织

1.移圈组织的类型

（1）单面移圈组织。单面移圈组织是在纬平针组织的基础上，通过相邻纵行线圈之间的转移来形成的。这种转移可以在不同的织针上以不同的方向进行，从而创造出具有一定花纹效应的孔眼。

如图5-49（a）所示为一种单面孔眼组织。可以看出，第二横列第2、4、6、8织针上的线圈分别向右转移一个纵行而成为空针，对应的这些织针纵行中断，因此，在第三横列进行垫纱后，此横列就会在这些移圈位置形成孔眼结构；在第四横列，形成的"V"字形花型是以织针5为中心，相邻纵行线圈分别向左右转移一纵行形成的。如图5-49（b）所示为一种单面绞花组织。它是通过相邻纵行相互移圈形成的，其倾斜的线圈形成了类似麻花状的外观。

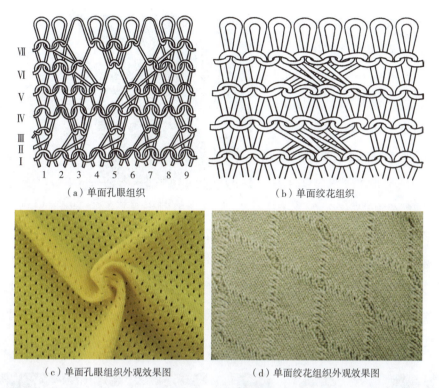

（a）单面孔眼组织　　　　　　　　　　（b）单面绞花组织

（c）单面孔眼组织外观效果图　　　　　　（d）单面绞花组织外观效果图

图5-49　单面移圈组织

（2）双面移圈组织。双面移圈组织可以在针织物一面或者两面进行移圈，即将一个织物面上的线圈转移到另一织物面与之相邻的织针上，或将两面的线圈分别转移到各自面上的相邻织针上。如图5-50（a）所示为一种双面移圈组织，其移圈发生在一个织物面上。在织物正面上，第3、5、7织针正面线圈分别被转移到第1、3、9正面线圈纵行。如果周期性地移去第3、5、7织针使其不参与编织，则此织物上呈现一块单面平针组织，从而形成凹凸效应。如图5-50（b）所示为一种发生在织物两面上的移圈组织。在第一横列上，正面线

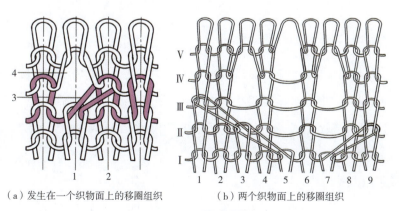

（a）发生在一个织物面上的移圈组织　　　　（b）两个织物面上的移圈组织

图5-50　双面移圈组织

圈针织1上的线圈被转移到反面线圈织针2上，造成正面线圈在织针1处断开，产生孔眼效应。由于罗纹组织会产生横向收缩现象，织物内不会出现孔眼，而出现的是与移圈处纵行邻近的反面线圈，形成凹凸效果。如图5-51所示为两种双面移圈组织形成的织物外观。

图5-51　两种双面移圈组织形成的织物外观

2. 移圈组织的特性和用途

移圈组织可编织成孔眼、凹凸、线圈扭曲等外观效应，如按照一定规律编织这些结构，则可形成花型多变且肌理效果丰富的织物。另外，由于移圈单元的存在，织物的透气透湿性会改善，但是该类线圈扭曲和凸起会造成织物强度和耐磨性下降，且易勾丝和起毛起球。移圈组织被广泛用于毛衫、T恤衫和内衣等，也常被应用于创意服装设计（图5-52）。

图5-52　移圈组织在服装上的应用

（八）毛圈组织

毛圈组织包括纬平针线圈和毛圈线圈单元，其中毛圈线圈是将线圈沉降弧拉长形成，分为普通毛圈和花式毛圈组织。两根纱线分别形成地组织线圈和毛圈线圈，这种组织为普通毛圈组织。按照花型设计要求，仅在一部分线圈中编织毛圈线圈，从而形成花纹图案效应的织物。

1. 毛圈组织类型

（1）普通毛圈组织。所有地组织线圈上均有毛圈线圈，并且这些毛圈长度相同，这种组织称为普通毛圈组织。这种组织又称满地组织，可以得到最密的毛圈。如图5-53（a）所示为一种普通毛圈组织结构，其地组织为纬平针组织，并可形成近似如图5-53（b）所示的织物外观。如果将拉长的沉降弧剪开，可以形成天鹅绒织物［图5-53（c）］。

 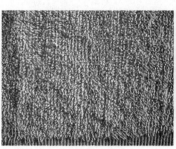 

（a）普通毛圈组织图　　　　　　（b）毛圈组织织物外观　　　　　　（c）天鹅绒织物

图5-53　普通毛圈组织

（2）花式毛圈组织。

①提花毛圈组织。每个毛圈横列是由两种及以上的不同颜色毛圈形成的组织，称为提花毛圈组织。分为满地和非满地提花毛圈。在非满地提花毛圈组织中，所有地纱都进行编织，而毛圈纱按照花纹要求有选择地在一些织针上成圈，在不成圈的位置形成添纱结构［图5-54（a）］。这种组织结构织物毛圈稀松，容易倒伏。对于满地提花组织而言，在每个地组织横列线圈上，有些地方编织毛圈，有些不编织毛圈，其中不编织毛圈的位置存在覆盖于其他毛圈线圈的浮线［图5-54（b）］。这种组织的提花毛圈密度高。这种组织织物必须经过剪毛之后才能使用，因此仅用于制作绒类产品，适用于汽车内饰等装饰绒（图5-55）。

②高低毛圈组织。高低毛圈组织是在织针上有选择性地编织不同高度毛圈，形成凹凸

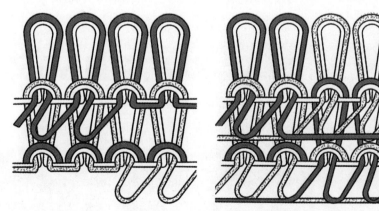

（a）非满地提花毛圈组织　　　　　　　　　（b）满地提花毛圈组织

图5-54　提花毛圈组织线圈图

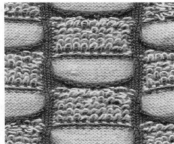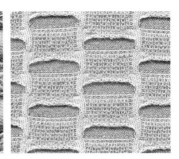

图5-55　提花毛圈组织织物外观

花纹外观。

③双面毛圈组织。织物两面都编织有毛圈的组织，称为双面毛圈组织。如图5-56为由三种纱线编织而成的双面毛圈组织，其中纱线1形成地组织，纱线2和3分别编织正面和反面毛圈。

2. 毛圈组织特点与应用

由于毛圈的存在，使毛圈组织织物变得厚实，但是其在使用过程中，容易受到外力拉扯而产生

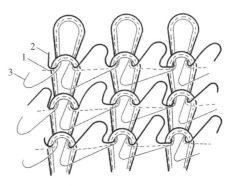

图5-56　双面毛圈组织

织物外观的破坏。鉴于此，可以通过提高地纱织造密度以增加毛圈的转移阻力。毛圈组织织物厚实且柔软，具有良好的保暖性能，适用于生产毛衫、睡衣等。经剪毛和起绒后，它可加工成绒类面料，如天鹅绒和摇粒绒等，进而使面料更加丰满、厚实且保暖。天鹅绒适宜制作高档女士时装，许多提花绒类织物被广泛用在家用和装饰等领域（图5-57）。

另外，毛圈组织可以通过变化毛圈大小、剪毛和花型设计后，搭配不同颜色、种类的纱线，可以呈现强体量感和立体感的流苏毛绒效果，并可塑造出具有建筑感的夸张造型服装（图5-57）。

图5-57　毛圈组织在服装领域的应用

（九）其他组织

1. 衬纬组织

衬纬组织是指沿地组织的纬向加入一根或几根不成圈的辅助纱线（被称为衬纬纱）编织而成的组织。如图5-58所示为一种衬纬组织，其是以罗纹组织为地组织，加入了一根纬纱编织而成。衬纬组织通常采用双面组织，纬纱夹持在组织中间。如图5-59所示为几种衬纬组织形成的织物效果图。

由于衬纬纱的加入，衬纬组织的强度、弹性、稳定性和保暖性等得到改善。当衬纬纱使用弹性纱线时，织物横向弹性得到提升，适宜制作无缝内衣、领口和袖口等，但是它不易裁剪，不适合制作缝制的服装；若利用弹性小的纬纱时，织物结构更加紧密且尺寸稳定性好，适合做外衣。

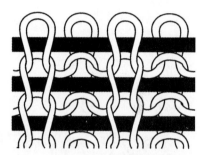

图5-58 衬纬组织图

  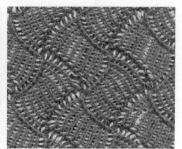

图5-59 几种衬纬组织形成的织物效果图

2. 波纹组织

织物表面线圈倾斜而呈现波纹状效果的双面纬编组织，称为波纹组织（图5-60）。其可以以罗纹组织或者双面集圈组织为基础组织，根据花型要求，使线圈倾斜形成弯曲、方格等图案，主要用于毛衫类产品。

3. 菠萝组织

在成圈过程中，新线圈同时经过旧线圈的针编弧与沉降弧的纬编花色

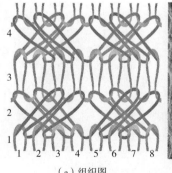

（a）组织图　　（b）织物外观

图5-60 波纹组织

组织为菠萝组织。它的基础组织可以为单面也可以为双面织物。图5-61（a）为平针为基础组织的菠萝组织，其沉降弧可转移到右边织针a或者左边织针上b，还可转移到相邻两枚织针上c。如图5-61（b）所示是以2+2罗纹为基础进行沉降弧转移形成的菠萝组织，织物表面呈现孔眼状b，它是由反面纵行之间的沉降弧a转移到相邻两枚织针上形成。

由于沉降弧的转移，菠萝组织可以形成孔眼效应以及凹凸效应［图5-61（c）］。另外，由于沉降弧处于拉紧状态，导致其张力不均匀，易被拉断，从而使织物容易破损。菠萝组织需采用特殊机器织造，工艺复杂，因此使用较少，主要用于制作T恤衫和休闲服等。

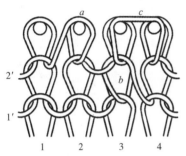 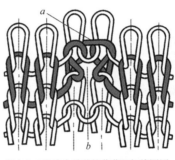 

（a）平针为基础的菠萝组织线圈图　　（b）2+2罗纹为基础的菠萝组织线圈图　　（c）菠萝组织外观

图5-61　菠萝组织

4. 胖花组织

胖花组织又称凸花组织，是在平针组织、衬纬组织、罗纹组织的基础上复合而成的一种罗纹型复合组织。胖花组织细分为单胖化组织和双胖花组织。单胖花组织是在单面线圈上形成特定的花纹，其余部分则与地组织一起编织；在一个完整的正面线圈横列中，单胖花组织仅进行一次单面编织（图5-62）。双胖花组织是每一个正面线圈横列，由连续重复两次的单面编织来形成花纹。

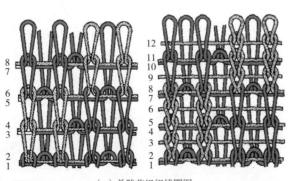

（a）单胖花组织线圈图　　　　　　（b）织物外观

图5-62　单胖花组织

5.抽针组织

抽针组织是指在编织织物时抽去织针，使织物表面呈现纵向凹槽或者镂空外观（图5-63）。这种组织可以形成各种花纹、图案和纹理，使针织物具有独特的视觉效果和手感，还可以改善其透气性和弹性等物理性能，可用作春夏针织服装。

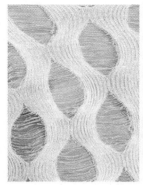

图5-63 抽针组织织物外观

第三节 经编针织物

一、经编组织的几个概念

（一）经编线圈

经编线圈包括圈干3和延展线2，如图5-64所示。圈干串套形成织物纵向，延展线使织物横向连接［图5-64（a）］。

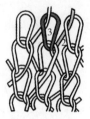

（a）经编线圈

（二）圈距和圈高

圈距A是指沿线圈横列方向，两相邻线圈对应点之间的距离。圈高B是指沿线圈纵行方向，两相邻线圈对应点之间的距离［图5-64（b）］。

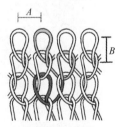

（b）圈距和圈高

（三）开口线圈和闭口线圈

经编线圈由开口线圈和闭口线圈组成［图5-64（c）］。其中，开口线圈是指纱线在针前与针背进行同向垫纱形成的线圈，而闭口线圈是指纱线在针前和针背进行反向垫纱形成的线圈。

开口

闭口

（c）开口和闭口线圈

图5-64 经编线圈、圈距和圈高以及开口和闭口线圈

（四）工艺正面和反面

圈干遮盖延展线的一面为经编织物工艺正面，而延展线覆盖圈干的一面为织物反面（图5-65）。

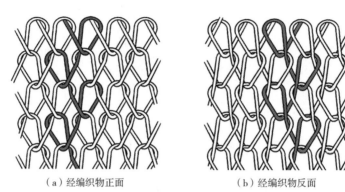

（a）经编织物正面　　　　　　　　（b）经编织物反面

图5-65　经编织物工艺正面和反面

（五）线圈纵行和横列

如图5-66所示为线圈纵行和线圈横列。线圈纵行是指在同一根织针上形成的纵向串套线圈行，而线圈横列是指沿织物横向的一系列线圈，其是由所有工作织针编织完成。

线圈纵行

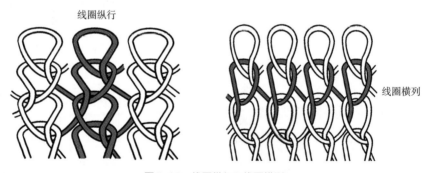

线圈横列

图5-66　线圈纵行和线圈横列

二、经编组织的特点

与纬编针织物相比，经编针织物的生产效率更高。其延伸性取决于织物组织和编织方法，部分经编织物在横向和纵向均具有较大的延伸性，而部分织物具有较稳定的尺寸。经编织物具有良好的防脱散性，可避免由于纱线断裂引起的破洞等。此外，经编织物可形成不同花型效果的孔眼组织，且织物形状稳定（图5-67）。在服装应用上，经编孔眼织物可以用于夏季衬衫和裙装；经编起绒织物和丝绒织物主要用作冬季男女风衣、外套和西裤等；经编毛圈织物可用作睡衣裤、运动服、童装等。

图5-67　几种经编织物图

三、经编针织物组织的表示方法

1. 线圈图

如图5-56所示为经编织物的线圈图，其可以直观、清晰地表示经编针织物的线圈结构与纱线之间的位置关系。但是，线圈图绘制复杂且费时，特别是复杂的经编织物，很难被清晰地表达。

2. 垫纱运动图

如图5-68（a）所示为单针床的经编织物垫纱运动图，可用连续的线段表示导纱针在针前和针背移动情况。垫纱图可以在点纹意匠纸上表示，其中每个小点代表一枚织针针头，点上方和下方分别表示针前和针背。垫纱图纵向的一列点代表一个线圈纵行；横向一排点代表一个线圈横列。采用垫纱运动图更加直观方便，并且能够反映导纱针的实际运动情况。

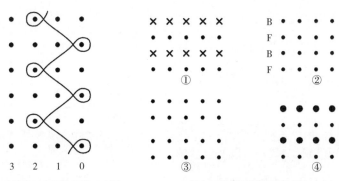

（a）单针床经编织物垫纱运动图　　　（b）双针床经编组织意匠图

图5-68　经编织物垫纱运动图

如图5-68（b）所示为双针床经编组织意匠图。在左上方的图①中，用"●"和"×"分别表示前后针床上的各织针针头；在右上方图②中，用"●"表示针头，旁边的字母"F"和"B"分别代表前针床和后针床织针针头；在左下方图③中，采用两个小间距横行"●"表示前、后针床织针针头；在右下方图④中，利用不同大小的"●"表达前、后针床针头。

3. 垫纱数码

垫纱数码是以数字顺序标注纱线的垫纱规律，用0、1、2…进行编号。垫纱数码顺序反映了各横列导纱针在针前的横移情况。数字标注顺序与梳栉横移机构位置有关：机构在左边则数字应从左向右；机构在右面数字应从右向左。如图5-69（a）对应的垫纱数码为：

GB1：1—0/2—3/1—0/2—3/1—0/1—2/2—1/1—2//；

GB2：1—0/1—2/2—1/1—2/1—0/2—3/1—0/2—3//；

GB3：2—3/1—0/2—3/1—0/2—3/1—0/2—3/1—0//。

其中，GB1、GB2、GB3分别表示第一、第二和第三把梳栉，横线连接的一组数字表示某横列导纱针在针前的横移方向和距离。在相邻的两组数字中，第一组的最后一个数字与第二组的起始数字表示梳栉在针背的横移情况。上例GB2第一横列的垫纱数码为1—0，最后一个数字为0；第二横列的垫纱数码为1—2，起始一个数字为1，因此0—1就代表导纱针在第二横列编织前，进行的针背横移的方向和距离。这里用"/"区别不同的横列，用"//"表示完整组织循环。

对于双针床织物来讲，其垫纱数码的表示有所不同。例如，某把梳栉的垫纱数码为：2—0，2—2/2—4，2—2//，这里用"/"区别不同的横列，用"//"表示完整组织循环，用"—"前后的数字组合表示针前垫纱运动的方向和距离，而在一个横列中，则用","将前后针床针前垫纱区分开。又如某把梳栉的垫纱数码为：1—0—1—1/1—2—1—1//，同前面相同，用"/"区别不同的横列，用"//"表示完整组织循环，但一个横列中第一个和第三个"—"及其前后的数字组合分别表示前后针床上的针前垫纱方向和距离，而第二个"—"只起到连接作用。

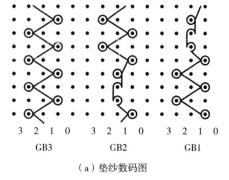

　3　2　1　0　　　3　2　1　0　　　3　2　1　0
　　GB3　　　　　　GB2　　　　　　GB1

（a）垫纱数码图

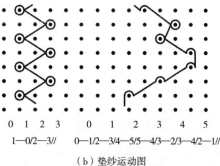

0　1　2　3　　　0　　1　　2　　3　　4　　5
1—0/2—3//　0—1/2—3/4—5/5—4/3—2/3—4/2—1//

（b）垫纱运动图

图5-69　垫纱数码图和垫纱运动图

四、经编织物组织结构

这里主要介绍几种典型的经编组织，即编链组织、经平组织、经缎组织。

1. 编链组织

编链组织是指每根经纱围绕一根织针连续垫纱成圈，编织成一根线圈链［图5-70（a）］。它可分为闭口编链、开口编链以及开口闭口混合式编链［图5-70（b）］。编链组织具有较小的纵向延伸性，可以利用此特性将其与衬纬结合，可以编织成纵向、横向延伸性都小的织物。编链组织无纵行间的链接，仅能形成细条带，很少单独使用。另外，它可在逆编织方向脱散。基于此，在编织织物花边时，可将编链组织用于链接花边与花边，形成宽幅花边织物，接着将编链脱散使花边分离。

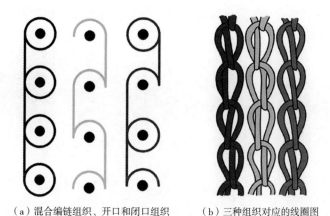

（a）混合编链组织、开口和闭口组织 （b）三种组织对应的线圈图

图5-70 编链组织和线圈图

2. 经平织物

经平组织是指每根纱线依次在同一针床的两根织针上垫纱成圈的组织。它可根据两根织针的间隔纵行数分为二针经平组织（经平组织）、三针经平组织（经绒组织）和四针经平组织等（经斜组织）。

（1）二针经平组织。二针经平组织是指在相邻两根织针上轮流垫纱成圈的组织。其中线圈可以为开口也可以为闭口，也可以两者混合。

二针经平组织内线圈的一侧包含导入与引出延展线。由于线圈圈干部分试图伸直，导致圈干呈现倾斜状态并且与延展方向相反，使组织内线圈表现为曲折排列。经平组织织物在纵向和横向具有中等的延伸性（图5-71）。

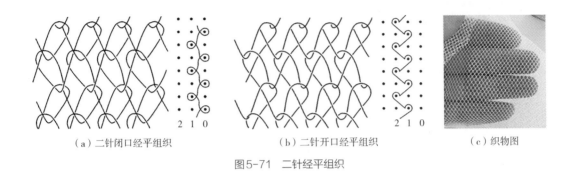

（a）二针闭口经平组织　　　　　（b）二针开口经平组织　　　　　（c）织物图

图5-71　二针经平组织

（2）多针经平组织。多针经平组织是指纱线横跨三针以上的经平组织。其中三针经平组织（即经绒组织）是指纱线跨越三针的经平组织［图5-72（a）（b）］。另外，从该组织结构可以看出，如果纱线断裂，线圈会脱散，但不会分成两片。三针经平组织织物稳定性较好、表面柔软且光滑。另外，由于其延展线比经平组织长，适用于起绒织物［图5-72（c）］。

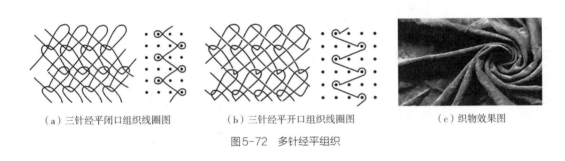

（a）三针经平闭口组织线圈图　　　（b）三针经平开口组织线圈图　　　（c）织物效果图

图5-72　多针经平组织

如图5-73所示为纱线横跨四针的经平组织（即经斜组织）。此外，还有横跨更多针数的经平组织，甚至有十四针经平组织。对于此类组织，横向延伸性随着延展线长度的增加而减小。

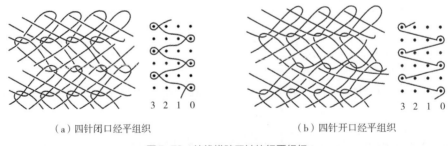

（a）四针闭口经平组织　　　　　　　　（b）四针开口经平组织

图5-73　纱线横跨四针的经平组织

（3）经缎组织。经缎组织是指每根纱线轮流在同一针床的三枚及三枚以上的织针上成圈的组织。如图5-74所示为五枚经缎组织，其代表组织内纱线在五枚织针上成圈。

经缎组织可以有开口线圈，也可以有闭口线圈。通常情况下，经缎组织一般采用中间开口的线圈，转向闭口的线圈（称为转向线圈）。由于转向线圈倾斜度较大，容易在转向处呈现孔眼。中间开口线圈两侧延展线弯曲程度不同，线圈向弯曲度较小的方向倾斜，且倾斜度小于转向线圈。如果转向线圈很多，经缎组织接近于纬平针织物。从图5-74中可以看出，如果纱线断裂，该组织可沿逆编织方向脱散，但是不会被分成两片。

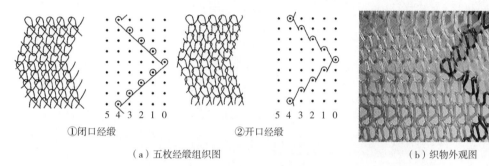

①闭口经缎　　　　　　　②开口经缎

（a）五枚经缎组织图　　　　　　　　　　（b）织物外观图

图5-74　经缎组织

（4）罗纹经缎组织。采用双针床经编机编织的一种双面组织，称为罗纹经缎组织。在编织时，针床前、后织针交错配置，每根纱线依次在两个针床三枚织针上垫纱成圈。如图5-75所示为一种罗纹经缎组织图。它的垫纱数码为2—1，1—0/1—2，2—3//。

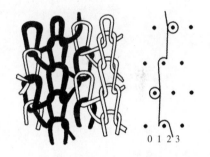

图5-75　罗纹经缎组织的线圈图和编织图

第四节　针织组织结构参数

一、线圈长度

线圈长度是指组成每一个线圈的纱线长度，单位一般为毫米（mm）。其测量方法可以采用三种方式近似测量：利用线圈在平面上的投影近似地进行计算；将线圈拆散再测量其实际长度；在编织时，采用仪表测量其长度。

针织物线圈长度越长，单位面积内线圈数量越少，织物越疏松，导致其越容易脱散。

另外，在外力的作用下，织物容易变形，其耐磨性、抗起毛起球性、抗勾丝性越差。

二、针织物密度

织物密度包括横向密度和纵向密度。其中织物横向密度是指沿横列方向5cm长度所有的线圈纵行数；纵向密度是指沿纵行方向5cm长度所有的线圈横列数。针织物密度越大，其厚度、强度、耐磨性、抗起毛起球性和勾丝性越好（图5-76）。

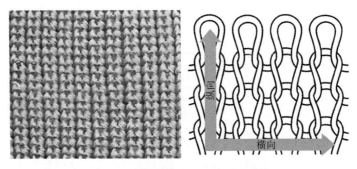

图5-76　织物横向密度和纵向密度测量

三、未充满系数

未充满系数是指线圈长度与纱线直径的比值，其表示在相同条件下纱线细度对织物疏密程度的影响。针织物未充满系数越大，即织物内未被纱线充满的空间越大，织物越稀疏。

四、单位面积重量

单位面积重量又称织物面密度，是指每平方米织物的干燥重量（g/m^2）。通常情况下，轻薄针织物面密度小于195g/m^2，适宜制作夏季服装；中厚型织物面密度为195~315g/m^2，适宜做春秋季服装；厚重型织物面密度大于315g/m^2，用于冬季服装。

五、织物厚度

针织物厚度与纱线细度、织物组织及密度相关，其影响织物的诸多性能，例如耐磨性、蓬松性、保暖性等。

本章小结

■ 针织物是利用织针将纱线构成线圈，再把线圈相互串套而成的织物，分为纬编和经编两类，具有优良的弹性、独特的纹理和丰富的色彩。

■ 纬编针织物品种繁多，包括基本组织、变化组织和花色组织，具有线圈易歪斜、易卷曲、易脱散等特点，广泛应用于服装、装饰和产业领域。

■ 经编针织物生产效率高，部分织物具有较大的延伸性，防脱散性好，可形成不同花型效果的孔眼，适用于多种应用场景。

■ 针织物的多样性促进了服装设计的创新与发展，使得服装作品更具个性化和艺术感，广泛应用于外衣、内衣、袜子、手套等各类服装设计中。

■ 通过对比分析不同结构的针织物，如平纹、罗纹、双罗纹等，揭示它们各自的特点和适用场景，为针织物的设计提供了理论基础。

■ 针织技术的发展和创新为针织物的设计和生产带来了更多可能性，如添纱组织、移圈组织、毛圈组织等新型组织结构的出现，丰富了针织物的品种和应用范围。

思考与练习

1.请简述针织物的基本定义，并解释针织物与机织物的主要区别是什么。

2.纬编针织物是如何通过纬编针织机形成的？请简述纬编针织物的基本结构特点。

3.纬编针织物常见的分类有哪些？它们各自的特点和应用领域是什么？

4.请列举并描述三种常见的纬编针织物结构（如平纹、罗纹、双罗纹），并讨论它们在服装设计中的适用性和优缺点。

5.经编织物与纬编织物的主要区别是什么？经编织物有哪些独特的优势和特点？

6.结合现代科技和设计理念，你认为针织物在未来服装设计中可能有哪些发展趋势？请给出你的观点和理由。

第六章

服装面料的染整

课题名称：服装面料的染整

课题内容：1.服装面料的染色

2.服装面料的印花

3.服装面料的整理

上课时数：6课时

训练目的：使学生全面掌握染整的基本概念、染料与染色技术、印花与整理工艺，深入理解染整工艺对纺织品色泽、手感、性能等方面的影响，为后续纺织服装领域的学习与实践打下坚实基础。

教学要求：1.掌握染整的基本概念。

2.了解常用染料的分类、特性及其在染色中的应用。

3.学习印花技术的种类、工艺特点，掌握图案设计与印花效果关系。

4.理解整理工艺目的、分类及常用方法，理解整理对织物性能影响。

5.培养学生实践操作能力。

课前准备：阅读织物染整相关的专业书籍和文献。

服装面料的染整作为服装设计的重要环节，涵盖面料染色、印花和整理三大核心步骤。面料染色赋予衣物绚丽的色彩，是表达设计师情感与理念的重要媒介；印花技术则让图案跃然于面料之上，增添了设计的艺术性与趣味性；而整理工艺则确保了衣物的舒适度和耐用性，是打造高品质服装的关键。深入了解和掌握这些染整技术，不仅能够提升设计的专业性和创新性，还能够让设计作品更好地满足市场需求。

第一节　服装面料的染色

一、服装面料色彩及由来

（一）服装面料的色彩

服装面料的色彩对于服装设计有点睛之笔的重要性。服装面料可经过染色和印花获得各式各样的色彩及图案，且在经过印染步骤后，通常还会经过后整理，以提高面料的实用性及功能性。

（二）面料染色的历史

人类进行纺织染色的历史由来已久，已经从最初的天然染色工艺发展到如今的各种先进染色工艺。根据考古学家的发现，早在新石器时代人类就已经学会了染色。关于在纺织物上染色的最早的证据出现在今天土耳其境内的安纳托利亚，在那里发现了印染红色的痕迹。这种红色很有可能来自一种铁的氧化物——赭石。而中国古代则用赤铁矿将纺织品染成红色，用天然绢云母或者是漂白的方法得到白色的纺织品。根据考古遗迹推断，中国进行染色的历史超过了5000年。古代中东，特别是波斯，也为染色技术的发展贡献了独特的艺术，如波斯地毯上的复杂染色搭配。此后，染色技术进一步发展，引入了更多的植物提取物和昆虫分泌物，使染料的种类更加多样。

中世纪时，染色技术在欧洲和亚洲得到推广，成为皇宫和教堂装饰的重要元素。印度一直以其丰富的染色传统而闻名，常使用天然染料如蓝靛、橙黄和胭脂红，制作具有浓厚文化特色的彩色织物。文艺复兴时期，欧洲对古代文化的兴趣再次点燃了对染色技术的研究。新的染料和技术不断涌现，推动了绘画和纺织业的发展。

手工波斯地毯称得上世界上最有价值的艺术品之一，其工艺传承已有超过2500年历史，除了广为人知的精湛编织技艺、复杂精妙的图腾设计，最特殊之处是它取材天然的染色工艺。天然染色技艺靠着手染师世代密传下来，每个染色工坊都有独创的色彩，其染料提取自植物和矿石中，先漂洗再曝晒的蚕丝、纺线再漂染的羊绒，由经验丰富的染艺师精准掌握漂染时间，通过排列组合工法创造各式色彩，宛如大型调色盘。一张波斯地毯运用的颜色越多，其艺术价值就越高，收藏等级或博物馆展品级别的手工地毯，使用了多达250种颜色，采用天然颜料并历经百年仍鲜艳如故的技术，这是波斯地毯染色工艺珍贵的原因之一（图6-1）。

图6-1 波斯地毯的设计、染色与编织

随着工业革命的到来，18世纪末至19世纪初，机械化的染色过程开始出现。化学合成染料的发明进一步改变了染色行业，使得染色变得更加稳定和经济高效。20世纪，化学合成染料和颜料的广泛应用为染色工业带来了革命性的变化，提供了更多颜色选择，同时具备了更高的可控性、耐洗性和稳定性。

如今，染色技术广泛应用于纺织、服装和装饰艺术领域。随着对环境友好和可持续发展的需求增加，人们对新型染料的研究也日益活跃。染色技术的发展，也为不断变化的时尚和设计领域提供了持久的灵感。

二、服装面料色彩产生的原理

色彩的产生涉及光的性质。光，本质是一种电磁波，其不同波长的光波在视觉系统中引起了不同的颜色感知。色彩的传播则包括光的反射、折射和吸收等过程，这些过程在织物上的应用对颜色的呈现有重要影响。

织物的色彩主要通过染色或印花等方法实现。染料或颜料能够吸收特定波长的光，从而产生不同的颜色。纤维类型和织物结构也对颜色的表现产生影响。色彩在织物上的呈现是通过光在织物表面的相互作用和折射，以及纤维材料对光的吸收和反射而实现的。

色彩的感知与人眼和大脑的生理学特性密切相关。人眼的视锥细胞对不同波长的光敏感，而这种感知被大脑解释为不同的颜色。因此，织物的色彩设计需要考虑到人眼对颜色的感知差异，以达到预期的视觉效果。

颜色科学在纺织行业中发挥着关键作用，帮助设计师、生产商和品牌方确保产品色彩的准确性和一致性。通过科学的方法来理解和管理织物的色彩，可以提高产品的质量、降低生产成本，同时满足市场对色彩一致性的要求。

三、染色过程

（一）前处理

在染色前，需对坯布或纱线进行前处理，除去织物上有碍染色的杂质，提高吸附染料的能力和纤维的化学反应性能。前处理过程包含一系列化学或物理的过程，如烧毛、退浆、煮练、漂白等工序，可简称练漂。前处理过程也可通过丝光、热定型等工序使织物获得稳定尺寸和耐久光泽。

以棉织物为例，其前处理流程如下：坯布准备→烧毛→退浆→煮练→漂白→丝光。烧毛是使织物迅速通过火焰，去除布面绒毛，使布面光洁，避免染色时因绒毛产生染色不匀。退浆是使用碱或生物酶去除织布时留下的浆料以及小部分天然杂质。煮练是利用高温碱液去除大部分天然杂质，如蜡质、果胶等。漂白是使用过氧化氢等漂白剂去除织物上的天然色素。棉织物还可选择进行丝光，形成更有光泽度的丝光棉。丝光是在一定张力下用浓烧碱溶液处理棉织物，使棉纤维膨胀，形成对光线有规律的反射，增加光泽。

合成纤维具有热塑性，因此在精练、染色等湿热加工过程中产生的收缩和皱痕很难去除。通常，在湿热加工前先对合成纤维织物进行热定形处理，也就是在保持一定尺寸的条件下加热一段时间，然后以适当的速度冷却，防止织物收缩和产生皱痕，保持织物的形状稳定。

（二）染色

对于不同的纺织品形态，如纤维、纱线、织物及成衣可选用不同的染色方法，但不论哪种染色方法，决定染色效果的关键因素均集中在染色时间、染色温度、染料浓度、浴比及带液率等。常见的染色方式包含浸染和轧染。浸染是通过将织物完全浸泡在染色液中，经一定时间使染料充分渗透到纤维中，达到均匀染色的效果。轧染是通过将织物或纱线传送到染液中，短暂浸渍后，通过轧辊施加压力将染液挤入纺织品，并去除多余染液，以此进行均匀地染色。

1. 纤维染色

纤维染色是指将纤维纺成纱线前进行染色。为了增加产品的色彩丰富度、减少纱线的色差，并增添产品的朦胧效果，我们可以采用散纤维染色的方法，比如，对羊毛纤维和棉纤维进行染色。纤维染色通常采用浸染法。在对散纤维进行染色后，经过纺纱和织布的工艺，即可获得色纺织物、色布。更为常见的纤维染色是毛条染色，减少有色纤维在各工序机器的残留。手工纺纱者可以使用染色的纤维和毛条、粗纱等制作出独特的纱线。染色纤维如图6-2所示。

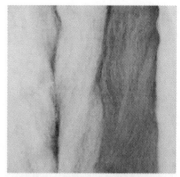

图6-2 染色纤维

2. 纱线染色

纱线染色是在纱线织成面料之前进行染色（图6-3）。绞纱染色是指将纱线在摇纱机上变换成一框框连在一起的绞纱，然后通过浸染的方式对纱线进行染色。筒子纱染色则是将纱线卷绕在布满孔眼的筒管上，将其放入筒子染色机，借助泵的作用，使染液在筒子纱线之间穿透循环，实现上染。经轴染色用于生产机织条纹或格子织物，是指按照色织物经纱色相和数量的要求，在松式整经机上将原纱卷绕在有孔的盘管上形成松式经轴，再将其进行染色，以得到色泽均一的经纱。

图6-3 绞纱染色机、筒子纱染色机、经轴染色机

纱线染色的成本低于纤维染色，但高于织物或成衣染色。使用染色纱线生产面料成本也高，因为需要更多的库存纱线，且颜色种类繁多，同时需要更多的时间来正确地在织机上穿线并进行设置。此外，每当改变颜色模式时，都需要时间重新穿线并改变设置。纱线

染色的面料通常被认为是具有更高质量的面料，常见机织面料图案包括条纹、格子、方格等，也可用于针织面料（图6-4）。

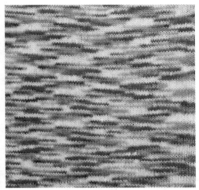

图6-4　染色纱线及其面料

3. 织物染色

织物染色分为浸染和轧染。真丝织物、毛织物、丝绒织物、稀薄织物和网状织物等不能经受高张力和压轧的织物通常使用浸染。浸染包含卷染、绳状染色、溢流喷射染色、气流染色等。浸染时染液质量与被染物质量之比称为浴比。浴比对染色的匀染性、染料利用率和废水量等都有影响。卷染是平幅染色，卷染机的中心机构是两个交替卷绕的卷布辊，织物从一个卷布辊退绕下来，卷到另外一个卷布辊上去，在交替卷绕的过程中，不断穿过卷布辊下的染液，将染液吸收到布面上，并在卷绕过程中吸附、结合、固着（图6-5）。

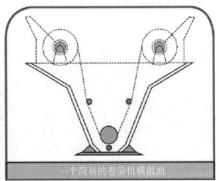

图6-5　卷染机及其结构示意图

绳状染色是将多条面料首尾相接进行缝合，形成绳状，并在卷布辊的作用下连续地通过染液进行染色（图6-6）。

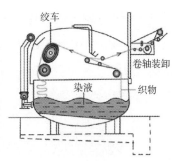

图6-6 绳状染色机及其结构示意图

轧染是指织物在短暂浸入染液后受到轧辊的压力，将染液挤入纺织物的组织空隙，并去除多余的染液，使染料均匀地分布在织物上。染料的固着主要是在后续的处理过程，如汽蒸或烘焙中完成的。织物在染液中的浸泡时间通常只有几秒到几十秒，浸轧后织物上带的染液不多，织物上带的染液质量占干布质量的百分比即带液率，通常在30%~100%。

4. 成衣染色

成衣染色常见于针织产品的染色，如袜子、内衣、毛衣等。成衣染色使用专为成衣设计的染色机（图6-7），如桨叶式染色机。

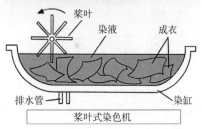

图6-7 成衣染色机及其结构示意图

四、染料种类

染料是一种可以赋予纺织品色彩的有机化合物。染料上染织物是基于染料与纤维的相互作用。在染色过程中，染料溶解或分散于染液中，并浸渍到织物上。染料分子通过吸附到纤维表面，然后通过扩散进入纤维内部。最终，染料分子与纤维发生各种化学键结合，确保染料在织物上均匀分布和长期存在。染料的持久染色效果可用各类染色牢度进行评价，如耐水洗/皂洗色牢度、耐摩擦色牢度、耐日晒色牢度和耐汗渍色牢度等。

（一）直接染料

直接染料是指能够直接与纤维素纤维发生化学结合，无须额外媒染剂的染料。直接染料通常对纤维素纤维如棉、麻（天然纤维）和黏胶纤维（人造纤维）具有较好的亲和性，也可在弱酸介质中染羊毛和蚕丝。此外，直接染料还可用于纸张和皮革的染色。目前，在棉织物的染色中，直接染料多用于棉针织物和对湿处理牢度要求较低的装饰织物，如窗帘布、汽车内饰等。

（二）活性染料

活性染料是含有活性基团的水溶性染料，能与棉、毛、丝等分子发生化学反应结合，所以经过活性染料染色的织物皂洗和摩擦牢度高。由于其可溶于水，使用方便，染色均匀，色泽鲜艳，经过多年发展，活性染料已经成为纤维素纤维染色的主要染料。

（三）还原染料

还原染料不溶于水，在碱性条件下被还原而使纤维着色，染色后经过氧化，恢复为不溶性染料而固着在纤维上。还原染料也称为士林染料，主要应用于棉等纤维素纤维染色，色谱齐全，色彩鲜艳，耐洗和耐日晒牢度高。

（四）不溶性偶氮染料

不溶性偶氮染料是由两个染料中间体，即偶合剂和显色剂，在织物上发生偶合显色反应而形成的一类不溶于水的染料。这种染料的色谱齐全，色泽鲜艳，价格低廉，皂洗牢度好，大都能耐氯漂，但一般摩擦牢度不高，且耐过氧化氢漂白的能力较差。主要用于染棉织物的深色，如蓝、红、橙、棕和紫酱为多。由于染色在碱性溶液中进行，不宜染毛、丝纤维。

（五）酸性染料

酸性染料在酸性介质中能对羊毛、蚕丝等蛋白质纤维以及聚酰胺纤维直接进行染色，色谱齐全，色泽较鲜艳，但不能染棉纤维。酸性染料分为两类：一类为匀染酸性染料，其匀染性很好，但牢度较差，需在强酸性（如硫酸）溶液中进行；另一类为耐缩绒酸性染料，不易均匀着染，可在弱酸性（如醋酸）溶液中进行。

（六）分散染料

分散染料不溶于水，染色时加入分散剂，染料以微小颗粒分散悬浮在水中。由于其疏水性，分散染料主要用于染疏水性合成纤维。染涤纶时匀染性良好，各项染色牢度都很高。

染腈纶时虽然染色牢度好，但只能染浅色。染锦纶时湿处理染色牢度不高。在染涤纶时通常用高温高压染色法，染色深透，色泽鲜艳，织物手感柔软，但生产效率低。也可使用热熔染色法，可连续性生产，生产率较高，适应大批量生产。升华牢度为分散染料的重要性能，可按升华牢度和匀染性能将分散染料进行分离。

（七）阳离子染料

阳离子染料是目前用于腈纶染色的一种重要染料。这种染料在水溶液中离解成色素阳离子，而腈纶在水中带阴离子，所以染料阳离子很快吸附在纤维表面，并在较高温度下扩散进入纤维。这种染料染腈纶时色泽鲜艳，耐日晒、耐水洗色牢度较好，染色方法简单，但易产生染色不匀，必须严格控制染色过程，使染料一开始即均匀上染。

（八）植物染料

植物染料是采用植物的根、茎、果实、花、叶、种子、皮等，提取色素作为染料。植物染色的基本原理是利用植物中的天然色素，通过化学或物理作用，使其与纺织品产生结合，从而改变纺织品的颜色。常见的植物染料包括茜草、蓼蓝、姜黄、红花、紫草、冬青等。这些植物中含有丰富的天然色素，可以提供各种各样的颜色，如红、蓝、黄、紫等。

植物染色的效果通常具有独特的自然美感，颜色柔和，质感良好。同时，由于植物染料是天然的，因此它们对人体和环境的影响较小，更加环保。然而，植物染色也有其缺点。首先，植物染料的色牢度通常较低，容易褪色或变色。其次，植物染料的色彩范围有限，不能提供像化学染料那样丰富的颜色。此外，植物染料的提取和应用过程较为复杂，成本较高。

尽管如此，随着人们对环保和健康的重视，植物染色仍然有着广阔的发展前景。通过科学的方法和技术，可改善植物染料的性能，扩大其应用范围，使其在纺织品染色中发挥更大的作用。

中国古代的植物染色技术源远流长，早在新石器时代，人们就已经开始使用植物染料对纺织品进行染色。据考古发现，距今约6000年前的仰韶文化遗址中，就出土了用植物染色的纺织品。

在古代，植物染色是一种重要的手工技艺，涉及农业、手工业、化学、艺术等多个领域。人们通过长期的实践和探索，发现了许多可以用来染色的植物，并掌握了各种染色技术。例如，古代的染坊常用的植物染料有靛蓝、茜草红、黄栌黄等。靛蓝是由靛蓝草发酵提取的，可以染出深邃的蓝色。茜草红是由茜草根部提取的，可以染出鲜艳的红色。黄栌黄是由黄栌提取的，可以染出明亮的黄色。

古代的植物染色不仅用于日常生活，也用于宫廷和礼仪。汉朝皇帝应穿着红色，但当时红色主要是用从西域引进的茜草进行染色，而茜草的稀缺使红色变得十分珍贵，所以即便龙袍是红色，当时主流服饰却是黑色。在长沙马王堆出土的珍贵丝织品中就有用茜草染色的衣物。日本天皇御用的"黄栌染御袍"染色配方也来自我国唐朝。根据记载，黄栌染御袍是以黄栌木的树皮与苏木染色而成，为中国唐朝年间由日本遣唐使传回日本。黄栌染御袍看起来不太像是"黄袍"，而更偏向赭色。事实上自隋唐以来，皇室皆以赭黄色为尊，皇帝的"黄袍"指的也都是赭色，而非清朝龙袍的明黄色。

古代的植物染色技艺在现代仍然得到传承和发展。例如，贵州的苗族、侗族等少数民族，至今仍然保留着用靛蓝染布的传统；江苏的绍兴，每年都会举办"茜草红"传统染色技艺展示活动。中国古代的植物染色是一种独特的文化遗产，它不仅体现了人们对自然的理解和利用，也体现了人们对美的追求和创造（图6-8）。

（a）植物染面料　　　　　（b）贵州侗族草木蓝染色手工涂布　　　　（c）明代皇帝赭黄袍服

图6-8　成衣染色

第二节　服装面料的印花

一、印花概述

印花和染色都是让染料和纤维产生染色效果，但两者的区别在于，染色是使织物整体、全面地染上染料，而印花则是让染料仅在织物的某个局部染色，因此，印花可以被视为局部染色。印花通常使用染料和必要的化学药品制成印花色浆，再将其印制到织物上，从而得到所需的花纹图案。通过汽蒸、焙烘将印花色浆中的染料转移到纤维上，并向纤维内部扩散，然后充分水洗织物，以去除织物上的浆料和浮色。

二、印花工艺

常见的织物印花工艺包括直接印花、拔染印花、防染印花和转移印花等。

（一）直接印花

直接印花是所有印花方法中最简单且最常用的一种。这种方法是直接将印花色浆采用手工或机器的方式印制到织物上。根据花样的需求，直接印花可以得到三种效果：白地、满地和色地。白地印花是指印花部分的面积小，白色背景部分的面积大；满地印花则是指织物的大部分面积都印有颜色；色地印花是先将织物染上底色，然后再印上花纹，这种印花方法也被称为罩印。然而，由于颜色叠加的原因，色地印花通常采用同色系，且底色较浅，花色较深。否则，颜色叠加的部分花色会显得暗淡。

（二）拔染印花

拔染印花是在已经染色的织物上，使用能够破坏底色的化学药品进行印花，使印花部分的底色被破坏，从而形成白色或其他颜色的花纹图案。拔染印花的特点是能在底色的织物上印制出非常细致的图案，获得花纹清晰、层次丰富、色彩对比强烈的效果。但是，拔染印花的工艺过程比直接印花复杂，生产成本较高，可以用作拔染的底色染料在种类上也有一定的限制。

（三）防染印花

防染印花是在未经染色或已经浸轧染液但未显色（或固色）的织物上进行印花，印花色浆中含有能阻止底色染料上染（或显色、固色）的化学药品（防染剂）。在印花后染色（或显色、固色）时，印有花纹的部分，底色不能上染（或显色、固色），从而得到白色或与底色不同的花纹。对于精致的白花或浅色花纹，如果使用直接印花，着色花纹与满地难以对准，容易发生叠印。而采用防染印花可以克服这些不足，得到轮廓清晰的花纹图案。

苗族蜡染是苗族世代相传的民间手工技艺，成品色调素雅、纹样优美，具有浓郁的民族风情和地方特色，被列入第一批国家级非物质文化遗产名录。传统蜡染是一种防染印花工艺。蜡染是用熔化后的蜡油在布面绘制花纹，以此作为防染剂，再用靛蓝浸染，除去蜡质后，布面就呈现出蓝底白花或白底蓝花的多种图案。在浸染过程中，作为防染剂的蜡自然龟裂，使布面呈现特殊的"冰纹"，成为我国民间传统蜡染面料的特征（图6-9）。

图6-9　蜡染服装和面料

（四）转移印花

转移印花是通过印刷的方式将印花油墨印在纸张或塑料基材上，形成所需的图案，然后将印好的纸张与织物重叠，使图案与织物紧密接触，再经过热压处理，图案就转印到织物上。这个过程需要一定的压力和温度，以确保图案能够成功转移到织物上。物理转移印花是利用转印纸上的热熔胶，通过热压将图案黏附到织物上。这种方法对织物纤维没有选择性，应用范围广泛，但只能转印一次，且转印的牢度较差。化学转移印花则是对纤维有选择性，柔软度和牢度都优于物理转印方法，可以进行多次转印，但颜色会逐渐变浅。转移印花的优点是用途广泛、操作方便快捷、成品率高，且不会污染环境。

（五）数码印花

数码印花是将计算机绘制的图形直接印制到织物上，即数码喷墨印花。该印花过程首先据计算机处理的数字化图形通过专用软件和喷印系统，将染料直接喷印到各种织物上，然后经过蒸化、水洗等处理，最终在各种纺织面料上获得所需的高精度印花产品。数码印花技术摆脱了传统印花需要分色、制片、制网的模拟方式，具有操作简便、效率高、无污染、投入低、回报高的特点，尤其能满足如今对服装时尚化、个性化的需求。有时数码印花也指数码转移印花，即先根据计算机图案把墨水打印到纸上，再用转移印花机械把纸上的图案转印到纺织品上。

由于数码印花具有高效率、个性化的特点，可将数码印花与如今的生成式人工智能（Gen-AI）相结合，创造出服装设计的无限可能性。利用生成式人工智能生成的设计图案，可快速地通过数码印花实现在服装上。当然，在使用生成式人工智能的同时，对于图案设计、颜色选择仍然需要符合数码印花要求（图6-10）。

图6-10 设计师利用生成式人工智能结合数码印花进行服装设计

三、印花设备

常用的印花设备包含滚筒印花机、平网印花机、转移印花机和数码印花机等（图6-11）。滚筒印花广泛应用于棉布印花，它是按照不同的花纹图案，分别在若干个铜制的印花滚筒上制成凹形花纹。雕刻好的花筒安装在滚筒印花机上。滚筒印花适用于各种花型，生产效率高，生产成本低，但印花套色数和单元花样大小有限制，织物受到的张

（a）滚筒印花机 （b）平网印花机

（c）转移印花机 （d）数码印花机

图6-11 印花设备

力也大。平网印花适用于容易变形的真丝织物、合成纤维织物和针织物的印花，优点是对单元花样大小和套色限制较少，印花花纹清晰，色泽鲜艳，但生产率较低，适用于小批量、多品种的高级织物和丝绸织物的印花。

第三节　服装面料的整理

一、整理概念及作用

织物经染色、印花后，再通过物理的或化学的方法进一步提高品质的加工过程叫作整理。

传统的织物整理着重于改善织物外观、手感、尺寸稳定性等性能，随着科技的进步，出现了众多新型整理技术，可赋予织物多种功能性。

（1）增进织物外观，例如，提高织物的白度，增进织物的光泽，具体工艺有增白、轧光、电光、剪毛及缩呢等。

（2）改善织物手感，例如，增强织物的柔软、丰满、挺括、轻薄等手感，具体工艺有柔软处理、挺括处理等。

（3）稳定织物尺寸，使织物幅宽一致和尺寸稳定，具体工艺有拉幅、机械预缩整理、热定形等。

（4）赋予织物功能性，使织物具有特殊性能，如采用化学试剂，使织物具有防水、防油、防污、防火、防霉、防蛀等功能性。

二、整理方法

织物的整理方法主要可以分为三类：物理方法、化学方法和物理化学联合法。物理方法包括利用水分、热量、压力和拉力等机械作用进行的暂时性整理，如拉幅、轧光、电光、轧纹等及耐久性整理，如起毛、剪毛、机械预缩处理等。化学方法则是通过使用化学药剂改变纤维的物理化学性质，如淀粉上浆、防水、防火、防蛀等暂时性整理，以及合成树脂上浆、拒水、防火、防皱、压烫整理等耐久性整理。物理化学联合方法则包括缩呢和耐久性的轧光、电光、轧纹等整理。需要注意的是，一个整理过程往往可以使用多种整理手段，产生多种整理效果。常见整理方法如下。

（一）轧光、电光及轧纹整理

轧光和电光的目的是提升织物的光泽，而轧纹的目的是在织物上压制出凹凸花纹，这些都是为了增强织物的美观度。轧光整理是在湿热条件下，通过轧光机对织物施加压力，将织物中的纱线压扁，将竖立的绒毛压平，使织物表面变得平滑，光泽度增强。电光整理的原理与轧光相似，但电光整理在织物表面压出许多平行斜线，这些斜线对光线进行有规则的反射，使织物看起来更加光亮夺目。轧纹整理则是利用棉纤维在湿热条件下的可塑性，通过轧纹机上的一对硬软滚筒，将织物压制出凹凸花纹。虽然轧光、电光和轧纹整理通常不耐久，但如果与树脂整理结合，可以提高其耐洗性（图6-12）。

（二）毛织物缩绒整理

缩绒整理是羊毛织物后整理工艺中的一项主要内容，其目的是提高羊毛产品的内在质量和外观效果。经过缩绒整理后，织物在长度和宽度上有一定的收缩，增加织物的厚度，使其手感更柔软、结实，保暖性能更好；织物强度高，弹性好，起球和掉毛的情况减少。经过缩绒整理的羊毛织物表面显露出一层绒毛，色泽柔和，具有独特的手感和外观（图6-13）。

（三）防水整理

通常所说的防水整理按整理后织物的透气性能可分为两类。第一类是不透气的防水整理；第二类是透气的拒水整理。拒水整理是改变纤维表面性能，使织物不易被水润湿，但能透气。拒水整理利用具有低表面能的整理剂沉积于纤维表面，使纤维表面的亲水性变为疏水性，阻止水对基布的润湿，又具有透气和透湿性，织物的手感和风格不受影响，但在水压相当大的情况下也会发生透水现象，常用于户外服、风衣等面料。防水整理通常在基布表面涂布一层不透气的连续薄膜，堵塞基布上的孔隙，借物理方法阻挡水的通过，有抗高水压渗透能力，常用作遮盖布、帐篷等。

图6-12 轧光整理机和电光整理、轧纹整理织物

图6-13 缩绒整理后的羊毛制品

GORE-TEX 是全球著名的防水纺织品品牌，其将纺织品的防水等级细分为三类，即防水（waterproof）、抗水（water resistant）、拒水（water repellent）（图6-14）。这三者有何不同？防水：最高防水等级。如果需要最顶级的保护，好让穿着者不论是碰到山区的暴风雨、市区的阵雨，还是晴天时突然的滂沱大雨都不会被淋湿，经典款的GORE-TEX系列产品可提供"防水"的最佳防护。抗水：不同于防水，无法提供100%、完全不会渗透的保护。但是，不是每天或是每个活动，都需要这样的保护。具有抗水功能的GORETEX INFINIUM可在小雨和刮风时提供保护力和舒适性。拒水：这是和前两者相辅相成的功能。在所有GORE-TEX的外套外层表面皆有防泼水功能。外套不仅采用整合式的薄膜以确保防水性，表层布料还拥有持久的拒水处理，让水分能在表面上形成水珠后并滑落，不会渗透入衣服。

图6-14 具有防水、抗水、拒水功能的GORE-TEX服装和面料

（四）抗菌整理

普通纺织品对微生物细菌或真菌等没有抑制作用，反而被认为是微生物生长的良好媒介物。因此，采用抗菌剂对织物进行抗菌整理，可提升织物防菌、防霉、防臭等性能，有益使用者健康（图6-15）。抗菌剂类型包含有机抗菌剂，如季铵盐类抗菌剂；无机抗菌剂，如银、铜等金属抗菌剂；以及天然抗菌剂，如甲壳素等。从动物中提取的甲壳素也可被作为纤维，织成面料，形成了具有天然抗菌性能的面料。

新型冠状病毒感染期间，大批相关企业研发了各类抗病毒整理剂。如新型纳米银抗菌抗病毒整理剂，可应用于聚酯纤维、聚丙烯纤维类防护用品的整理，可生产出具有杀菌、抗病毒和可再生功能的口罩、防护服等防护用品。

图6-15 抗菌抗病毒整理

本章小结

- 服装面料的染整是服装设计的重要环节，涵盖染色、印花和整理三大步骤，对提升设计的专业性和创新性，以及满足市场需求至关重要。

- 染色技术历史悠久，从天然染色发展到现代先进工艺。色彩的产生涉及光的性质，染料种类多样，如活性染料、还原染料等，各有特点和应用范围。

- 印花是局部染色，工艺包括直接印花、拔染印花、防染印花等，设备有滚筒印花机、平网印花机等。数码印花技术结合了计算机技术，具有高效、个性化的特点。

- 整理是进一步提高面料品质的过程，包括物理、化学和物理化学联合方法。整理可增进外观、改善手感、稳定尺寸，并赋予功能性。

- 服装面料的染整是一个综合性的技术过程，需要灵活运用各种染色、印花和整理技术，以满足不同面料和设计的需求，最终生产出高品质、符合市场需求的服装。

思考与练习

1. 不同的染色技术（如直接染色、活性染色、分散染色等）对面料的色泽、牢度和手感有何影响？

2. 当代印花技术有哪些创新点？这些创新如何影响服装设计？

3. 染整过程中如何减少对环境的影响？有哪些环保染料和技术可供选择？

4. 如何通过整理技术改善面料的性能和外观，满足不同的设计需求？

5. 如何将染整工艺与服装设计相结合，创造出既符合市场需求又具有艺术价值的作品？

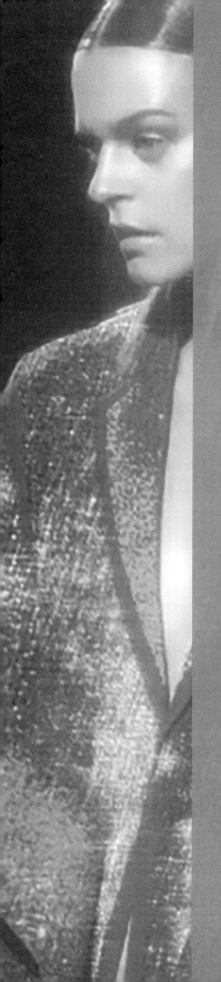

第七章

可持续服装材料

课题名称：可持续服装材料

课题内容：1.可持续发展的由来及概念

2.生物质服装材料

3.可回收服装材料

上课时数：4课时

训练目的：深入了解可持续服装材料的发展历史、定义及分类（生
物质材料和可回收材料），掌握各类可持续服装材料的特
性与应用，以提升对环保时尚的认知，推动服装产业向
更绿色、可持续的方向发展。

教学要求：1.理解可持续服装材料的概念与发展。

2.掌握可持续服装材料的分类与特点。

3.深入分析生物质服装材料。

4.探讨可回收服装材料的循环利用。

5.培养可持续时尚意识。

课前准备：阅读可持续时尚与服装面料可持续性相关的专业书籍、
文献和报告，了解国内外最新研究成果与实践案例。

随着全球环境保护意识的日益增强，可持续时尚已成为行业发展的重要趋势。可持续服装材料作为其核心组成部分，正逐步引领时尚产业的变革。可持续概念的提出，旨在实现资源的合理利用与环境的长期保护。生物基材料以其可再生、生物降解的特性，成为时尚界的新宠；而可回收材料的循环利用，则有效减少了资源浪费。设计师们通过巧妙运用这些可持续材料，不仅创造出独特且时尚的作品，更展现了他们对环境保护的深切承诺。未来，可持续服装材料将持续创新，推动时尚产业迈向更加绿色、健康的发展道路。

第一节　可持续发展的由来及概念

一、可持续服装材料的发展历史

当今社会，随着消费者意识的觉醒和全球对环境保护要求的提高，可持续性已日益成为服装产业中一个重要的议题。传统的服装生产方式，从原材料的获取到生产过程中的高能耗、高污染，再到产品末端的废弃，都对环境造成了巨大的负担。不可降解材料的堆积、化学染料的使用、水资源的大量消耗，这些问题都迫切需要解决。此外，随着全球化的深入，服装产业的社会影响也日益凸显，工人权益、公平贸易等方面的问题同样需要关注。因此，向可持续服装材料的转型不仅是对环境责任的回应，也是对社会伦理的考量。

"可持续时尚"概念早在1962年就已经由美国生物学家蕾切尔·卡逊（Rachel Carson）在其《寂静的春天》一书中被提出。20世纪60~70年代，环保运动的兴起带动了对生产和消费模式的反思，其中包括服装产业。这一时期，公众开始关注化学物质对环境的影响，对天然和有机材料的需求逐渐增长。20世纪80~90年代，环境问题逐渐受到全球关注，可持续发展成为国际议程的一部分。在这一背景下，时尚产业中的一部分人开始探索如何减少生产过程中的环境影响，比如使用可再生材料和改善工厂条件。

到21世纪初，以飒拉（ZARA）等快时尚行业逐步兴起。这种模式依靠快速生产、大量生产和快速周转，能够以较低的价格将时尚趋势从T台迅速带到大众市场。快时尚的成功在于其能够满足消费者对时尚新潮、价格亲民且即时满足的需求，但随之而来的是对环境的巨大影响和对劳工权益的忽视。随着全球变暖和环境退化问题的加剧，以及社会对于伦理消费的关注增加，可持续时尚开始引领新潮流。各大品牌、设计师和消费者开始寻求更为环保的材料，如有机棉和再生纤维，以及更加公平和透明的生产链。近十年来，可持续时尚从边缘走向主流，大型时尚品牌和零售商开始宣布其可持续发展目标，推出可持续系列产品，并采取措施减少碳足迹和水足迹。同时，随着数字技术的发展，线上平台和社交媒体促进了对可持续时尚的教育和传播。

如今，各大设计师和品牌、公益组织、基金会等在推动可持续时尚理念和实践方面发挥了重要作用。世界各地的时尚学院开始设立可持续时尚相关课程，研究如何将可持续性融入时尚设计、生产和营销中。各国政府和国际组织开始制定相关政策和标准，鼓励服装产业的可持续发展，如限制有害化学物质的使用，促进工人权利等。

然而，尽管可持续服装材料的好处显而易见，但其发展和普及仍面临诸多挑战。成本问题、消费者认知、技术限制、供应链的复杂性等，都是制约可持续服装材料发展的关键因素。通过对可持续服装材料的深入了解，激发更多的设计师、生产商以及消费者对于环境友好型服装的兴趣和责任感，共同推动服装产业向更加绿色、可持续的方向发展。

随着可持续发展理念的普及，全球越来越多的服装企业开始致力于使用可持续服装材料，推动产业向更环保、更负责任的方向发展。代表性的有：优衣库（Uniqlo），自2012年启动全商品回收再利用项目，已经让约360万件旧衣的生命得以延续，超过30万户家庭得到帮助；路易威登（Louis Vuitton），推出使用可持续奈亚（Naia）醋酸纤维素纤维纱线制作的连衣裙，奈亚纱线由天然木浆制成，对环境影响微小。添柏岚（Timberland），与英国设计师克里斯托弗·雷伯恩（Christopher Raeburn）合作推出环保联名系列，其中的夹克由废弃军用降落伞材料制成，体现了"重塑"设计理念的三个核心——重新塑造、减少浪费、循环利用；健乐士（GEOX），推出循环星云（Recycle NEBULA）系列运动鞋，每双鞋面使用的聚酯纱线都由2.5个回收塑料瓶制成（图7-1）。

（a）优衣库店面旧衣回收箱　　（b）健乐士回收塑料瓶制成的运动鞋　　（c）社区旧衣回收箱

图7-1　回收服装

二、可持续服装材料的定义

可持续服装材料是指在其整个生命周期中，从原材料的采集、加工、生产，到最终的使用和处置，都尽可能减少对环境的负面影响，并且能够支持社会发展目标的服装材料。这些材料旨在通过优化资源使用和生产流程，减轻对生态系统的压力，同时提高生产效率和材料的再利用率。可持续服装材料的定义不仅涵盖了环境维度，也包括了经济和社会维度。

（一）环境维度

可持续服装材料的生产和使用过程应尽量减少对自然资源的消耗，包括水资源等能源和土地资源。此外，它们能够在生命周期结束后通过回收、再利用或生物降解等方式，减少废物对环境的影响。这要求材料在生产过程中减少温室气体排放，限制有害化学物质的使用，以及采用对环境更加友好的生产和加工技术。

（二）经济维度

可持续服装材料应支持服装产业的长期发展，包括提高材料的经济效益，如降低生产成本、延长服装寿命以及增强产品的市场竞争力。此外，应保证生产过程中工人的权益，包括合理的工资、安全的工作环境及社会保障，以促进服装产业可持续发展。

（三）社会维度

强调可持续服装材料应当促进社会正义和公平，促进全球供应链中的公平交易，以及增强消费者对可持续生产和消费模式的认知和接受度。通过教育和宣传，提高公众对环境保护的意识，鼓励更多消费者选择可持续服装，从而形成一种积极的消费文化和生产模式。

近年来，中国服装界日益重视可持续性。例如，斯塔夫欧尼（Staffonly），是由周师墨与温雅于2015年在伦敦创立的品牌，运用回收塑料瓶制成的涤纶面料，展现环保且独特的光泽感。同时，该品牌还采用Sorona®纤维面料，以玉米淀粉中的葡萄糖为可再生原料，穿着舒适且环保。Susan Fang，2017年由中央圣马丁艺术与设计学院毕业生方妍楠创立，以其独特的"空气编织"面料技术著称，通过条状切割减少浪费，并重新利用布条于新品。其鞋品采用可降解TPU材料，包装亦用缎带，减少织物浪费。PH5从2017年秋冬系列开始，每个系列至少有30%的产品使用环保纱线。张娜创办了RE-FABRIC LAB面料实验室，采用环保面料。之禾集团基于"天人合一"的哲学，采用顺应自然的制作方式和生活方式（图7-2）。

（a）Staffonly 2020秋冬系列　　（b）Susan Fang　　（c）PH5 2021早春系列　　（d）PH5 2021和设计师张娜

图7-2　使用可持续材料的设计作品

三、可持续服装材料的分类

将可持续服装材料分为生物质材料和可回收材料是一种常见且有助于理解的分类方式。这种分类不仅反映了材料的来源和生产过程，还体现了可持续性的特点。生物质材料是指来源于生物资源，如植物、动物或微生物的材料，这些材料可以是天然存在的，也可以通过生物技术加工改造得到。生物质材料通常具有可再生、生物可降解的特性，对环境的影响相对较小。常见的生物质服装材料包含竹纤维、甲壳素纤维、聚乳酸纤维、生物基聚酰胺纤维、聚羟基烷酸酯（PHA，可降解塑料）、生物基聚酯纤维等。可回收材料指的是那些可以从废弃物中回收并重新加工使用的材料，如再生聚酯纤维、回收锦纶、回收棉纤维、回收羊毛纤维等。这类材料有助于减少垃圾填埋和资源的消耗，支持循环经济的发展。

第二节　生物质服装材料

一、生物质服装材料概述

生物质材料是指来源于生物资源的材料，这些材料可以是植物、动物或微生物。与传统的基于石油化工的材料不同，生物质材料通常是可再生的，并且在其生命周期结束后可以通过自然过程分解，从而减少对环境的影响。在服装行业中，生物质材料的应用主要集中在以下几个方面。

首先，来源于植物的生物质材料如有机棉纤维、麻纤维、竹纤维和蚕丝，它们源于自然，并注重在生产过程中减少对环境的破坏。例如，有机棉的生产不使用化学肥料和农药，对土壤和水源的污染较小。

其次，来源于蛋白质的生物质材料，如大豆蛋白纤维和微生物纺织品，它们不仅来源于可持续的生物资源，还能够提供新的性能和美学特性。例如，由菌丝体制成的纺织品，它们完全可降解且具有独特的质感和外观。

最后，生物基聚合物，如聚乳酸（PLA）纤维，是用可再生植物资源（如玉米）中提取出来的原料制成。这种材料在服装中的应用为环境带来了双重好处：减少了对石油基原料的依赖，同时在产品的生命周期结束后，它们可以通过工业堆肥过程降解，大大降低对环境的污染。

二、来源于植物的生物质服装材料

（一）有机棉

有机棉是一种纯天然无污染的棉花。在农业生产中，有机棉的种植依赖于有机肥料和生物防治病虫害，而不使用化学制品。这种耕作管理方式保持了生产过程的无污染状态，使得有机棉具有生态、绿色、环保的特性。有机棉织成的织物不仅光泽亮丽、手感柔软，还具有优良的回弹性和耐磨性。此外，有机棉还具有抗菌和防臭的性能，能够缓解过敏症状，减轻皮肤不适，特别适合儿童皮肤护理。夏季使用时，有机棉还能带来特别的凉爽感。

（二）菠萝纤维

菠萝纤维也称为凤梨麻，是从菠萝叶片中提取的一种天然纤维。它由多个纤维束紧密结合而成，每个纤维束由10~20根单纤维细胞组成。菠萝纤维的表面粗糙，有纵向缝隙和孔洞，横向有枝节，但没有天然扭曲。单纤维细胞呈圆筒形，两端尖锐，表面光滑，具有线状中腔。菠萝纤维的外观洁白，质地柔软爽滑，手感类似蚕丝，因此，有时也被称为菠萝丝。经过深加工处理后，菠萝纤维可以与天然纤维或合成纤维混纺，制成的织物容易印染，具有良好的吸汗透气性能，挺括不易起皱，穿着舒适。

　　有机棉因其环保和可持续性特点，已经被许多设计师和品牌所采用。美国品牌艾琳·费舍尔（Eileen Fisher）从2020年开始，将其使用的棉和麻原材料完全替换为有机种植的棉和麻。艾琳·费舍尔还推出了不再浪费（Waste No More）二手服装转售平台，以支持可持续时尚。美国的服装品牌Pact，致力于确保其整个供应链，从有机棉的种植和收获到最后的缝制以及其间的所有过程，都尽可能干净和环保。契约（Pact）推崇非转基因棉花，提供碳抵消运输，以实现可持续时尚。英国设计师斯特拉·麦卡特尼（Stella McCartney）长期致力于可持续时尚，她的品牌创造了多种环保材料，并将其应用于产品中。如图7-3所示展示了设计师们如何通过选择有机棉等可持续材料，来减少对环境的影响并推动时尚行业向更绿色的未来发展（图7-3）。

（a）美国服装品牌 Eileen Fisher 设计服装　　（b）美国服装品牌　　（c）英国设计师 Stella McCartney 设计
　　　　　　　　　　　　　　　　　　　　　　　Pact 服装　　　　　　　的 2021 秋冬系列服装

图7-3　美国品牌 Eileen Fisher、Pact 服装和英国设计师 Stella McCartney 2021 秋冬系列服装

　　菠萝纤维在东南亚国家发展较快，特别是在菲律宾，菠萝纤维加工而成的衣服被称为巴隆他加禄，是菲律宾的国服（图7-4）。菠萝纤维面料的特点包括易于上色、色牢度高、吸汗透气，特别适合夏天穿着，且面料的韧性比传统棉纤维强，因此，面料挺括，不易起皱。

　　此外，菠萝纤维还可用于工业领域，如生产针刺非织造布，这种非织造布可用作土工布，用于水库、河坝的加固防护。由于菠萝纤维纱比棉纱强力高且毛羽多，因此，菠萝纤维也是生产橡胶运输带的帘子布、三角带芯线的理想材料。菠萝纤维还可用于造纸、强力塑料、屋顶材料、绳索、渔网及编织工艺品等。

　　全球有丰富的菠萝纤维资源，但由于尚未得到充分利用而大部分成为农业废料。对菠萝纤维进一步的开发利用，印度、日本、菲律宾等国已经进行了研究，并取得了一些突破性进展。这些研究主要集中在纤维的力学性能、表面改性及纤维增强复合材料等方

图7-4　由菠萝纤维制成的菲律宾的
国服巴隆他加禄

面，并有待于进一步深化。菠萝纤维的开发应用前景广阔，值得进一步探索和开发。

（三）香蕉纤维

香蕉纤维是一种天然纤维，主要由香蕉茎秆中的纤维素、半纤维素和木质素组成。这种纤维通过特殊的处理工艺制成，具有质量轻、光泽好、吸水性高、抗菌性强、易降解且环保等特点。在制取过程中，香蕉茎秆经过干燥、精练、解纤等步骤，最终形成可用于棉纺的纤维。这一过程可能包括生物酶和化学氧化联合处理，以及化学脱胶，以提高纤维的细度和适用性。

香蕉纤维的应用范围相当广泛，可以用于制作家庭用品，如窗帘、毛巾、床单等。此外，手工剥制的纤维可用于生产手提包和其他装饰用品。在纺织领域，香蕉纤维和棉纤维的混纺织物可用于制作牛仔服、网球服以及外套等，目前香蕉纤维的混纺率为30%，混纺纤维是7~12支的粗支纱，还有进一步开发细支纱和100%香蕉纤维的潜力。日本在香蕉纤维的研究开发方面走在了前列，印度和中国等具有丰富香蕉资源的国家也在进行大量研究和产品开发，并取得了一定的进展。香蕉纤维的成功制取不仅扩展了香蕉茎秆的应用，同时也缓解了国际天然纤维短缺的问题。因此，香蕉纤维是一种具有良好经济和社会效益的新型环保天然纤维材料。

（四）咖啡纤维

咖啡纤维，也称为咖啡碳纤维，是一种利用咖啡渣作为原料制成的功能性纤维（图7-5）。在制备过程中，咖啡渣经过煅烧制成晶体，再研磨成纳米粉体，最后加入涤纶纤维中，形成一种具有多种功能的涤纶短纤维。这种纤维保持了咖啡碳纤维的抑菌除臭、发散负离子、抗紫外线等特性，同时，通过材料设计优化，使面料的手感效果、肌肤触感、材料组合性价比等得到提升。在光线照射下，咖啡纤维面料的升温幅度高于普通涤纶纤维，可提供更好的保暖效果。

图7-5　咖啡纤维纱线

（五）海藻纤维

海藻纤维是一种从海洋中的棕色藻类植物提取的海藻酸为原料制得的人造纤维。这种纤维具有多种独特的性能，如高回潮率、舒适度好、抑菌性能优良、天然阻燃性能、止血与促进伤口愈合性能好、防霉性能优良、可降解性等。海藻纤维的制备过程包括海藻多糖的提取和多糖制备纤维两个主要步骤。

海藻纤维的应用领域广泛，包括军用和民用领域。在军用领域，它可以用于制作防护服、救援服、止血急救材料等。在民用领域，海藻纤维可用于制作内衣、运动服、西装面料、毛衫、袜类、手套、窗帘、家具罩、床上用品等多种纺织产品。此外，它也适用于医用产品和护理用产品，如医用敷料、面膜、湿巾、纸尿裤等。

三、蛋白质类生物质服装材料

（一）牛奶蛋白纤维

牛奶蛋白纤维也被称为牛奶丝，是一种新型的动物蛋白纤维。它是以牛乳为基本原料，通过脱水、脱油、脱脂、分离和提纯的过程，将乳酪蛋白转化为具有线型大分子结构的形式。然后，这些乳酪蛋白与聚丙烯腈等高分子材料通过共混、交联、接枝等高科技手段制备成纺丝原液。最终，通过湿法纺丝工艺成纤、固化、牵伸、干燥、卷曲、定型等步骤制成纤维。

牛奶蛋白纤维具有细腻柔滑的手感、自然的光泽以及良好的透气性和导湿性，能够保持肌肤干爽。牛奶丝还拥有接近羊绒的保暖性，天然的抗菌功能，并且耐磨性和抗起球性优于羊绒，成为高档服装和家纺产品的理想选择。此外，牛奶丝的色牢度高，易于洗涤和保养，是一种集天然纤维优点和化学纤维特性于一身的新型环保材料。

牛奶蛋白纤维可以纯纺，也可以与其他天然或合成纤维混纺，制成各种高档内衣、衬衫、家居服饰、T恤、牛奶羊绒裙、休闲装、家纺用品等。它不仅结合了天然纤维的优点，还具有化学纤维的特性，因此在纺织品市场上具有很好的发展前景。

（二）甲壳素纤维

甲壳素纤维，也称壳聚糖纤维，是一种由天然高分子甲壳素制成的生物质纤维，主要来源于甲壳类动物如虾和蟹的外壳。甲壳素是地球上数量第二多的天然有机高分子，仅次于纤维素，且是除蛋白质外数量最大的含氮天然有机化合物。甲壳素纤维广泛存在于甲壳纲动物虾和蟹的甲壳、昆虫的甲壳、真菌（酵母、霉菌、蘑菇）的细胞壁中。在工业上，甲壳素纤维可以通过化学或生物工程方法从这些生物资源中提取和加工，甲壳素纤维具有优异的生物相容性、生物可降解性和抗菌特性。它的机械性能较强，可用于制造多种生物医学和环保材料，如伤口敷料和食品包装，是一种具有广泛应用前景的可持续发展材料。由于甲壳素纤维独特的性质，在纺织、医疗、环保等领域展现出巨大的潜力和价值。

甲壳素纤维在服装领域的应用主要利用其天然的抗菌性和生物相容性。甲壳素纤维可以用于制作具有抗菌功能的纺织品，如内衣、袜子、床上用品等。这些纺织品能有效抑制细菌的生长，提供更健康的穿着体验。甲壳素纤维可用于制作医用敷料，如绷带、纱布等，有助于伤口的快速愈合。甲壳素作为织物的整理剂，可以改善织物的洗涤性能，减少皱缩率，防毡缩，增强可染性，提高染料对织物的染色效果和色牢度。用甲壳素制作的无纺布加工成的生物衣具有吸水、抗菌等功能，适合作为保健针织内衣、婴幼儿服装等产品材料。甲壳素纤维的这些应用不仅提升了纺织品的功能性，也推动了纺织工业向更环保、更健康的方向发展。

四、生物聚合物服装材料

（一）聚乳酸纤维（PLA）

聚乳酸纤维是一种由可再生资源制成的合成纤维，通常以玉米、小麦等为原料。这种纤维因其来源于自然，且在自然环境中能够生物降解而受到青睐。聚乳酸纤维在土壤或海水中可以被微生物分解为二氧化碳和水，不会造成污染，实现碳循环，是一种可持续发展的生态纤维（图7-6）。

在生产过程中，聚乳酸纤维通常采用高光学纯度左旋聚乳酸（PLLA）为原料，通过熔融纺、溶液纺、干法纺等不同的纺丝工艺制备而成。熔融纺聚乳酸

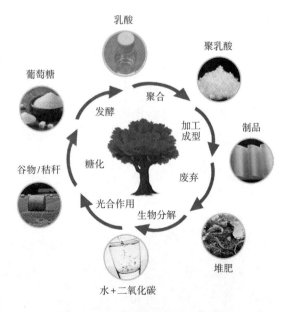

图7-6　聚乳酸纤维的可持续循环使用

纤维可用于服装、家纺等领域，具有良好的可纺性。经过适当改性，聚乳酸纤维还可以获得阻燃和天然抑菌的特性。聚乳酸纤维的物理性能接近聚酯纤维（PET），具有高结晶性和高透明性，疏水性较高，但聚乳酸纤维不耐高温，不耐碱（图7-6）。

聚乳酸纤维具有良好的力学性能和耐久性，适合制作各种服装。聚乳酸纤维还具有良好的导湿性和透气性，提供舒适的穿着体验；抗紫外线和抗菌性，使其适用于户外服装和卫生用品。聚乳酸针织物除了具有导湿性外，还具有良好的尺寸稳定性，适合夏季运动服和T恤衫。聚乳酸纤维也可用于装饰用纺织品，如床单、被罩、窗帘、地毯等，其高强度和阻燃特性使其在这些领域有广泛应用。聚乳酸纤维的生物相容性使其适用于医疗领域，如手术缝合线、伤口敷料等。聚乳酸纤维以其环保性和功能性特点，在服装行业中展现出巨大的潜力和价值。

聚乳酸纤维在服装设计领域的运用已见成效。运动品牌特步推出的聚乳酸T恤，其聚乳酸成分占比达到60%，展示了如何将生物基材料应用于日常服装，同时践行可持续时尚的理念。特步还推出了全球首款聚乳酸风衣，该产品面料中聚乳酸成分的比例为19%，并在后续产品中将这一比例提升，体现了聚乳酸纤维在高端服装设计中的应用潜力。

香港理工大学的时装及纺织学院在聚乳酸服装设计方面进行了一系列的研究和探索。例如，在聚乳酸纤维中添加聚丁酸戊酸酯（PHBV），提升聚乳酸纤维的抗菌性能。他们还研发了具有优异吸湿快干性能的聚乳酸面料，并应用到学生校服设计中，该可持续吸湿快干面料及服装系列获得了"TechConnect世界创新大赛"创新奖（图7-7）。

（a）特步聚乳酸T恤　（b）特步聚乳酸风衣　（c）香港理工大学的吸湿快干面料校服

图7-7　聚乳酸纤维的应用

（二）聚羟基脂肪酸酯（PHA）纤维

聚羟基脂肪酸酯纤维是一种由微生物发酵得到的天然高分子材料。聚羟基脂肪酸酯纤维具有多样化的性能，可以通过改变菌种、给料、发酵过程来调整其组成，从而满足不同的应用需求。聚羟基脂肪酸酯纤维的特点包括优良的热塑加工性、生物相容性和生物可降解性，被认为是一种绿色环保型高分子材料。

聚羟基脂肪酸酯纤维的优势在于其生物来源、生物可降解性以及可调控的物理化学性能。它们在医疗、包装以及能源等多个领域都有广阔的应用前景。其中，含有聚丁酸戊酸酯（PHBV）的纤维，能够破坏细菌等微生物的细胞壁和病毒的胞膜，使其内容物外泄，致使代谢失衡，从而抑制细菌滋生和灭活病毒，达到抗菌抗病毒效果。但该类纤维的疏水性强、热稳定性差、加工窗口窄、成本高等缺点制约了它的进一步发展。通过与其他生物基可降解高分子，如聚乳酸、透明质酸（HA）、壳聚糖（CS）等进行共混，可以有效改善这些问题。

（三）生物基聚酰胺（PA）和生物基聚酯（PTT、PEF）纤维

该类生物基纤维是利用生物资源生产的合成纤维，它们在性能和应用上与传统的石化基合成纤维类似，但在生产过程中采用了可再生生物质作为部分原料，这有助于降低碳足迹和环境影响。然而，尽管这些材料基于生物原料，它们的生物降解性能仍受到化学结构的限制。

生物基聚酰胺纤维，通常称为生物基尼龙，是一种采用部分或全部来自可再生生物资源的单体制成的合成纤维。这些纤维通过将传统石油基化学品替换为植物或其他生物质资源，实现了对可持续材料的创新使用。生物基聚酰胺在化学结构上与传统的尼龙相似，因此，保持了尼龙纤维诸多优良的物理性能，如高强度、良好的耐磨性和弹性。

生物基聚对苯二甲酸丙二醇酯（PTT）纤维的制备涉及使用生物基的 1，3–丙二醇（PDO），这是一种可以通过生物法从谷物等农产品中生产的单体。PDO 与对苯二甲酸（PTA）（或其酯）进行缩聚制得 PTT。这种纤维因其卓越的弹性和柔软手感而备受青睐，特别是在服装和家纺产品中。它提供了优越的回弹性、低拉伸模量和高断裂伸长率，使该材料在某些应用中比其他聚酯纤维表现更优。尽管生物基 PTT 在生产过程中减少了对化学燃料的依赖，但它本身并不具备生物可降解性，因此在产品生命周期结束后的环境处理上存在挑战。

此外，PEF 纤维则是使用生物基聚 2，5–呋喃二甲酸和乙二醇制成的另一种聚酯。聚 2，5–呋喃二甲酸可以从天然生物质如淀粉或纤维素通过生物发酵或化学方法得到。PEF 纤维在性能上与传统的涤纶相似，具有相近的熔点和玻璃化转变温度，但其生物基的来源为其带来了额外的环保优势。尽管 PEF 具有一定程度的生物降解性，但其降解速率较慢，按照目前的生物可降解标准，它并不适合作为可堆肥的材料。

总之，这些生物基合成纤维虽在源头上通过使用生物原料减少了对非再生资源的依赖，

从而具有较低的环境影响，但它们的高结晶度和优异的热学性能限制了它们的生物降解性能。在推动可持续发展的同时，这些材料的回收和最终处置仍然是一个需要解决的重要问题。

第三节 可回收服装材料

一、可回收服装材料概述

可回收服装材料是指在服装的生命周期结束后，可以通过特定的回收过程重新利用的材料。这类材料的引入，旨在减少环境污染和资源的浪费，同时推动时尚产业向更加可持续的方向发展。它们通常由有机或回收材料制成，这意味着在生产过程中使用的自然资源和能源数量较少，从而降低了整个生产过程的碳足迹。

在回收过程中，物理回收和化学回收是两种主要的方法。物理回收涉及使用机械手段分解或粉碎纺织品，然后将其重新纺制成新的纤维。这种方法适用于多种材料，如棉纤维、羊毛纤维和某些合成纤维。而化学回收则是一个更为复杂的过程，它涉及使用化学物质将纺织品分解成其原始的化学成分。这些成分随后可以被用来制造新的纤维或其他产品。化学回收通常用于那些不能通过物理方法回收的材料，如聚酯。

物理回收和化学回收的主要区别在于处理过程和使用的材料类型。物理回收通常更简单、成本较低，但可能无法恢复原材料的全部性能。化学回收虽然成本更高、过程更复杂，但它能够保留更多的原始材料特性，甚至可以处理混合材料。随着技术的进步，化学回收变得越来越可行，为可持续时尚增加了新的可能性。

二、可回收天然纤维

（一）可回收棉纤维

棉布回收再利用是一个将废旧棉布转化为有价值资源的过程，它不仅有助于环境保护，还能促进资源的可持续使用。这个过程大致可以分为以下几个步骤：首先，废旧棉布通过各种渠道被收集起来，这可能包括捐赠箱、回收站或其他收集点。然后，这些棉布会被运送到回收处理中心，进行清洗和消毒，以确保它们在再利用过程中是安全和卫生的。接下来，干净的棉布会被分类和剪裁，去除不能使用的部分。之后，它们会被送到专门的回收工厂，在那里通过机械加工将其撕成小片，然后通过开松机将纤维打散，最终加工成再生纤维。这些再生纤维可以用于织造新的纺织品，如毛巾、床单或其他棉制品。

我国是全球第一纺织大国，纺织纤维加工总量占全球的50%以上。随着人均纤维消费量不断增加，我国每年产生大量废旧纺织品。废旧纺织品循环利用对节约资源、减污降碳具有重要意义。通过这样的回收利用，废旧棉布得到了新生，变成了有用的资源，而不是简单地被丢弃或焚烧，从而减少了对环境的负担，并支持了循环经济的发展。

回收棉应用于服装，成为可持续时尚的新亮点。凯文·杰曼尼耶（Kevin Germanier），这位中央圣马丁毕业生创立的品牌，以全可回收材料重塑时尚。其作品兼具实用与华丽，灵感源自未来主义，创作出雕塑感十足的亮片夹克和连衣裙。他巧妙利用废弃珠子，创作出独特设计，受到雷迪·卡卡（Lady Gaga）等名人青睐，推动奢华可持续时尚风潮。克里斯托弗·雷伯恩（Christopher Raeburn）与添柏岚（Timberland）合作推出的环保联名系列，体现了他的"重塑"设计理念，即重新塑造、减少浪费、循环利用。联名系列中的夹克就是由废弃军用降落伞材料制成（图7-8）。艾琳·费舍尔是美国的环保时尚品牌，推出了不再浪费二手服装转售平台，回收了超过100万件艾琳·费舍尔的二手衣物，支持可持续发展。这些案例展示了回收棉在服装设计中的多样性和创造力，以及它在推动时尚产业可持续发展方面的潜力。

（a）Kevin Germanier设计服装 　（b）Christopher Raeburn与
Timberland合作推出环保联名系列

图7-8　回收棉的应用

（二）可回收羊毛纤维

羊毛的回收利用类似棉布，将废旧羊毛通过各种渠道被收集起来，并进行清洗和消毒。分类和剪裁后，通过机械加工将其撕成小片，然后通过开松机将纤维打散，最终加工成再生羊毛纤维。这些再生纤维可以用于织造新的纺织品，如毛衣、地毯或其他羊毛制品。在整个过程中，可能会面临一些挑战，再生羊毛在重新纺成纱线之前，需要将羊毛纤维撕开，这一步骤会使得纤维略短于初剪羊毛。为了维持其完整性，通常需要将再生羊毛纤维与聚酯纤维或初剪羊毛混纺。

废羊毛的再利用不仅限于传统的纺织品，还可以用于制造保温隔音材料，增强复合材料，或吸附材料来净化依赖于纤维特性的污染水。从废羊毛中提取的角蛋白还可以用于生产功能性整理剂、有机肥料、再生蛋白膜/纤维或智能可穿戴电子设备等高价值产品。

许多品牌开始采用再生羊毛，以减少对新鲜羊绒的需求，同时关注动物权益。革新（Reformation）和巴塔哥尼亚（Patagonia）等知名的时尚品牌，已经开始采用再生羊绒，这意味着羊毛衫、围巾和大衣等羊绒制品的制作材料不再依赖于新鲜的羊绒纤维。再生羊绒通过回收和再加工旧羊绒制品，避免了对新鲜羊绒的需求，从而减轻了对动物的压力。马罗（Malo）是意大利奢侈羊绒品牌，它推出的可持续项目，希望马罗的服装能够在消费者的衣橱中保存数十年。为此，他们从米兰和罗马的门店开始，推出过季服装回收再利用服务，帮助服装重获新生，延长使用寿命。日本毛纺生产商三星毛坊厂发起的再生羊毛（Rebirth WOOL）项目，回收100%羊毛或羊毛混纺服装、配饰等物品。回收再生的羊毛制作成包袋、针织帽、毛毯、围巾等产品，多次回收后的羊毛面料则会被制作成地毯（图7-9）。

（a）Malo羊毛衫　　　　　　　　（b）Rebirth WOOL 回收羊毛

图7-9　Malo羊毛衫和Rebirth WOOL 回收羊毛

三、可回收化学纤维

（一）可回收聚酯纤维

可回收聚酯纤维也称为再生聚酯纤维，是一种通过回收和再加工聚酯材料制成的纤维，其中不仅包含来自废旧服装中的聚酯纤维，还包含在其他废旧塑料中的聚酯材料，如塑料瓶。这种纤维的生产过程不仅有助于减少废物和环境污染，还能节约资源，并减少对原油等不可再生资源的依赖。

再生聚酯纤维的生产主要通过物理法和化学法两种方法。物理法是将废旧聚酯材料经过分拣、清洗、干燥后直接进行熔融纺丝的再生方法。这种方法技术简单、成本较低，但可能无法恢复原材料的全部性能。化学法则是利用化学反应将废旧聚酯材料解聚为单体或中间体，经过提纯分离后进行再聚合和熔融纺丝。化学法可以实现废弃聚酯的完全循环再生利用，对废旧聚酯的分拣、清洗要求较低，适用于回收利用更复杂的聚酯产品。

再生聚酯纤维的应用非常广泛，它不仅可以用于制作服装、家纺产品，还可以用于工业用布、非织造布、打包带等。此外，通过原液着色技术，在制造原料中混入着色剂，使纤维生成的同时已经带了颜色，省去了后续的印染过程，减少了废液排放对水环境的污染。

优衣库是服装行业中使用可再生聚酯纤维的典型例子。他们通过创新技术，将废弃塑料瓶转化为再生聚酯纤维，用于制造服装。例如，优衣库在2022年秋冬系列中推出了使用100%再生聚酯纤维制成的摇粒绒，并将再生聚酯纤维应用到更多品类的商品中，包括裤装、夹克、女装休闲西装、针织衫、开衫等。这些举措不仅促进了资源的循环利用，还降低了服装生产对环境的负担。PCYCL是一个可持续男装品牌，他们在原材料选择和生产过程中都坚持了"绿色配方"。他们使用了经过认证的有机棉、再生聚酯纤维、羊毛和PFC-free（无氟）防水织物，大多数服装的拉链也是由PET再生塑料制成。除此之外，PCYCL品牌服装的吊牌也来自可持续森林的木料，由天然大豆油墨印刷，商品包装也完全不含任何塑料。菲尼斯特雷（Finisterre）是一个英国的可持续户外运动品牌，出于对海洋环境的保护，他们研发了世界首款100%可循环再利用的潜水服。这款潜水服在保暖性上优于普通潜水服，但舒适性还有待提高。菲尼斯特雷的目标是继续研发出更完善的第二代可循环潜水服，并计划推出开源设计项目，以促进整个潜水服行业的可持续发展（图7-10）。

（a）优衣库再生聚酯服装　　（b）PCYCL可持续男装　　（c）Finisterre可循环再利用潜水服

图7-10　几种使用化学回收材料的服装设计

（二）可回收聚酰胺纤维

可回收聚酰胺纤维，即可回收尼龙纤维，也称为再生尼龙，是一种可通过回收利用减少环境影响的纤维。它通常由生产过程中废弃的尼龙废丝、废料块、边角料等及渔网、地毯和工业废料作为原料进行回收。这些原料可以通过物理法或化学法进行回收，但由于聚酰胺的特征官能团反应活性较高，物理法回收时容易发生热降解，因此对废料的纯净度要求较高。化学法回收则是更常见的方法，将聚酰胺解聚成单体，然后再重新聚合制成纤维。例如，巴斯夫公司开发了一种闭环循环再生体系，可以将聚酰胺6（PA6）废料解聚成己内酰胺单体，再通过聚合和纺丝过程制成再生聚酰胺6纤维。此外，再生聚酰胺纤维的生产过程和使用也与全球回收标准（GRS认证）相关联，这是一个第三方认证标准，确保了回收材料的可追溯性、环境保护、社会责任等方面的要求。这些再生纤维不仅有助于减少废弃物和资源的消耗，而且在性能上可以媲美原生产品，为纺织品行业提供了一种可持续的材料选择。

> 普拉达再生尼龙（Prada Re-Nylon）系列是普拉达（Prada）品牌的一个环保项目，旨在将所有普拉达的原生尼龙转换为再生尼龙。这个系列包括包袋、鞋子及首次推出的成衣系列。普拉达再生尼龙（Prada Re-Nylon）的制作过程首先是回收和净化来自海洋、垃圾填埋场和纺织纤维废料中的塑料。然后，通过解聚、净化和转化的过程，这些材料变成新的聚合物，最终制成可以回收利用的新尼龙面料。珑璃（Longchamp）品牌推出了一系列使用100%回收材料制成的包袋。这个系列的产品是由可回收的尼龙和其他材料制成，展现了品牌对于材料回收和环保的重视，如图7-11所示。

（a）Prada再生尼龙服装和手袋　　　　（b）Longchamp可回收尼龙背包

图7-11　可回收聚酰胺纤维的应用

本章小结

■ 随着消费者环保意识的提高和全球环境保护要求的加强，可持续服装材料已成为服装产业的关键议题，旨在减少环境负担并促进社会伦理发展。

■ 常见可持续服装材料分为生物质材料和可回收材料，这两类材料在生产、使用和处置过程中均注重环保和社会责任。

■ 生物质服装材料主要来源于植物（如有机棉、菠萝纤维、香蕉纤维等）和蛋白质（如牛奶蛋白纤维），具有可再生、生物降解等特性，对环境友好。

■ 可回收服装材料是指生命周期结束后可通过回收再利用的材料，包括可回收天然纤维（如棉、羊毛）和化学纤维（如聚酯、聚酰胺），有助于减少资源浪费和环境污染。

■ 物理回收和化学回收技术的发展提高了材料的回收利用率，推动了可持续时尚的发展。生物质和可回收材料在服装、家纺等领域的应用前景广阔。

■ 诸多品牌已开始采用可持续材料，如优衣库使用再生聚酯纤维，Prada 推出再生尼龙系列，体现了行业对可持续性的积极响应和实践。

思考与练习

1.可持续概念对于服装行业有哪些重要的影响？

2.举例说明几种常见的生物基材料，并讨论它们在服装制造中的优势和挑战。

3.描述一些创新的设计案例，通过这些案例展示如何有效利用可回收材料制作服装。

4.如何在不牺牲设计感和时尚性的前提下，有效利用可回收材料制作服装？

5.预测未来可持续服装材料的发展方向和潜在的创新点。

第八章

功能与智能服装材料

课题名称：功能与智能服装材料

课题内容：1. 功能材料与服装设计

2. 智能材料与服装设计

上课时数：4课时

训练目的：深入了解功能与智能服装材料的基本概念、分类及特点，掌握各类功能与智能服装材料的制备技术、应用设计及其在服装产业中的应用，培养创新思维与实践能力，推动服装产业向更智能化、功能化、可持续的方向发展。

教学要求：1. 理解功能与智能服装材料的概念、发展历程及重要性。

2. 掌握各类功能与智能服装材料的制备技术、性能特点及应用案例。

3. 深入分析功能与智能服装材料在服装设计中的应用。

4. 探讨智能服装的设计与实现方法，培养创新思维与实践能力。

5. 关注功能与智能服装材料最新研究成果与实践案例。

课前准备：阅读功能与智能服装材料相关的专业书籍、文献和报告，了解国内外最新研究成果与实践案例，特别是智能服装的设计。

随着科技的迅猛发展以及人们物质和精神生活水平的显著提高，"舒适、健康、安全"已经成为人们在生活中不可或缺的追求目标。在穿衣方面，过去的关注点主要集中在保暖和实用性，而如今，人们更加注重身体和心理的舒适感受，并追求在服装中体现个人独特的精神气质、品位格调。

新型服装材料和技术的融入，使现代服装不仅具备传统的功能性，如防水、透气等，更能够满足人们对于健康、舒适、安全的高要求。智能服装的兴起，使穿戴者能够享受到个性化的智能体验，实时监测健康状况，调整环境适应度，同时在时尚设计中体现独特品位。本章主要围绕功能与智能材料与技术及其在服装上的应用展开。

第一节　功能材料与服装设计

一、功能服装材料与技术概述

功能服装材料与技术是指在服装现有功能的基础上，赋予其特殊功能的材料，以改善其舒适性、防护性等性能。这些材料通过结构、纤维特性、涂层等方式，赋予服装一些额外的功能，如吸湿排汗、保暖、降温、防风、防紫外、反光等。下面介绍几种典型的功能材料及其在服装上的应用设计。

二、功能服装材料及其应用设计

（一）吸湿排汗纤维和面料

服装的吸湿排汗性能是指服装能够快速吸收体表汗液，并能将汗液迅速转移到服装外表面，进而蒸发到环境中，从而保持人体皮肤干爽和舒适。目前主要从纤维材料改性、织物结构设计、吸湿排汗整理或者以上方式结合的手段，以提升服装面料的吸湿排汗性能。

1. 纤维改性

在纤维层面，可以通过改变纤维的截面形状或者内部结构获得吸湿排汗纤维，如十字、多叶、中空等异型纤维。代表性的异型纤维为美国杜邦公司开发的 COOLMAX 聚酯纤维（图8-1），其截面形状为十字形，纤维表面有沟槽，可以产生芯吸作用，即纤维可以将皮肤表面的汗液通过芯吸作用传导至织物外表面，进而蒸发到外界环境中。日本帝人公司研发的"Welley"属于多微孔聚酯中空纤维，由于微孔的毛细管作用，其可快速将皮肤表面汗液转移到织物外表面，保持人体干爽。

纤维改性也可以通过混合纺丝技术，引入高吸湿性高聚物，开发具有吸湿排汗功能的纤维。例如，日本尤尼吉公司研发的"Hygra"皮芯型纤维是以高吸水性聚合物为芯层、聚酰胺纤维为皮层纺制而成，其织物可以快速吸收人体汗液，并具有优异的去湿能力。

图8-1　美国杜邦公司开发的
COOLMAX聚酯纤维

2. 织物结构设计

在织物层面，采用孔隙率较大的单面织物可以获得良好的透湿透气性能，如经编网孔织物，可广泛应用于运动服装或者休闲运动服装衬里。

在织物结构上也可以开发非对称润湿性的双面织物，即两面分别具有亲水性和疏水性的织物。如图8-2所示，贴身层为疏水性的涤纶或者丙纶等，外层为亲水性的棉或者黏胶纤维等。由于"牵拉效应"，人体汗液可通过疏水面向亲水面传输，使疏水面保持干爽，从而提高服装穿着舒适性。这种面料的缺点在于当大量出汗时，外层纤维吸水达到饱和，内层的导水作用明显变差。

在织物两面配置不同粗细纤维实现吸湿排汗，即贴身面为粗旦纤维形成的大网眼，外侧则配置超细纤维形成的小网眼。织物内层毛细管较大，而外层毛细管较小，造成外层毛细管引力高于内层，形成引力差，从而产生导湿效应。

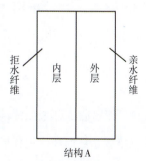

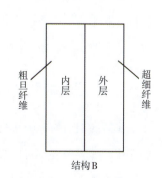

图8-2　非对称润湿性的双面织物

采用上述两种或者两种以上的方式获得的织物为混合式吸湿排汗织物设计。例如，探路者（TiEF DRY）仿生智能导湿面料（图8-3），其灵感来自蜂巢结构：一端为六角形开口，另一端为封闭的六角棱锥体的底，可有效防止蜂蜜流出。织物内层采用特殊纤维及纤维表面单向导湿助剂网格涂层整理形成微细气孔，外层与内层以特殊编织方法形成泵吸通道，使皮肤汗液经气孔泵吸作用迅速传导至面料表面，从而加快汗液扩散与蒸发，保持面料与人体肌肤间始终舒适干爽，如图8-3所示。

图8-3　探路者推出的仿生智能导湿面料

3. 吸湿排汗整理

通过织物后整理技术可以提高其吸湿排汗功能。可以将亲水聚合整理剂浸轧在织物内使其具有吸湿排汗功能；也可利用印花方式对织物进行单面疏水整理，控制疏水剂的渗透深度，使织物一侧为疏水性表面，另一侧为亲水性。由于疏水侧导湿能力优于亲水侧，汗液从疏水侧导向亲水侧，并能快速扩散蒸发，使织物贴身内层保持相对干爽。例如，美国棉花公司推出的Wicking Windows™棉面料，其一面为采用含氟的防水剂印刷的不连续的点画图案，该处理可以使织物内侧印花区域具备防水性，而未经处理的区域保持亲水性（图8-4）。人体汗液从防水区域被排斥，并被引导通过未经处理的吸水"窗口"区，接着到织物未经处理的亲水外层，并在此被蒸发。该织物可以保持皮肤干爽，另外，其对水分的吸收也显著降低，缩短了干燥时间。

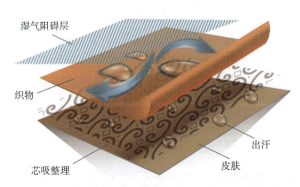

图8-4　美国棉花公司推出的Wicking Windows™棉面料

（二）超吸水型材料

普通的棉织物等吸水材料可以吸收人体表面汗液，保持皮肤干爽，并且由于棉织物内的汗液向外界蒸发，可以吸收热量，从而在一定程度上降低人体在某些情况下（如有风状态）的皮肤表面温度。但是，棉织物不容易干燥，在人体大量出汗情况下，容易黏附在人体上，造成不舒适感。

超吸水材料可以吸收超过自身重量几十倍甚至上千倍的水分，用于服装可以吸收大量人体皮肤表面汗液，从而降低人体在热环境中的不舒适感。常见的服用超吸水材料有超吸水树脂、超吸水纤维和超吸水膜。超吸水树脂是一种由空间网络结构形成的聚合物，其成分有交联的聚丙烯酸类和聚丙烯酰胺类、丙烯酸类和丙烯酰胺类的交联共聚物、天然高分子的交联共聚物等，主要应用于婴儿的尿不湿等。超吸水纤维是融合超吸水树脂的纤维，通过纺纱、织造或非织造加工形成具有特殊功能的纺织品，主要用于医用卫生、食品包装等。超吸水膜是一种膜状高分子材料，其融合几种超吸水材料，经过热压形成，主要用于医用卫生、农业等。关于超吸水材料改善人体在高温环境中的热舒适性研究如下。

1. 超吸水树脂

有研究将超吸水树脂装入由棉布形成的圆柱体中，并制作出了背心结构的吸湿服装（仅600g），用于医护人员在较高温度环境作业时的穿着（图8-5）。吸湿服装穿于医用防护服下面，可以有效改善人体和服装之间的微环境，从而有效降低人体皮肤温度，改善医护人员作业的不舒适感。这种吸湿服装仅适合人体容易出汗的情况。而对于人体出汗量不大的情况下，该服装的调节能力有限，同时还可能阻碍人体向外界环境的散热。

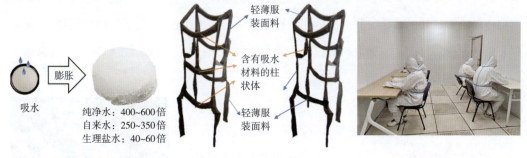

吸水　膨胀　纯净水：400~600倍
自来水：250~350倍
生理盐水：40~60倍

轻薄服装面料
含有吸水材料的柱状体
轻薄服装面料

图8-5　超吸水树脂背心

2. 超吸水纤维

英国制造商Technical Absorbents公司发明了一种超吸水背心（图8-6），以降低人体在高温环境作业时的不舒适感，减少与热有关的疲劳，提升人体工效。该背心由三层结构构成，即超吸水纤维中间层、防水内层和透水、透气外层组成。在使用前，将背心在常温水里面浸泡1~2分钟，吸收足够水分，然后将其拧干使用。这种冷却服的最大优点是重量轻、灵活，便于携带，适合高温环境下的职业人群使

图8-6　超吸水背心

用。但是这种类型的衣服不适合潮湿环境，因为蒸发冷却的有效性与环境相对湿度成反比。这项技术的另一个限制是冷却发生在衣服的外表面，而不是更靠近皮肤的内表面。如果蒸发率低，它可能会起到隔热作用，增加热不适感。

3. 超吸水膜

有研究制备了一种超吸水性锌—聚乙烯醇复合薄膜，可用于医用防护服内层（图8-7）。通过实验发现该薄膜可显著降低防护服内部微环境的湿度和温度，还可以显著降低防护服蒸发阻力，从而降低医护人员中暑的可能性。吸水薄膜由于透湿透气性差，不适合普通服装使用。

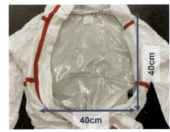

图8-7　超吸水性锌—聚乙烯醇复合薄膜及其应用于医用防护服

（三）凉感面料

凉感面料是指面料接触人体时，可以快速传导人体表面的热量，使人体感觉凉爽与舒适，适合人们夏季穿着或者覆盖。面料产生凉感的肌理主要有两种途径，其一是提高面料的热传导能力，其二是将皮肤表面的汗液被快速吸收并传递到外界，促进汗液蒸发，从而保持皮肤凉爽。目前，凉感面料的获得主要有三种方式：制备凉感纤维原料、织造凉感面料结构、凉感织物整理。

1. 凉感纤维原料

凉感纤维获得方式之一是将具有高导热性能的云母、玉石等物质微粉末化后，经过纺丝工艺，形成具有凉感功能的云母或玉石纤维（图8-8）。例如，2018年魏桥纺织股份有限公司在锦纶或者涤纶中加入云母粒子制备成云母纤维，云母纤维与黏胶和棉纤维等吸湿透气性纤维进行混纺，开发出一系列凉感面料。2020年，安踏公司推出了一款凉感科技面料T恤，在索罗娜（SORONA）纤维（以玉米为原料开发的生物聚合物纤维）中添加一定比例的玉石粉，并通过纺丝工艺形成异形截面结构。这些凉感纤维面料通过提高面料导热性能和导湿功能，使人体具有凉爽触感。

（a）玉石纤维微观结构

（b）玉石纤维面料

图8-8　玉石纤维与面料

第二种方式是改变纤维的截面，增加纤维的吸湿性和导湿性，从而促进汗液蒸发，产生凉感。例如，美国杜邦公司研发的 Coolmax® 聚酯纤维，其截面为扁十字形，纵向有沟槽，比表面积大，因而具有优异的吸湿、扩散和蒸发性能。

第三种方式是改变纤维大分子链上的原子或原子团，例如，日本可乐丽公司研发的 Sophista 纤维，通过聚酯与乙烯—乙烯醇共聚物复合纺丝制成，使其具有链羟基等亲水性基团，从而具有吸汗速干性和舒适性。

2. 凉感面料结构

设计特殊结构织物可以提高对人体汗液的输送速度。通常设计为双层结构，其中，内层（贴身层）可以采用具有高导热系数的纤维，且为凹凸不平的点状结构，这种设计可促进皮肤表面热量传递和汗液吸收；外层可以采用亲水纤维编织，进一步促进汗液蒸发，从而增加人体接触织物时的凉感。

3. 凉感织物整理

可以在织物表面涂敷遇水吸热物质，来实现热量扩散、排汗和降温功能，例如，常用的木糖醇整理剂。木糖醇是一种糖醇类物质，遇水后会溶解，这个过程伴随着吸热且周围温度的降低。当织物涂敷木糖醇材料时，其会吸收皮肤表面的汗水并吸收热量，从而使皮肤产生凉爽感。

（四）功能调温服装材料技术

功能调温服装材料技术是指在电能的作用下，使融合特殊材料的服装具备温度调节功能的技术。目前，研发的功能调温技术主要有气冷、液冷、半导体调温及加热服装技术。

1. 气冷服装材料与技术

气冷服装材料的工作原理是通过风循环系统，使人体和服装微环境之间的空气形成流动，从而促进人体热量蒸发，达到降温的目的。风循环系统有两种方式，分别为风扇制冷和气泵通风式制冷两种。

基于风扇制冷的气冷服装是在服装内植入风扇系统，其中风扇的放置通常在背部、腰部和大腿外围以形成良好的空气循环，而这些风扇是由放在口袋的电池驱动 [图8-9（a）]。这种气冷服装轻便，可用于夏季高温作业时的建筑工人、清洁人员等群体，以降低其热相关疾病，并提高其作业舒适性。

气泵通风式制冷的气冷服装是通过送风管道将气体送入人体和服装微环境，以促进微环境空气流动，使汗液蒸发，带走热量。如图8-9（b）所示为某公司开发的一种气冷医用防护服装，用来改善医护人员穿着不透气防护服作业时的热不适。外置的空气压缩机产生冷气，冷气由气泵抽出并通过管道送入挂在腰部的过滤装置，冷气经过过滤后，由装置内气泵将冷气送入人体和服装的微环境。这种气冷服装不便携带，通常只适合人体活动范围较小的工作。

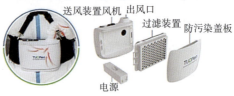

送风装置风机 出风口　过滤装置　防污染盖板

电源

（a）风扇气冷服装　　　　　　　　　（b）气泵通风式的气冷服装

图8-9　风扇气冷服装和气泵通风式的气冷服装

2. 液冷服装技术

液冷服装是利用循环流动的液体，经由传热、散热将人体热量带走，使穿戴者感到凉爽和舒适。液冷服装通常包含内置的液体管道和冷源，其中，液体管道贯穿服装的特定区域，如背部、胸部等，并且管道可以通过缝纫的方式固定于服装基体上。冷源通常有两种形式，即压缩机制冷和冰水制冷（图8-10）。压缩机制冷产生的冷却液体可以通过水泵抽出，进入服装内的进水口，冷却水流经植入服装内的管道，被另一台吸水泵抽出，再进入压缩机进行制冷，由此形成冷却液的循环。冰水制冷通常是将冰水混合物放入容器内，由抽水泵将冰水抽出并送入服装管道，低温的水在吸收人体热量后被吸水泵送回容器内，从而产生冷却循环。这两种方式均需要外接或者移动电源进行驱动。基于压缩机制冷的液冷服装制冷效果好且持续时间长，但是重量大，结构复杂，适用于小活动范围的人群，或者特殊职业群体，如消防员和军人；基于冰水制冷的液冷服有一定的制冷效果，但是制冷效果不持久，另外，其重量相对较小，便携性好，适合大部分职业人员，如外卖员和清洁人员等。

（a）压缩机制冷服装　　　（b）冰水制冷服装

图8-10　压缩机制冷服装和冰水制冷服装

3. 半导体调温服装

最近，半导体调温技术被用于冷却人体。半导体制冷技术是一种基于珀耳帖效应的先进制冷方法。该技术利用半导体材料的独特电学和热学性质，通过在两种不同类型的半导体材料之间传递电流来实现制冷效果。当电流通过半导体制冷器中的P型和N型半导体之间流动时，珀耳帖效应导致其中一侧吸收热量，而另一侧释放热量。这导致半导体制冷器的一侧变得冷却，而另一侧则变得加热。半导体制冷技术具有结构简单、无机械运动、响应速度快和长寿命等优势，广泛应用于小型设备、电子元件和一些对制冷要求不是特别高的场景。通过调整电流的方向，半导体制冷器可以实现制冷和加热的双重功能。

如图8-11所示为某公司开发的半导体制冷背心，其背部粘贴有8个与人体紧密接触的半导体制冷模块。每个制冷模块由4部分组成，即半导体制冷片、散热翅片、小风扇和塑料外壳。冷却片由冷板和热板组成，可以通过基于珀耳帖效应改变直流电流的极性来对接触表面提供冷却或加热效果。热板连接散热翅片的一侧以散热，两者充满了导热硅树脂，散热翅片的另一侧的热量被小风扇带走，使冷板保持低温。冷却片、散热翅片和小风扇位于两端塑料外壳的内部，形成半导体制冷模块。魔术胶带夹在塑料片的间隙之间，形成半导体冷却垫。冷却垫可以通过魔术胶带黏附到织物上，也有利于分离和清洗冷却垫。为了使半导体冷却垫紧贴人体，该背心的松紧度可以调节。半导体模块的供电是由放在背心口袋的移动电源提供。整个制冷背心的重量轻，仅为0.8kg，可应用于在高温环境下工作或活动人群，如建筑工人、野外探险人员、运动员等。

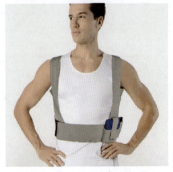

图8-11 某公司开发的半导体制冷背心

4. 加热服装

加热服装是指利用电热技术进行加热的服装，目前常用的有碳纤维加热和石墨烯加热两种技术（图8-12）。

碳纤维加热技术是将通电发热的碳纤维材料粘贴于两层无纺布之间做成加热片，碳纤维加热片连接电源，通电之后则可产生热能。将一定数量的加热片粘贴于服装内层，并主要位于对热量有较大需求的背部、胸部和腹部。这些加热片连接放在口袋的移动电源。

石墨烯加热技术主要是利用石墨烯的电阻加热特性。当电流通过石墨烯材料时，由于其极低的电阻，会产生显著的电阻加热效应。这导致石墨烯迅速升温，并将这种热能传递到周围环境，实现快速、均匀地加热。石墨烯材料被集成到两层薄膜之间形成石墨烯加热片，当电流通过石墨烯加热片时，会引发电阻加热效应，导致石墨烯迅速升温。与碳纤维加热相比，石墨烯加热更加快速和均匀。

目前，加热服装市场日趋成熟，得到广泛应用。一些先进的加热服装还配备了温度调节系统，使穿着者能够根据个人需求调整服装的温度。加热服装广泛用于户外活动，如滑雪、露营和徒步旅行。此外，一些职业要求在寒冷环境中工作的人，如建筑工人和军事人员，也可能使用加热服装以提供额外的保暖。这种技术的发展使人们能够在寒冷的环境中保持舒适，为各种活动和职业提供了便利。

（a）碳纤维加热　　　　　　　　　　（b）石墨烯加热服装

图8-12　碳纤维加热和石墨烯加热服装

在2022年冬奥会中，使用了石墨烯发热材料的部分加热座椅、加热沙发、加热桌子、加热地毯等，这些加热设备被应用在"鸟巢"等国家体育场中，实现了温控管理。石墨烯发热材料具有出色的热传导性能，可以在低温环境下迅速发热，为观众提供温暖舒适的观赛环境。

（a）加热座椅

此外，智能加热服饰也是冬奥会中的一项重要创新。这种服装可以在低温环境下通过"主动加热"的方式为人体提供热量，它们可以感知人体温度的变化，一旦体温过低，就会自动开启加热功能。智能加热服不仅具有保暖功能，还具有医疗保健功能，适合老人、儿童和生病的人群穿着。加热技术在冬奥会中的应用为运动员和观众提供了更加温暖和舒适的比赛和观赛环境，展现了科技创新在大型体育赛事中的重要作用（图8-13）。

（b）加热服饰

图8-13　加热座椅和加热服饰

（五）光学纤维

1. 反光纤维

（1）反光材料原理。反光材料是指在光线照射下，将光线按原路反射回光源处，从而形成回归反射（也称"逆反射"）现象的材料。这类材料在历史上一直有着广泛的应用，特别是在交通标志、车辆标识、安全装备等领域。

反光材料主要原理是利用涂层、覆膜、复合等技术工艺。在材料表面植入高折射率的玻璃微珠或者微棱镜结构，从而形成一种功能性复合材料，再将光线反射回光源处，从而产生反射现象（图8-14）。在光照射下，反光材料具有比其他非反光材料醒目百倍的视觉效果。

（2）反光材料类型。反光材料主要有反光膜和反光布两种形式。反光膜是将反光材料颗粒通过一定的技术涂敷于材料表面形成薄膜。通常有白色、黄色、红色、绿色、蓝色、棕色、橙色、荧光黄色、荧光红色和荧光粉色等。它们在道路交通标志、交通标线、车辆牌照、交通安全服装等领域发挥着重要作用。

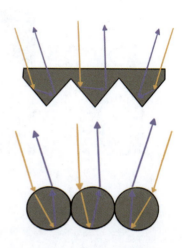

图8-14　反光材料的反光原理

反光布的制作可以将高折射率的反光材料用涂层或覆膜的工艺做在布基表面［图8-15（a）］；也可利用同样的工艺做在纤维表面形成反光纱，再编织成织物。较前者，反光纱织物具有耐气候性好、不易褪色、牢度好、反光效果佳、耐水洗、耐干洗等特点［图8-15（b）］。

（a）反光布

（b）反光纱线

图8-15　反光布和反光纱线

（3）反光材料的应用。反光布应用广泛，可用于职业服装、时装、鞋帽、织带、背包等，其在灯光照射下能反光，能起到安全示警作用，也可起到装饰效果。例如，可以用在职业防护领域人员的服装，保证职业工人作业时的安全。

另外，很多公司探索将反光材料用于服饰创意领域。耐克公司将反光材料印于跑步T恤上，形成花纹图案，也将反光材料用于鞋身鞋带，以增强在夜间或低光条件下对穿着者的可见性［图8-16（a）］。这种设计不仅符合时尚潮流，同时也提高了穿着者在暗光环境中的安全性。阿迪达斯推出的"Reflective Knit"运动系列将反光纱线融入针织运动服装设计中，受到了消费者和专业运动爱好者的广泛好评［图8-16（b）］。

（a）耐克公司将反光材料印于跑步T恤和鞋带　　（b）阿迪达斯推出的"Reflective Knit"运动系列

图8-16　反光材料的应用（一）

露露乐蒙（Lululemon）2019年推出了一款时尚运动夹克，采用了反光涂料［图8-17（a）］，让夹克在昼夜切换时展现出迷人的反光效果。同时，还在夹克的细节处增加了防水和透气功能，使其不仅具有时尚外观，还满足了运动爱好者对功能性的需求。澳大利亚悉尼设计师品牌迪恩李（Dion Lee）在2022年秋冬系列中延续了挖空、拼接和胸衣结构设计，并在面料加厚的基础上引入了反光纱线作为关键材料之一。在光影交会下，这些单品展现出时尚的视觉效果和动感，如图8-17（b）所示。

（a）Lululemon推出的反光夹克　　　　（b）Dion Lee推出的反光针织服装

图8-17　反光材料的应用（二）

无锡露米娅纺织品有限公司致力于探索反光纱线在不同类型针织服装设计中的创新应用（图8-18）。

图8-18 无锡露米娅纺织品有限公司开发的反光针织服装

2. 夜光纤维

（1）夜光纤维发光原理。夜光材料是一类能够在受到光照后储存能量，然后在暗处释放这些能量而发光的材料。根据产生光的方式和特性，夜光材料可分为自发光型和蓄光型两种。自发光型材料无须从外部吸收能量，黑夜或白天都可持续发光，因含有放射性物质，在使用时受到较大的限制；蓄光型材料需要从外部吸收光能和热，转换成光能储存，然后在黑暗中自动发光，实现了"自动吸光—蓄光—发光"这一循环功能，并可无限次数循环使用，尤其对450nm以下的短波可见光、阳光和紫外线光具有很强的吸收能力。

目前常见的稀土夜光材料，根据所生成基质的种类分为铝酸盐体系、硅酸盐体系、氧化物体系和氟化物体系等。稀土元素则进入它们的基质晶格中作为发光中心发出某一颜色的光。无毒、无害、无辐射，符合环保等相关使用要求，广泛应用于安全、装饰服饰和防伪领域。

稀土元素具有特殊的电子层结构，使稀土具有优异的能量转换功能和发光性能。稀土元素是指镧系元素（元素周期表中原子序数57~71的15种元素）。镧系元素原子的电子层构型为：$1s^2 2s^2 2p^6 3s^2 3p^6 3d^{10} 4s^2 4p^6 4d^{10} 5s^2 5p^6 5d^{10} 6s^2 4f^{0~14} 6p^6$。它们的电子层构型具有外层电子结构相同且内层4f电子能级相近的特点。稀土夜光纤维发光是由于稀土离子位于内层的4f电子在f–f组态内部或f–d组态之间存在跃迁，进而产生吸收和发射光谱。

当光照射稀土夜光纤维时，稀土离子位于内层的4f电子发生光的吸收，从能量较低能级的基态跃迁到能量较高能级的激发态，此时能量被储存在夜光纤维中；当稀土夜光纤维处于黑暗环境时，这些被储存在夜光纤维中的能量就会自发发光，电子从能量较高能级的激发态跃迁回能量较低能级的基态或落入中间的陷阱能级中，而落入陷阱中的电子需要再次受到激发跃迁最终返回基态，如此反复使用（图8-19）。陷阱中的电子返回基态时间的长短决定了稀土夜光纤维发光时间的长短，而基态和激发态之间的能量差决定了稀土夜光纤维的发光颜色。

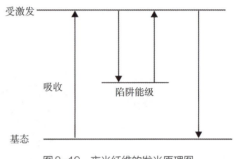

图8-19　夜光纤维的发光原理图

（2）夜光材料类型及特点。夜光材料可以分为夜光纤维、夜光粉末和夜光涂料。

夜光纤维是在纺丝过程中加入长余辉稀土铝酸盐材料形成。夜光纤维有短纤维和长丝两种形式。夜光纤维经纺纱形成纱线，而后可以做成夜光面料（图8-20）。夜光纤维的性能如下：夜光纤维吸收可见光后，可以在黑暗状态下持续发光，而发光时间取决于夜光材料类型、光源强度、环境条件等；目前夜光纤维发出各种色光，如红光、黄光、蓝光、绿光等；不同于各种反光材料，不需要涂覆于纺织品外表。不影响织物的透湿透气性能，且无毒无害，达到人体安全标准；夜光纤维水洗后仍然具有一定的发光性，但是其发光效果有所降低：将整理后的织物放入洗衣机中洗50次，每次6min，对洗好的织物进行发光性能测试。测试条件：使用TES21330A型照度计，环境温度为（22±3）℃，相对湿度（RH）<70%。照度值1000lx，照射时间10min。经50次洗涤后能保持发光亮度的60%；产品无须染色，不仅避免了染料对纤维发光性能的影响，同时也避免了染整工序产生的废水对环境的严重污染。

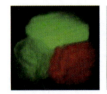

图8-20　夜光纤维、纱线和面料

夜光材料可以制成微米级的粉末［图8-21（a）］，有长效夜光粉末和短效夜光粉末两种。长效夜光粉末可以通过自然光、室内光源等较弱的光照条件进行有效激发，发光时间长、亮度较低，可以用于夜光涂料、夜光标识、交通标线等。短效夜光粉受到较强的光照条件才能充分激发，发光时间短、亮度较大，可用于艺术品、装饰品、手工制品等。在选择夜光粉末时，应根据具体的应用需求和场景来决定使用长效还是短效夜光粉末：某些应用可能更注重夜间持续照明效果，而另一些应用可能更侧重于短时间内的强烈发光效果。使用时需要加入透明树脂胶材，例如PP/PE/PVC/PU/PS/ABS等。

夜光涂料是可以分为水性夜光涂料和油性夜光涂料［图8-21（b）］。水性夜光涂料可直接涂覆于织物等；油性夜光涂料需要配合光油使用。油性涂料更加牢固，更适合户外产品。

（3）夜光材料应用。夜光材料在穿戴领域、室内装饰、防伪、安全标志、景观设计中均有应用。

夜光材料在穿戴领域有多种应用，有助于提高个体在夜间或低光条件下的可见性，从而改善安全性，同时也可以用于创造独特的时尚效果。夜光材料可用于夜间工作服，在需要夜间工作或在低光环境中执行任务的行业，如建筑工地、交通管制等［图8-22（a）］。一些品牌公司也将夜光材料用于穿戴产品中，如阿迪达斯将夜光材料应用于跑鞋，以提高穿着者的安全性，同时展现时尚感［图8-22（b）］；七匹狼将夜光材料用于内裤图案设计，增加黑暗中穿着者的神秘感［图8-22（c）］。此外，夜光材料也可以用在背包、内衣、时尚服装设计中，增加趣味性和科技感（图8-23）。

（a）夜光粉末

（b）夜光涂料

图8-21　夜光粉末和夜光涂料

（a）夜间工作服

（b）跑鞋

（c）内裤

图8-22　夜光材料产品应用

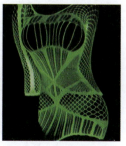

图8-23

图8-23　夜光材料创意应用

夜光材料还可以用于室内装饰，为室内环境增添了一些特殊的视觉效果，为室内营造独特的氛围，增强空间的艺术感，同时也提供了一定的照明功能；其在防伪标志中的应用能够提高产品或文件的防伪性，为消费者和监管机构提供了一种简便且直观的方式来确认产品的真伪；夜光材料用于安全标志中以提高人们在低光条件下的可见性；也可以用于公园小路和跑道等，不仅为人们夜晚出行和锻炼提供了便利，还具有很强的美观性（图8-24）。

（a）装饰　　　　　（b）防伪标志　　　　（c）安全标志　　　　（d）公园小路

图8-24　夜光材料装饰应用

3. 光纤

（1）光纤的发光原理。光纤是光导纤维的简称，是利用光的传输特性进行信息传输的通信介质。光纤的基本构造包括两个主要部分，即光纤芯部和包层。其中，光纤芯部是光信号的传输通道，由具有较高折射率的材料制成，通常是玻璃或塑料；包层是包在芯部外部的材料，具有较低折射率，用于保护光信号不受外部环境的影响（图8-25）。光纤的基本工作原理是利用光在不同介质中的折射现象。当光信号进入光纤时，由于芯部的折射率高于包层，光信号会在芯部

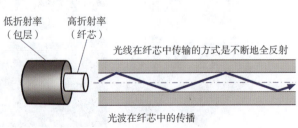

图8-25　光纤结构与传输方式

内发生多次全反射，从而被保持在光纤中传输。这种特性使光信号可以在光纤中长距离传输而几乎不损失信号强度。

（2）光纤的种类。服装中使用光纤时，通常会选择柔软而轻便的光纤，以确保穿戴的舒适性。目前市场上最常用的为聚合物光纤，其芯层为聚甲基丙烯酸甲酯（PMMA）、皮层为氟树脂。相比于玻璃光纤的脆性大、易断裂等特点，该光纤材料韧性好、强度高。另外，其透光率高、轻巧柔软，直径一般在0.25~1.5mm，使其相对容易编织到织物中。

聚合物光纤根据发光原理的不同又分为两种，即端面发光聚合物光纤和侧面发光聚合物光纤（图8-26）。端面发光聚合物光纤仅在光纤的端面（尾端）具有发光能力，常用的规格为0.25mm、0.5mm和0.75mm。侧面发光聚合物光纤是指，光在传输过程不仅发生全反射还会发生折射现象，使光从光纤表面透出，从而形成光纤侧面发光现象的光纤。侧面发光光纤通常较粗，常见的规格为2mm。

（a）端面发光聚合物光纤

（b）侧面发光聚合物光纤

图8-26　发光纤维类型

光纤发光织物是一种将光纤按一定组织与普通纺织纤维交织，用不同颜色的发光二极管提供光源，通过芯片控制发光规律的织物（图8-27）。光纤发光织物可连续变色，图案与色彩可根据喜好定制。光纤本身不带电，需要使用冷光源，因此可光电分离，面料使用非常安全。

（a）光纤与普通织物交织　　（b）束光纤　　（c）连接二极管　　（d）光纤织物发光

图8-27　光纤发光织物结构图和发光图

（3）光纤的应用设计。目前光纤主要应用于创意服饰产品、功能穿戴和居家内饰设计。在创意服饰产品设计中，光纤应用广泛，可以用来进行服装、鞋帽、口罩、背包等设计，以增加设计的表现力和未来感。例如，路明克斯（Luminex）公司与意大利婚纱设计品牌"Solo Sposa"合作将塑料光纤应用到婚纱设计中。该婚纱同时利用了端面发光聚合物光纤和侧面发光聚合物光纤，使婚纱呈现出点、线、面三种发光形式（图8-28）。婚纱的裙边设计采用的是端面发光效果，这样可以凸显婚纱的整体造型，胸前的装饰部分采用的是侧面发光效果，使婚纱呈现出美轮美奂的浪漫效果。

图8-28　Luminex公司与意大利婚纱品牌"Solo Sposa"合作推出的发光婚纱

还可以利用光纤设计功能穿戴产品。如图8-29（a）所示为一种情绪感知智能发光服装。该服装的设计原理为人在不同的情绪状态下心率不同，由心率传感器感受心跳信号，并将心跳信号送入控制系统，由控制系统控制光纤发出不同颜色的光。图中展示出四种情绪下对应的四种颜色智能服装发光效果。高兴为橘色，悲伤为蓝色，愤怒为红色，愉悦是绿色。美国路米泰克斯（Lumitex）公司开发出一种可以治疗新生儿黄疸的蓝光毯治疗仪［图8-29（b）］。该治疗仪是由两层由光纤织物制作而成的光垫组成，两层光垫分别贴于患有黄疸的新生儿的胸部和背部，光波长范围为390~475nm。该仪器使用方便，操作简单，不产生热量。

（a）一种情绪感知智能发光服装　　　　　　　　（b）一种蓝光毯治疗仪

图8-29　光纤功能穿戴产品

在家居内饰设计中，光纤可以应用于床品、窗帘、餐桌布等，增加装饰性。如图8-30所示为意大利Luminex 公司用聚合物光纤织物制作的餐垫。餐垫的正面，也就是与餐具接触的一面，其表面附有一层透明的薄膜，目的是保护光纤织物中的光纤不受到外部的伤害。当光纤织物的光源

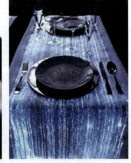

图8-30　Luminex 公司用聚合物光纤织物制作的餐垫

不发光时，光纤织物呈白色，而连通光源使光源发出蓝色的光时，发光织物由白色变为明亮的蓝色，这种餐垫可以很好地烘托就餐的氛围，也能够以此吸引顾客，因此，既具有一定的功能性，又有很强的装饰效果。

第二节　智能材料与服装设计

一、智能服装材料概述

智能材料是指具有感知、响应、适应等智能特性的材料。这些材料能够感知内外部环境的变化（如电、光、热、应力、应变、化学等刺激），对此进行分析、处理、判断，并以某种方式作出响应，以实现特定的功能或性能。智能服装材料指服装材料可以根据人体与环境的变化使得材料本身变化。随着科技的进步，服装材料的功能从单一向多功能化、由低级向高级发展，有些服装成了具有较高科技含量和高附加值的产品。

二、智能服装材料与应用设计

（一）变色材料

变色材料是一种在受到外部刺激或条件改变时改变颜色的材料。这些材料可以，表现出不同的颜色或光学性质，在可穿戴设备、智能窗户、传感器、标签和标记、装饰材料等许多领域都具有重要的应用前景。

1. 温度变色材料

（1）变色原理及材料类型。温度变色材料，也被称为温敏变色材料，是一类可以根据温度的变化而改变颜色的材料。这种材料的变色原理主要是分子的结构随着温度的变化会发生变化，从而影响材料对光的吸收或散射特性，导致颜色的变化。目前已经有多个温度变色点的产品，主要温度范围为：0~100℃。

目前温度变色材料主要有热致变色粉末、热致变色油墨、热致变色纱线和热致变色3D打印材料（图8-31）。

（a）热致变色粉末　　　（b）热致变色油墨　　　（c）热致变色纱线　　　（d）热致变色3D打印材料

图8-31　热致变色材料类型

（2）变色材料在穿戴领域的应用。温度变色材料可以应用于鞋、包设计。例如，耐克公司设计的温度感应鞋，可以根据环境温度或穿戴者的脚温变色，并且温度不同，变色程度不同，这种设计提供了一种有趣的交互体验［图8-32（a）］。IBOTH感温背包可随着温度的变化呈现不同的色彩组合。让使用者在商务和休闲间游刃有余［图8-32（b）］。背包正面可以随着温度的变化而呈现不同的颜色风格，比如在温度低于26℃时，背包不变色（也就是默认黑色）；当温度高于26℃时，则背包会自动变成炫酷的迷彩色，尽显休闲之感。

（a）耐克公司设计的温度感应鞋　　　　　　　（b）IBOTH感温背包

图8-32　热致变色鞋和包

变色材料在服装设计中的创新应用，巧妙地将穿戴者的体温变化转化为颜色的自动调整，赋予了服装与人互动的智能属性，为穿戴者带来了前所未有的时尚与实用体验。例如，Radiate热感应变色T恤可监测运动者身体肌肉群的训练情况［图8-33（a）］。因为人在运动时，人体各部位的新陈代谢及肌肉膨胀程度会有所不同，从而散发的热量多少也不同，其能实时感应到运动者身体各部位所散发的热量，并表现出不同深浅的颜色变化效果，使运动者可实时了解到自己的肌肉锻炼情况。LV羽绒服加入了2022年最流行的温感变色面料和路家经典老花元素，这也给面料以新命题和新趋势，在温度达到指定度数时，面料颜色会发生改变，运用此面料，注入时代的思考和品牌独有的风格，呈现出极具艺术感和科技感的设计风格［图8-33（b）］。

（a）Radiate热感应变色T恤　　　　　　（b）LV温感变色羽绒服

图8-33　热致变色服装

2.光致变色材料

光致变色眼镜是镜片中含有变色因子卤化银和氧化铜的微晶粒。当强光照射时，卤化银分解为银和卤素，分解出的银的微小晶粒，使镜片呈现暗棕色；当光线变暗时，银和卤在氧化铜的催化作用下，重新生成卤化银，于是镜片的颜色又变浅了。变色镜片能在任何环境中提供最适合的眼镜的紫外线和眩光防护（图8-34）。

图8-34　光致变色眼镜

（1）变色原理及材料类型。光致变色材料是一种能在紫外线或者可见光的照射下发生变色、光线消失后又可以逆变到原来颜色的功能性染料。其变色机制主要是通过光照引发其分子结构或物理状态的改变，从而导致颜色的变化。目前，光敏变色材料已发展到有4个基本色：紫色、黄色、蓝色、红色。

光致变色材料主要有变色粉末、变色油墨、变色纱线及3D打印线材等（图8-35）。

（a）光致变色粉末　　　　（b）光致变色油墨　　　　（c）光致变色纱线　　　（d）光致变色3D打印材料

图8-35　几种变色材料

（2）光致变色材料应用。在穿戴方面，紫外变色材料常用于制作服装、鞋帽、箱包、首饰等，形成独特的创意设计。例如，在2023年巴黎时装周上，日本设计师品牌安瑞尔奇（ANREALAGE）推出秋冬系列，以光敏感材料制作衣裙。在紫外线灯光照射下，原本纯白的衣装秒变缤纷模样，仿佛童话里会出现的场景，非常神奇［图8-36（a）］。新百伦（NEW BALANCE）也推出了光致变色鞋面，使鞋子在光线条件不同的情况下呈现出多彩的效果，增加穿戴者的个性［图8-36（b）］。飒拉（ZARA）也推出了紫外变色包［图8-36（c）］。

（a）ANREALAGE紫外变色裙　　（b）NEW BALANCE光致变色鞋　　（c）ZARA紫外变色包

图8-36　紫外变色服装、鞋和包类产品

紫外变色材料在防伪标签、艺术品创作中独具特色。防伪领域利用其不易察觉的紫外线反应，确保标识真伪难辨；艺术领域则通过其光影变幻，创造出独特且多面的作品。

3. 电致变色材料

波音787的窗口玻璃没有遮光板，而是一个旋钮，用以调暗或调亮（图8-37）。这种玻璃是一种响应快速的电致变色玻璃，玻璃中添加一层对电磁场比较敏感的电致变色材料，当被施加不同电压以及正负极方向时，玻璃的颜色和透明度就会改变，而且在几秒内响应完成。采用电致变色玻璃，可营造不同的环境氛围，便于乘客休息和观光。电致变色材料在变色玻璃上和电子显示器上得到应用（图8-37）。

图8-37　电致变色玻璃

电致变色材料是一类在电场作用下发生颜色变化的材料。这些材料可以通过调整电场的强度或极性来改变其颜色、透明度或其他光学性质。这类材料通常包含能在电场作用下发生可逆性变化的分子结构改变、离子浓度变化或晶体结构改变。与前述几种变色材料相比，电致变色可控性高、材料种类和颜色变化更加丰富等。

电致变色材料在穿戴领域也有应用，以改善穿戴产品的外观、功能和用户体验。例如，眼镜品牌太若科技（XREAL）开发了一款电致变色AR眼镜，以适应不同光线环境，实现全场景全天候适用［图8-38（a）］。在服装上，2020年东华大学王宏志团队首次实现了多色彩电致变色纤维的连续化制备，并且具有良好的电化学和环境稳定性［图8-38（b）］。该纤维可编织成大面积智能变色织物，或植入到织物中形成不同图案，在可穿戴显示和自适应伪装等领域具有广阔的应用前景。虽然取得一些进展，电致变色材料在服装上的应用仍处于实验室阶段。

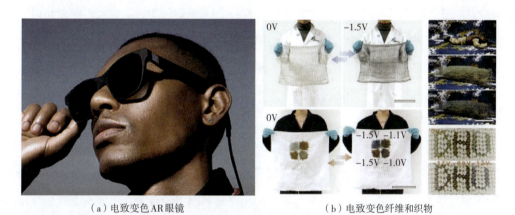

（a）电致变色AR眼镜　　　　　　　　　　（b）电致变色纤维和织物

图8-38　电致变色AR眼镜、电致变色纤维和织物

（二）智能调温材料

1. 相变材料

（1）相变材料原理及类型。相变材料（Phase Change Materials）是一类具有特殊热学性质的材料，其在相变过程中能够吸收或释放大量的热量，而不显著改变其温度［图8-39（a）］。其中吸收或者释放的热量称为相变潜热，恒定的温度称为相变温度。例如，冰块是一种典型的相变材料，其在融化过程中吸收热量，而在凝结过程中放出热量，两个过程物质温度始终为零［图8-39（b）］。

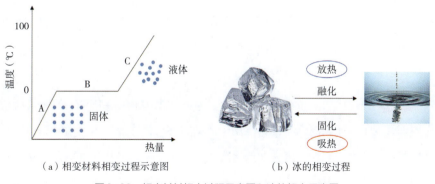

（a）相变材料相变过程示意图　　　　　（b）冰的相变过程

图8-39　相变材料相变过程示意图和冰的相变示意图

相变材料的成分可以根据其具体的应用和所需的相变温度范围而有所不同。用于人体的常见相变材料包括石蜡、水合盐和聚合物相变材料等。

（2）相变材料在服装上的应用。目前，相变材料通常密封于塑料袋中，形成相变材料包［图8-40（a）］，或者密封于高分子材料内形成相变材料胶囊［图8-40（b）］。

相变材料包通常置于缝在服装内层的口袋中形成相变制冷服［图8-40（c）］。这种服装制冷效果好、制冷时间较长（通常半小时以内），但是重量较重，而且长时间使用时，需要更换新的相变材料包。其中，相变材料包需要放在比自身相变温度低的环境内储存，且环境温度越低，完成逆向的相变过程越快，越有利于其储存再使用。该类相变制冷服装通常用于高温环境中职业人员的热防护，例如宇航员、消防人员和建筑工人等，以减弱热相关的伤害，保护其安全和健康。

相变材料胶囊可以通过纺丝的方法植入纤维内制成相变纤维，再加工成纱线和织物，最后做成服装［图8-40（d）］。这种服装和普通服装无差异，且在人体接触瞬间，赋予人体凉爽感，但是很快就消失，这主要与较少的相变材料添加量有关。这种相变纤维应用于夏季服装、床品等。另一种方式是将相变材料胶囊直接整理于织物，这种织物效果较前者好，但是透气性差且挺括，不适合贴身穿着。

（a）相变材料包　　　（b）相变材料胶囊　　　（c）相变制冷服　　　（d）相变材料纱线和面料

图8-40　相变材料的应用

2. 仿生调温材料

仿生设计材料是采用仿生学原理，通过模仿生物体在不同环境条件下的自然适应性，设计出具有类似功能的纤维材料。仿生热湿管理织物是模仿自然界生物体的调温、保湿和排汗机制，以提供穿着者更为舒适的体验。

这种仿生材料可以应用于运动服装、户外装备和床上用品等。例如，Nike公司基于松球开闭效应原理开发了智能调温调湿面料，用于运动服装。松球外层主要由鳞片构成，而鳞片由双层结构构成，即沿着鳞片长度方向遇水膨胀、失水收缩的鳞片底部以及坚硬无变化的鳞片上层［图8-41（a）］。为确保种子的正常发育，在潮湿状态下，鳞片底部吸水膨胀，带动鳞片相互合拢，形成一个相对密闭的结构，而在干燥状态下，鳞片底部失水收缩带动鳞片张开，允许外部空气和湿度进入。Nike公司开发的仿松球效应织物，采用两种不同缩率的面料层合，即贴身层缩率大而外层缩率小，面料上分布激光切割的"扇叶"［图8-41（b）］。人体出汗时，扇叶自动张开；皮肤恢复常态时，扇叶自动闭合，实现智能调节。

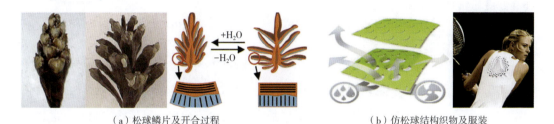

（a）松球鳞片及开合过程　　　　　　　　（b）仿松球结构织物及服装

图8-41　松球开合原理及Nike发明的仿松球服装

再如，麻省理工学院研究人员设计了一种仿生透气运动服，该服装带有透气如胶片挡板，可以根据运动员的身体热量和汗液打开和关闭。这些拇指大小的挡板内衬着活的微生物细胞（非致病性大肠杆菌菌株），这些细胞会随着湿度的变化而收缩和膨胀，可以诱导它们所覆盖的基底弯曲。

研究者们使用开发的细胞打印方法，将大肠杆菌细胞的平行线打印到乳胶片上，形成两层结构，并将织物暴露在不断变化的水分条件下。当将织物放在热板上干燥时，细胞开始收缩，导致上面的乳胶层卷曲。当织物暴露在蒸汽中时，细胞开始发光并膨胀，导致乳胶变平。在经历了100次这样的干/湿循环后，织物的细胞层或整体性能"没有显著退化"。在此基础上，设计了一套背部印有细胞内衬乳胶挡板的跑步服，并通过穿着实验证明该服装更加凉爽舒适（图8-42）。

图8-42　背部印有细胞内衬乳胶挡板的跑步服

3. 形状记忆纤维

美国宇航局曾利用Ti-Ni形状记忆合金加工制成半球状的月面天线，并通过形状热处理技术将其压缩成一团，以便通过阿波罗运载火箭轻松地送上月球表面。当这团被压缩的天线受到太阳照射加热时，Ti-Ni形状记忆合金特性被激活，它开始恢复原来形状，最终重新展开成正常月面天线（图8-43）。

图8-43　美国宇航局利用Ti-Ni形状记忆合金加工的月面天线

（1）形状记忆纤维定义和原理。形状记忆材料是指具有一定初始形状的材料经形变并固定成另一种形状后，通过热、光、电等物理刺激或化学刺激处理又可恢复成初始形状的材料，如图8-44所示。

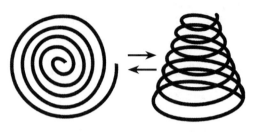

图8-44 形状记忆材料的相变示意图

形状记忆材料根据其恢复形状的方式可以分为单程（One-way）、双程（Two-way）和全程（Multi-way）。单程形状记忆材料是指材料只能在一个方向上恢复其原始形状，这意味着一旦材料被激活并改变了形状，它只能在一个方向上返回原始状态；双程形状记忆材料具有在两个方向上恢复形状的能力，这意味着它可以在两个不同的形状之间来回切换；全程形状记忆材料具有在多个方向上恢复形状的能力，而不仅仅局限于两个方向。

合金型形状记忆材料的原理是相变。这些材料中通常包含两个或更多的相（结构状态），其中最重要的是马氏体相和奥氏体相，并且在外部刺激下可以在这些相之间进行可逆的相变。具体形状记忆过程为：在初始状态，该材料处于奥氏体结构，其为一种相对稳定的有序晶体结构，通过加热至高温，材料发生相变，奥氏体结构转变为亚稳定的马氏体结构。在这个马氏体状态下，材料能够容许塑性形变，保持一定形状；通过冷却至低温，马氏体结构又转变为奥氏体结构（图8-45）。

（2）形状记忆材料种类。根据刺激源，形状记忆材料分为合金型和铁磁性形状记忆材料。合金型形状记忆材料是基于金属合金的相变，包括镍钛合金（Ni-Ti合金）和铜铝锰合金等，这些材料的相变通常与温度变化相关，外部热源可以触发相变，导致形状的变化和恢复。铁磁性形状记忆材料是基于铁磁性相变，通常包括铁磁性和非铁磁性两个相。应用外部磁场可以导致铁磁性相的变化，从而实现形状的变化和恢复。目前，较为成熟的为合金型形状记忆材料。

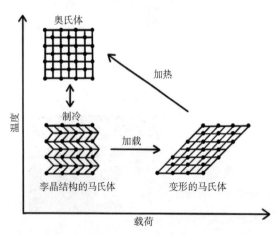

图8-45 形状记忆材料的相变过程示意图

（3）形状记忆材料的应用。形状记忆材料可以集成到智能纺织品中，以实现自适应调节温度、形状或压力，提供更符合用户需求的穿戴体验。例如，意大利Corpo Nove公司通过在面料里加入镍、钛和锦纶设计出一款具有"形状记忆功能"的"懒人衬衫"，当外界气温偏高时，衬衫的袖子会在几秒内自动从手腕卷到肘部，当温度降低时，袖子也能自动复原［图8-46（a）］。Skyscrape公司也发明了一件"冷胀热缩"的智能保温外套。这种衣服由一种形状记忆纱线织成，其可随温度的变化伸缩，从而引起面料的伸展或卷曲，由此形成服装厚薄的变化，从而实现温度的调节［图8-46（b）］。再如，有研究者将Ni-Ti形状记忆合金织入织物内，用于消防服装的隔热层，在外界热源的刺激下，隔热层厚度增加，而外界热源撤除下，隔热层厚度减小，从而兼顾了消防服的隔热性及舒适性［图8-46（c）］。

（a）"懒人衬衫"　　　　　　　　　　　（b）智能保温外套

形状记忆纤维

加热

（c）消防服装隔热层

图8-46　融合形状记忆材料的服装

形状记忆材料也被用于运动鞋设计上。例如，Nike公司推出了一款自动系鞋带的智能鞋。该鞋的简单系鞋带和解鞋带功能主要与鞋底部的镍钛合金弹簧及无线充电垫有关（图8-47）。当脚放入鞋内并站在充电垫上时，镍钛弹簧被加热，产生膨胀并使鞋子打开；当脚放入鞋内并离开充电垫时，镍钛弹簧开始冷却并恢复其原始形状，从而使鞋子紧密地

图8-47　Nike公司推出的自动系鞋带的
智能鞋

包裹在脚踝周围。形状记忆材料也可以应用于制作眼镜架、手表等。这些产品可以根据用户的体型自适应调整，为佩戴者提供更舒适的佩戴感和更好的视野。

本章小结

- 探讨了功能与智能服装材料的最新发展，这些材料通过特殊设计和技术，不仅具备传统服装的功能，还增添了舒适性、防护性及智能化特性，满足现代人对服装的高要求。

- 详细介绍了多种功能材料，如吸湿排汗纤维、超吸水材料、功能调温服装材料等，及其在服装设计中的应用。这些材料通过改善服装的微环境，提升穿着者的体验和舒适度。

- 阐述了智能材料的定义与特性，并介绍了变色材料、相变材料、仿生调温材料和形状记忆材料等智能材料在服装设计中的创新应用。这些材料能够感知环境变化，并作出响应，实现特定功能。

- 探讨了如何将功能性与时尚设计相结合，通过反光材料、夜光材料和光纤等材料的创意运用，不仅提升了服装的安全性，还创造了独特的视觉效果和动感。

- 功能与智能服装材料的发展体现了科技与时尚的深度融合，未来随着技术的不断进步，这类材料将更加智能化、多功能化，为服装行业带来更多创新和变革。

思考与练习

1.探讨新型材料如何改善服装的透气性、吸湿性、保暖性等物理性能，以及如何通过智能调节温度、湿度等参数来提升穿着的舒适度和健康水平。

2.探讨如何平衡吸湿排汗材料的性能与服装的舒适性、美观性，并考虑不同运动强度和环境下对材料性能的需求。

3.分析反光和发光纤维在夜间或低光环境下的可见性效果，并讨论如何将这些材料应用于更广泛的服装类型，如工作服、儿童服装等，以提高穿着者的安全性。

4.分析变色材料在时尚设计中的应用，如根据穿着者的体温、情绪或环境变化改变颜色，讨论这种材料如何满足消费者对个性化和独特性的追求，并探讨在生产和应用中可能面临的挑战。

5.探索形状记忆材料在服装设计中的创新应用，如实现服装的快速变形、适应不同身体形态或提供特殊的支撑功能。同时，讨论这种材料在生产和加工过程中的技术挑战和解决方案。

| 第九章 |

智能可穿戴服装技术

课题名称：智能可穿戴服装技术

课题内容：1. 智能可穿戴服装技术概述

2. 智能可穿戴技术的应用案例

上课时数：4课时

训练目的：深入了解智能可穿戴技术的基本概念、发展历程及重要
性，掌握各类功能服装材料与智能服装材料的制备技术、
性能特点及应用案例，使学生具备智能可穿戴技术领域
的创新思维与实践能力。

教学要求：1. 理解智能可穿戴技术的基础。

2. 掌握功能服装材料与技术。

3. 掌握智能服装材料与应用设计。

4. 探讨智能可穿戴技术的实现与应用。

课前准备：阅读智能可穿戴技术相关文献与报告，关注行业动态与
趋势。

在科技日新月异的今天，智能可穿戴技术以其独特的优势，正逐步融入我们生活的方方面面。传感器作为智能可穿戴设备的"眼睛"和"耳朵"，负责捕捉并传递各种人体和环境信息。电路则是这些信息的传输和处理中心，确保数据的准确性和实时性。而导电纱不仅为设备提供了必要的导电性，还赋予了穿戴设备前所未有的时尚感。另外通过具体的智能穿戴案例，可以直观地感受到智能可穿戴技术在真实世界的应用，也可以激发设计者在智能可穿戴技术领域的创新思维和灵感。

第一节　智能可穿戴服装技术概述

一、智能可穿戴服装技术概念

2017年，谷歌Google联合李维斯Levis推出了一件"能联网能充电"的智能牛仔夹克，它能通过蓝牙与手机相连，穿戴者只需在袖口上点击滑动，就能回复电话、切换音乐、导航和查询附近消息，城市骑行者们再也不需要在繁忙的街道上停下来拿出手机操作了。该智能夹克融合了柔性导电材料、微电子技术、移动通信系统、算法等，为穿着者提供更加方便、舒适且个性化的生活方式（图9-1）。

图9-1　Google联合Levis推出的"能联网能充电"的智能牛仔夹克

智能可穿戴服装技术是一种结合了智能技术和服装设计的创新型技术，旨在将传感器、微处理器、可穿戴电子元件等嵌入服装中，通过内置的传感器感知用户的生理指标、运动状态以及周围环境，利用微处理器对数据进行处理，并通过无线通信技术将结果传输到用户的手机或其他设备上进行分析和显示。智能可穿戴服装技术的应用广泛，包括健康追踪、运动监测、睡眠分析、生活方式管理等领域。未来，随着技术的不断进步和应用场景的扩展，智能可穿戴技术有望在医疗保健、智能家居、虚拟现实等领域发挥更大的作用，为人们的生活带来更多便利和可能性。

二、智能可穿戴服装的组成部分及关键技术

智能可穿戴服装通常包括导电纱线、传感器、微处理器、电源、通信模块和用户界面。

（一）导电纱线

导电纱线是一种具有导电性能的特殊纱线，通常由普通纤维和导电材料混合制成，具有较好的导电性和柔软性，其是制备柔性穿戴技术的重要材料。它可以作为导电纱线连接智能装备中的各个电子元件和组件，可作为数据传输线路用于传输传感器采集的数据或与外部设备进行通信，用于制作各种传感器如压力传感器、温度传感器等。如图9-2所示为导电纱缝纫制作的交互产品。

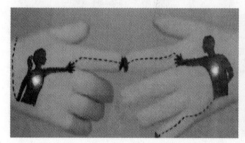

图9-2　导电纱缝纫制作的交互产品

常见的导电纱线有以下几种。

1. 金属导电纱线

金属导电纱线主要由金属纤维和纺织纤维混纺制成，其中金属纤维包括铜纤维、银纤维等［图9-3（a）］。它具有优良的导电性、耐磨性和耐腐蚀性，但也存在一些缺点，例如，可能导致人体金属过敏，具有较高的成本、较大的重量且弹性差。

2. 纳米金属涂层导电纱线

纳米金属涂层导电纱线主要是将普通纤维或者纱线表面涂覆纳米金属材料制成（如常见的镀银纱线）［图9-3（b）］。它通常具有良好的导电性能和耐腐蚀性，但存在较高的制造成本、镀层易磨损、导电性能受限等缺点。

3. 碳纤维导电纱线

碳纤维导电纱线是一种由碳纤维制成的导电性纱线［图9-3（c）］。其导电性能优于金属纱线和镀银纱线，轻质高强且耐磨性、耐腐蚀性好。这种纱线制作成本高，导电性能略逊于金属，不适用某些要求高的场景；相比于金属导电纱线，它更容易受到损耗，特别是在摩擦的情况下可能会损坏。

4. 碳纳米管导电纱线

碳纳米管导电纱线是由碳纳米管与其他纤维混纺而成［图9-3（d）］。其导电性远优于其他导电纱线，是一种轻质高强的材料。但是该材料存在生产成本较高、由于碳纳米管的分散性差导致的纱线稳定性差和可靠性差等问题。另外，碳纳米管生产过程可能会涉及一些环境污染问题。

（a）金属导电纱　　　（b）纳米金属涂层导电纱　　　（c）碳纤维导电纱　　　（d）碳纳米管导电纱

图9-3　几种导电纱

（二）传感器

在智能服装中，传感器可以收集人体活动和生理数据、环境参数等，为智能服装提供必要的信息，从而实现某种功能。常用的传感器及作用如下。

1. 加速计

加速计是一种用于测量物体加速度的传感器。在智能可穿戴设备中，加速计通常采用微电机加速度技术实现，其可以检测设备在三个轴（X、Y、Z轴）方向上的加速度，通常以重力加速度为基准（图9-4）。加速度计可以帮助设备判断其当前的运动状态，如静止、运动、加速或减速，并根据这些数据进行相应的处理和应用。例如，手机内置的加速度计，可以进行屏幕方向调整、识别相机晃动等。

图9-4　三轴加速计

根据其测量轴数，加速度计可以分为单轴、双轴和三轴加速度计。

（1）单轴加速计只能测量一个方向上的加速度，如沿着X、Y或者Z轴中的一个方向。其结构简单、成本低，适用于某些特定场景，例如，可用于监测运动员跳跃、起跑时垂直方向上的加速度变化。

（2）双轴加速计可以同时测量两个方向上的加速度，提供了更多的运动信息，但是无法提供三维信息，其可用于平面内的游戏控制、智能玩具控制等。

（3）三轴加速度计可以同时测量三个方向上的加速度，提供了最全面的运动信息，适用于大多数应用场景，但是成本和功耗可能较高，例如，可以结合其他传感器进行室内定位与导航、用于运动追踪和健身监测等。

2. 陀螺仪

陀螺仪是一种用于测量设备的角速度或旋转速度的传感器。它可以监测物体围绕其三个轴（X、Y、Z轴）的旋转运动，通常由微电机、振动陀螺和一些电子元件组成（图9-5）。用于智能穿戴技术中的陀螺仪通常为微电子机械系统（MEMS）陀螺仪，其体积小、功耗低、成本较低。例如，手机内的MEMS陀螺仪可以感知其旋转或者倾斜，并将其转换为数字信号，以便应用程序或操作系统可以理解设备的姿态变化。

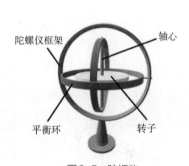

图9-5 陀螺仪

在智能穿戴技术中，陀螺仪可以进行姿态跟踪和手势识别，例如，在智能手表中，陀螺仪可以检测用户的手腕的旋转、摆动等动作，并根据手势触发相应的功能或应用，如滑动界面、选择菜单、接听电话等。陀螺仪可以进行运动监测和健康跟踪，例如，智能手环通常内置陀螺仪，其可以监测步行、跑步、骑行等活动，并记录用户的运动数据，如步数、运动距离、卡路里消耗等，从而帮助用户跟踪健康和运动情况。

在虚拟现实技术中，陀螺仪可以用于智能眼镜等智能穿戴设备中，帮助跟踪用户的头部运动，设备可以相应地调整显示内容，使用户获得更加沉浸式的体验。陀螺仪对用户进行姿势纠正和姿态训练，例如，陀螺仪可以置于智能服装或智能头环内监测用户的身体姿态和动作，帮助用户正确执行动作及纠正姿势，提高训练效果。

3. 深度传感器

深度传感器是一种用于测量物体距离的传感器，其作用是获取物体与传感器之间的距离信息（图9-6）。这种距离信息可以用于识别物体的位置、形状、运动等，从而在许多应

图9-6　一种深度传感器

用中起到关键作用。例如，手机双摄像头系统中的一个摄像头主要用于捕获彩色图像，而另一个摄像头用于实现深度感知功能，可以为用户提供更多的拍摄和体验选项，如景深调整、虚化效果、3D扫描等。深度传感器主要基于时间飞行（Time-of-Flight）、结构光（Structured Light）和双目视觉（Stereo Vision）。时间飞行原理通过发送光脉冲，并测量光脉冲从传感器发射到物体表面再返回的时间来确定物体与传感器之间的距离。结构光原理使用一种特殊的光源（通常是红外线激光器）来投射光的结构化图案（通常是格子或条纹）到物体表面上，物体表面上的纹理会改变投射图案，传感器捕捉到的这种变化可以被用来计算物体表面各个点的深度信息。双目视觉原理通过模拟人类双眼视觉来测量深度，主要包括两个摄像头，分别模拟左眼和右眼，它们以一定距离分开，通过分析两个摄像头拍摄到的图像之间的像素位移，可计算出物体与摄像头之间的距离。

在智能穿戴技术中，深度传感器可以用于手势识别，即用户可以通过手势来控制智能设备，比如调节音量、切换界面、播放视频等。也可用于姿势监测，例如深度传感器可以通过监测用户的姿势来提供反馈，帮助用户改善姿势或者进行正确的运动。深度传感器也可以感知环境，包括检测障碍物、测量距离和识别物体，这可以用于虚拟对象与现实环境的交互，如导航和定位等。

4. 心率传感器

心率传感器是一种用于监测人体心率的传感器，它可以测量心脏跳动的频率，并将这些数据转换成数字信号或者其他形式输出。

心率传感器有三种类型，第一种为光学式心率传感器，它通过照射皮肤表面，并测量被反射回来的光线的变化来监测心率，使用LED和光敏元件（如光电二极管）来实现，主要应用于智能手表、智能手环等智能穿戴设备（图9-7）。该传感器的优点在于非侵入性，使用方便，舒适度较高，便于日常使用，但是容易受光线、皮肤接触等因素的影响，可能在运动或者特定环境下准确性略有下降。第二种为电容式心率传

图9-7　光学式心率传感器

感器，它利用电容变化来检测心率，即当心跳时，血液流动会改变皮肤的电容，传感器可以检测到这种变化。这种传感器准确度可能略高于光学式传感器，尤其在运动中准确度较高。第三种为压电式心率传感器，它通过测量血流压力变化来监测心率，即当心脏跳动时，血液流动会导致皮肤微小的振动，压电传感器可以检测到这些振动并将其转换为心率数据。这种传感器置于智能手环、智能手表等设备中，通过与皮肤接触或贴近皮肤的方式来监测心率。压电式心率传感器可以提供相对较高的准确率，但是对手表的设计和佩戴方式有一定要求，且少见于智能穿戴技术中。

为了提高测试准确性及佩戴舒适性，柔性心率传感器也是近年来的研究热点。相比于传统的刚性传感器，柔性传感器更适合贴合在人体曲面上。柔性心率传感器通常由织物柔性基底、传感器元件和信号处理器等组件构成，其可以基于光学、电容、压电等原理，用于测量心跳并将其转换成电信号或数字信号。

5. 心电传感器

心电传感器是一种用于监测心电活动的传感器，其作用原理主要基于人体心脏的电生理特性。心电传感器通常由多个电极组成，这些电极通过贴附在人体皮肤上与身体表面接触。心脏在搏动时会产生微弱的电信号，这些信号可以通过皮肤传播到传感器电极上。心电传感器将这些信号放大和滤波后，转换成数字形式，以便计算机或其他设备进行处理和分析。处理后的心电数据可以通过无线或有线方式传输到监测设备或云端服务器进行进一步分析和存储。

心电传感器有单导心电传感器和多导心电传感器。其中，单导心电传感器通常使用一对电极，将心电信号从身体表面传感到设备上，用于基本的心电监测和诊断；多导心电传感器使用多个电极，可以在不同的位置收集心电信号，提供更详细的心电图信息，用于更精确的心脏健康评估和疾病诊断。在智能穿戴技术中，心电传感器可植入智能手环和智能服装内，可实时监测用户的心率、心律等指标，并将数据传输到智能手机或云端进行分析和存储，可用于运动监测、睡眠监测、健康监测等。

6. 血氧传感器

血氧传感器是一种用于测量血液中氧气饱和度的设备，常用于医疗和健康监测领域。血氧传感器的作用原理基于血红蛋白的光谱特性：血红蛋白是一种存在于红血细胞中的蛋白质，负责运输氧气到身体各个部位，血氧传感器通过测量血红蛋白的光吸收特性来确定血液中的氧气饱和度。血氧传感器通常由光源、光电探测器和信号处理器组成，红外光源发射特定波长的红外光，经过皮肤后被血液吸收，光电探测器（如光电二极管）测量透过组织的光量，信号处理器将这些数据转换成血氧饱和度百分比，即透过血液的光量与未被吸收的光量的比例。

血氧测量的准确性通常取决于传感器与皮肤的接触程度以及测量位置的血液循环情况。一般情况下，血氧传感器置于人体指尖和耳垂等部位，测量结果较为准确。指尖和耳垂部位皮肤较薄、血管丰富，可以准确地获得血氧数据。在一些特殊应用场景中，如在手术过程中或在重症监护病房中，血氧传感器可能被放置在额头上进行连续监测。额头皮肤较薄，可较准确地测量血氧数据。

在智能穿戴技术中，智能手环和手表，如华为荣耀手环、AppleWatch 等，都配备了血氧传感器，可以监测用户的血氧水平。一些智能耳机（如 Apple AirPods Pro）也配备了血氧传感器。

华为手表推出了基于光学技术的血氧监测手表（图9-8）。该手表能够连续监测血氧饱和度，实时显示血氧百分比，并提供历史血氧数据，全天候守护用户的血氧健康。特别是在高原地区，由于氧气稀薄，人体容易出现缺氧症状，该手表的高原关爱模式能够实时监测海拔、心率、血氧等指标的变化，并通过智能算法进行风险评估，提供呼吸康复训练和健康建议，帮助用户更好地适应高原环境。

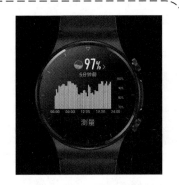

图9-8　华为血氧监测手表

7. 血压传感器

血压传感器是一种用于测量人体血压的设备，它可以监测动脉中的压力变化。血压传感器的作用是收集血压数据，通常用于医疗监护、健康追踪和个人健康管理等领域。血压传感器的作用原理主要是基于测量血液在血管内的压力。常见的血压传感器工作原理可以分为以下两种类型：

（1）压阻式传感器，这种传感器利用了电阻值与受力大小之间的关系。血压测量时，传感器的敏感元件（如柔性薄膜或硅压阻）被放置在测量位置上，当被血液压力挤压时，其电阻值会发生变化。这种变化通过电路传递到信号处理器，然后转换成相应的血压数值。

（2）光学式传感器，这种传感器主要利用激光多普勒效应：激光光束被照射到皮肤上，一部分光线会散射回来，而散射的光线经过多普勒效应会发生频率的变化，通过测量这种频率变化，可以确定血流速度，从而推断血压情况。这种传感器属于非侵入式，但是容易受到皮肤颜色、光线干扰等因素的影响，需要在使用时进行校准和调整。

在智能穿戴设备中，许多智能手表或手环都具有内置的光学传感器或压力传感器，可实时监测用户的血压。一些便携式血压监测仪可挂在手腕或胳膊上，通常具有自动充气和释放袖带的功能，并能够通过内置的传感器测量血压值。近几年来，学者们还研究了基于织物的血压传感器并将其植入衣物，更加舒适、透气，且可以更加便捷地进行血压监测，并将数据传输到手机或其他设备上供用户查看和分析。

8. 肌电传感器

肌电传感器是一种用于测量肌肉电活动（肌电信号）的传感器。它通常通过电极与人体肌肉接触，可以捕捉和记录由肌肉活动产生的微弱电信号，这些电信号随后通过连接部分传输到传感器的信号处理单元，进行放大、滤波和转换等处理，最终转换为数字信号用于记录、存储或分析。

其中，电极材料是由导电材料制成，例如，常用的银/银氯化物、碳纳米管、金属等，这些材料具有良好的导电性和生物相容性。电极的形状主要有圆形、方形、椭圆形或者其他特殊形状等，以确保与肌肉表面的紧密贴合，并提高信号捕获的效率。另外，为保证捕捉信号的灵敏度，电极上的导电区域常会采用微观结构（如微凹陷或微凸起）来增加与肌肉表面的接触面积，从而提高信号捕获的灵敏度。

目前，市场上出现了一些可穿戴的肌电监测设备。例如塔尔米克实验室（Thalmic Labs）推出了一款肌电臂环，可以监测手臂和手部肌肉的活动，并将这些信号转换成手势控制和运动跟踪等应用［图9-9（a）］。肯文特（Kinvent）研发的一款无线肌电传感器［图9-9（b）］，可以实时监测肌肉电活动，并提供高精度的肌电信号数据。该产品具有轻巧、舒适的设计，适合长时间佩戴。

9. 压力传感器

压力传感器是一种用于测量压力的装置，它能够将压力转换为电信号或其他可测量的输出信号。它的作用原理主要是基于压力敏感元件，而这个元件的原理主要如下：

（1）电阻式压力传感器，这种传感器利用压力导致元件

（a）Thalmic Labs的肌电臂环　　（b）Kinvent研发无线肌电传感器

图9-9　Thalmic Labs的肌电臂环和Kinvent研发无线肌电传感器

电阻值变化的原理来测量压力。当施加压力时，敏感元件的电阻会发生变化，这时可以通过测量电阻值来确定压力的大小。

（2）压电式压力传感器，这种传感器主要利用压电效应，当施加压力时，材料产生电荷，从而产生电压信号。这种电压信号与施加的压力成正比，因此可以用于测量压力。

（3）电容式压力传感器，这种传感器利用压力导致敏感元件电容值变化的原理来测量压力。当施加压力时，敏感元件的电容会发生变化，这种变化可以通过测量电容值来确定压力的大小。

（4）应变式压力传感器，这种传感器利用压力导致敏感元件应变的原理来测量压力。施加压力时，敏感元件产生应变，这种应变可以通过应变片或应变计来测量，进而确定压力。

在穿戴领域中，压力传感器可以集成到智能手环或手表中，用于监测佩戴者的血压变化。智能运动鞋可以内置压力传感器，通过分析脚底的压力分布，可以提供运动者的步态分析、姿势调整和跑步效率等优化建议。一些睡眠追踪器还集成了压力传感器，用于监测睡眠过程中床垫的压力变化，这种设备可以分析睡眠质量，并提供睡眠环境的改善建议。智能服装可以集成压力传感器，用于监测穿着者的姿势和活动，例如，可穿戴的智能背心或裤子可以通过压力传感器检测穿戴者的姿势是否正确，并提供实时反馈或提醒。

斯丽普奈姆（Sleep Number）公司开发了内置了压力传感器和其他传感器的智能床垫（图9-10），能够实时监测用户的睡眠姿势、呼吸和心率等生理数据。该智能床垫通常与手机应用程序配合使用，用户可以通过应用程序查看详细的睡眠报告，了解睡眠质量，并根据报告调整睡眠习惯。

图9-10　Sleep Number公司开发的智能床垫

10. 温湿度传感器

（1）温度传感器是一种用于测量温度的传感器，常见类型及作用原理如下：①电阻式温度传感器，它利用物质的电阻与温度之间的关系来测量温度。其通常使用铂、镍或铜等材料制成，当温度变化时，电阻值会随之变化。温度传感器通过测量电阻值的变化来确定温度，通常使用电桥或其他电路来将电阻变化转换为温度读数。②热电偶传感器，它利用两种不同金属导线在不同温度下产生的热电势差来测量温度，这种原理称为热电效应。热电偶由两种不同金属导线连接在一起，当两个连接点的温度不同时，就会产生电压信号，根据热电偶的类型和材料，这种电压信号与温度之间存在一定的线性关系。③热电阻传感器，它利用材料的电阻与温度之间的关系来测量温度。通常使用的是半导体材料，如铁氧体或硅。当温度变化时，材料的电阻值会发生变化，通常是负温度系数或正温度系数，该传感器通过测量电阻值来确定温度。

（2）湿度传感器是用于测量环境湿度水平的传感器，常见的类型与作用原理如下：①电容式原理，它利用空气中的湿度影响电容的原理来测量湿度。这种传感器通常包含两个电极之间的电容器，其中一个电极具有水分敏感的涂层。当湿度增加时，水分会吸收到涂层中，导致电容器的电容量变化。通过测量电容的变化，可以确定环境的湿度水平。②电阻式原理，它使用湿度敏感材料（如聚合物或陶瓷）来检测湿度变化。这些材料的电阻随着湿度的增加而变化。传感器通过测量电阻的变化来确定湿度水平。③电化学原理，它利用湿度对电化学反应的影响来测量湿度。传感器通常包含一个电化学元件，当湿度变化时，会导致电化学反应的速率发生变化，从而改变电流或电压的输出。通过测量电流或电压的变化，可以确定环境的湿度水平。④加热式原理，它利用水分对热传导的影响来测量湿度。传感器通常包含一个加热元件和一个测量元件，当湿度增加时，水分会影响加热元件和测量元件之间的热传导，从而改变测量元件的温度。通过测量温度的变化，可以确定环境的湿度水平。

在穿戴产品中，温湿度传感器可以集成到手表/手环中，可以实时监测周围环境的温度和湿度，帮助用户了解周围环境的气候情况，为户外活动、健康管理等提供有效的数据和参考。

（三）微处理器

微处理器是智能穿戴技术中的核心控制单元，负责执行穿戴设备的各种功能，主要包括数据处理、传感器数据采集和处理、用户界面的管理和通信功能等。

1. 微处理器组成

（1）中央处理器（CPU）：这是微处理器的核心部分，负责执行指令和处理数据。CPU通过执行各种算术和逻辑运算以及控制指令的执行流程，来驱动智能穿戴设备的各种功能。

（2）内存：内存是存储数据和指令的地方，用于暂时存放CPU运算时所需要的程序代码和数据。智能穿戴设备的微处理器通常配备有高速缓存来加速数据的存取速度，提高整体性能。

（3）输入、输出接口：这些接口负责将微处理器与外部设备（如传感器、显示器、通信模块等）连接起来，实现数据的输入和输出。通过这些接口，智能穿戴设备能够与环境进行交互，获取外部信息并做出相应的响应。

（4）时钟系统：时钟系统用于产生和控制微处理器内部的时序信号，确保各个部件能够按照预定的顺序和速度进行工作。这对于保证智能穿戴设备的稳定性和性能至关重要。时钟系统还可以根据实际需求调整时钟频率和占空比，以实现功耗优化和性能平衡。此外，时钟系统还具有抗干扰能力，能够抵抗来自外部环境的电磁干扰和噪声，保证时序信号的稳定性和准确性。这对于智能穿戴设备来说尤为重要，因为设备常常处于复杂的电磁环境中，如手机信号、Wi-Fi等无线信号的干扰。

（5）电源管理单元：智能穿戴设备对功耗控制要求严格，因此电源管理单元在微处理器中扮演着重要角色。它负责监控设备的电源状态，根据实际需求调整功耗，以实现更长的续航时间。

（6）外设控制器：外设控制器负责管理和控制智能穿戴设备上的各种外设，如触摸屏、摄像头、音频设备等。通过外设控制器，微处理器能够与这些设备进行有效的通信和数据交换。

除了以上主要部分外，智能穿戴设备的微处理器还可能包括其他辅助电路和模块，如复位电路、终端控制器、总线控制器等，以确保微处理器的正常运行和高效工作。

2. 微控制器用到的关键技术

（1）低功耗设计：微处理器需要具备低功耗设计，以延长电池寿命并提供更长的使用时间。该技术主要通过硬件和软件实现：①采用低功耗蓝牙技术，例如蓝牙5.0版本相比蓝牙4.2版本，在功耗、连接速度、距离以及广播数据传输量方面都有显著的提升。②进行硬件优化，部分智能穿戴芯片采用了独特的"双待机"低功耗模式。③进行软件优化，例如，使用节能模式、减少后台应用程序的运行、优化数据传输和处理方式等，都能有效延长设备的续航时间。④能量收集与管理，一些先进的智能穿戴设备还采用了能量收集技术，如太阳能充电、动能转换等，以补充设备的能量。

（2）小型化和集成设计：微处理器需要具备小型化和集成的特性，实现设备便携性和舒适性。小型化意味着在更小的空间内集成更多的功能模块，可实现更多样化的功能，满足用户日益增长的需求，同时可以降低成本。此外，小型化的微处理器通常具有更低的功耗。

（3）具备通信功能：微处理器通常需要支持各种通信协议，如蓝牙、Wi-Fi等，以实现智能穿戴设备与其他设备（如智能手机、电脑等）之间的数据交换和通信。

（4）安全性高：微处理器需要具备一定的安全性能，以保护用户的个人数据和隐私不受未经授权的访问和攻击。

（5）实时性要求：微处理器需要具备较高的计算速度和响应速度，以确保设备能够实时准确地响应用户的操作和需求。

3. 智能可穿戴服装的设计流程

智能可穿戴服装设计流程是一个涉及多个环节的复杂过程（图9-11），基本过程如下：

（1）用户需求分析与市场调研：首先，需要对目标用户群进行深入的需求分析，了解他们的生活模式、穿着习惯、对智能可穿戴服装的具体生理和心理需求等。其次，进行市场调研，了解当前市场上类似产品的状况，分析竞争对手的优缺点。

（2）概念设计与方案制定：基于用户需求分析及市场调研结果，开始构思智能可穿戴服装的初步概念，包括服装的颜色、面料、款式和结构造型等。同时，确定智能功能的技术实现方式，如传感器选择、通信协议设计等。

（3）技术研发与测试：开发实现所需智能功能的硬件和软件。这包括传感器的选型与集成、通信模块的开发、数据处理算法的设计等。完成后，进行一系列的测试，确保各项功能稳定可靠。

（4）原型制作与性能评价：根据设计方案和技术研发成果，制作智能可穿戴服装的原型，并进行性能评价。需要开展基础的物理实验（包含面料拉伸性、耐磨性、透气性、色牢度等测试），电子技术测试（包括传感器准确性和响应速度、芯片运算速度及数据处理能力、电池续航能力及充电效率、无线通信等测试），气候舱体实验（舒适性、安全性测试、智能服装在不同环境下的性能稳定性等），小型的现场实验（在模拟的真实使用场景中，雇用小部分人群，测试智能服装功能、可靠性和用户体验）与广泛现场实验（在真实的使用场景中，雇用一大批人群，测试智能服装功能、可靠性和用户体验）。

（5）生产准备与量产：在原型试穿和优化完成后，开始准备生产。这包括制定生产工艺流程、采购原材料、组织生产线等。随后进行批量生产，确保产品质量和产能满足市场需求。

（6）市场推广与销售：制定市场推广策略，通过各种渠道宣传智能可穿戴服装的特点和优势。同时，建立销售渠道，将产品推向市场，满足消费者的需求。

在整个研发过程都要遵循环境保护和满足用户需求的原则。智能可穿戴服装的设计还需要考虑人体工学、舒适性和美观性等因素。例如，服装的款式和面料需要符合人体工学原理，确保穿着舒适；同时，还需要注重美观性，使服装既具有科技感又不失时尚感。

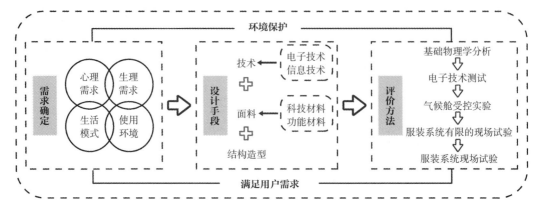

图9-11 智能可穿戴服装设计流程

第二节 智能可穿戴技术的应用案例

一、竞技运动

智能可穿戴产品在竞技运动领域的应用日益广泛，它们不仅为运动员提供了更为精准的数据反馈，还通过创新科技提高了运动表现和舒适度。智能可穿戴产品集成了各种传感器，能够实时监测运动员的心率、呼吸、体温、卡路里消耗、步数等生理和运动数据。这些数据通过无线传输技术实时传输到教练或分析师的设备上，帮助他们更准确地评估运动员的状态和表现，从而制定更为科学的训练计划和比赛策略。智能穿戴产品有：维多利亚的秘密心率监测文胸、赫克索金（Hexoskin）智能运动T恤、苏帕·鲍沃德（SUPA Powered）运动文胸和博迪普拉斯（BodyPlus）智能运动衣等。

拉夫·劳伦（Ralph Lauren）推出的智能球衫OMSignal（图9-12）。该服装编织有心率、呼吸、压力传感器和导电银线，然后连接到一个防水且续航能力达到30小时的"黑盒子"。该盒子与App连接并可读取数据。由于该服装覆盖整个上半身，测量结果比智能手表、健身腕带等更加精准。

再如，森索里亚（Sensoria）推出第二代健身袜，内置了100%的纺织品传感器（图9-13）。袜子中设有3个织物压力传感器，分别在脚后跟和前脚掌两侧呈

图9-12 拉夫·劳伦推出的智能球衫 OMSignal

三角形放置，可以测量跑步时脚步压力、步数、步态、速度、重量分布、卡路里消耗和步调距离等信息，通过脚环发送到移动设备上。这个脚环的重量大约为27g，穿戴时有些偏重，这个脚环可以续航长达一个月。

图9-13　Sensoria推出的第二代健身袜

此外，研究人员在运动鞋的脚后跟部位集成了传感器，能调节运动鞋以适应脚掌大小，除了可以自动系鞋带，还能通过手机查看自己的训练情况，包括跑步的公里数、消耗的热量、步速等（图9-14）。GOOGLE推出的智能鞋，内置了智能芯片，其通过蓝牙与手机相连，可以把穿戴者的运动数据转换为相应的语音消息，然后"开口说话"。

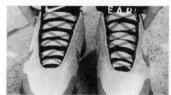  

图9-14　智能鞋

二、娱乐休闲

智能服装在娱乐休闲领域的应用，为人们的生活带来了更多的便利和乐趣。这种融合了先进科技的服装不仅提供了实用功能，还为娱乐和休闲活动增添了互动性和个性化体验。

例如，李维斯（Levis）率先推出一款音乐外套，其面料由丝质透明硬纱制成，其中音乐播放功能由一个全面料电容键盘控制。该智能外套可以播放音乐，其能量来源主要为太阳能、风能、温度和物理能源等［图9-15（a）］。森索瑞（Sensoree）公司发明了一种可感知穿着者情绪的衣服，嵌在衣领内的LED灯会根据穿着者心情变换各种颜色。该服装是基于皮肤电反应，通过感应皮肤表层的湿度，进而分析出人的兴奋程度［图9-15（b）］。

再如，AMPL公司开发的

（a）李维斯推出的一款音乐外套　（b）Sensoree公司发明的可感知穿着者情绪的服装

图9-15　智能服装在娱乐休闲领域的应用（一）

智能背包配备有防水材料和可拆卸电池，包里的多个USB接口可随时为包里的电子设备如手机和笔记本电脑充电，并实时提醒电量水平［图9-16（a）］。此外，如果背包被落下忘拿时，还会发出警报提醒背包主人。三星推出的WELT皮带扣里内置了一个磁敏传感器，不仅可以实时测量腰围，还能感受到腰带张力的变化，发出警报，阻止穿戴者暴饮暴食［图9-16（b）］。

（a）AMPL公司开发的智能背包　　　　（b）三星推出的智能皮带

图9-16　智能服装在娱乐休闲领域的应用（二）

三、健康医疗

智能服装在医疗健康领域的应用正日益广泛。首先，智能服装通过内置的生物传感器实时监测心率、呼吸、体温、血压等生理指标，并将数据实时传输到手机或医疗中心。这使得用户，特别是老年用户，能够随时了解自己的身体状况，及时发现异常情况，并采取相应措施。其次，智能服装通过分析用户的生理数据，能够预测潜在的健康风险，如心脏病、糖尿病等慢性疾病的发病风险。

例如，智造生活（SmartLife）和Clothing+研发了可正常穿着或在关键时刻穿着的健康内衣，可以监测用户脉搏、血压以及体温等信息。Clothing+研发的断层摄影内衣在正常情况下，可扫描患者的肺液，提前10天发现心脏衰竭症状。摩飞（MOFEI）推出了一款智能按摩文胸，它可以实时监测穿戴者心率变化，并且通过蓝牙可以把心率状况和心电图发送到手机上。另外，该内衣内置了两个极微型按摩发动机，通过手机轻松遥控，就能随时随地针对胸部的七大穴位进行按摩，并且还能随着音乐旋律的起伏变化按摩力度（图9-17）。

另外，美国工程团队研发了一款智能内衣，以解决困扰着多数人的腰痛和背痛问题（图9-18）。它由穿戴在胸部和腿部的两部分织物组成，它们由结实的橡胶带和腰部的天然橡胶片连接。用

（a）智造生活和Clothing+研发的健康内衣　　（b）摩飞推出的智能按摩文胸

图9-17　智能服装在医疗健康领域的应用

户可以通过蓝牙由手机操作，使智能内衣上下接合：当装置启动时，橡胶带就会收紧；当用户工作时，比如举起重物，腰部所受的力就会有一部分转移到橡胶带上。

瑞里得维斯（Rest Device）公司推出的连身衣可以监测婴儿的各种生理状况及睡眠情况，并通过网络传输到父母手机上（图9-19）。

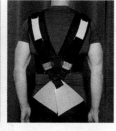

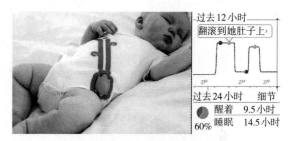

图9-18 美国工程团队研发的缓解腰痛问题的智能内衣　　　图9-19 Rest Device公司推出的监测婴儿生理状况及睡眠情况的连体衣

四、智能可穿戴技术的发展趋势

（一）目前智能可穿戴技术的不足

目前，对于智能可穿戴技术的研究取得显著成效，然而并无智能可穿戴产品引爆市场。主要是由于：

（1）存在功耗、数据精度等技术瓶颈。由于电池微型化与高容量技术的欠缺，可穿戴设备的续航能力受到制约，使得用户需要频繁充电，影响使用体验，另外传感器硬件和算法的不成熟也导致测量数据难以精准。

（2）功能服务单一。主要集中在健康监测、运动追踪等方面，其可替代性强，不足以吸引大量消费者。

（3）智能可穿戴设备的价格昂贵，如智能眼镜、智能手表等，限制了市场的普及程度。

（4）隐私问题限制了用户购买意愿。用户的个人信息和健康数据面临着被泄露和滥用的风险。

（5）市场上的智能可穿戴设备同质化现象严重，缺乏具有颠覆性的创新产品。这使得消费者在选择时感到困惑，难以找到真正符合自己需求的产品。

（二）理想的智能可穿戴服装

未来理想的智能可穿戴服装应是一种集时尚性、舒适性、功能性和科技于一身的革新性产品。它不仅能够满足人们的基本穿着需求，更能通过先进的技术实现多种智能化功能，从而提升人们的生活品质和健康水平。

（1）理想的智能服装应具备出色的舒适性和柔软性。采用柔软、透气、耐用的材料，能够确保穿着者在任何环境下都能保持舒适的状态。目前学者们正在探索3D打印柔软电路、类似于人体皮肤的电子皮肤、织物基电极等（图9-20）。

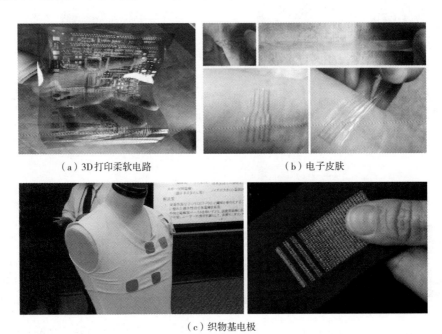

（a）3D打印柔软电路　　　　　　　　（b）电子皮肤

（c）织物基电极

图9-20　3D打印柔软电路、电子皮肤和织物基电极

（2）理想的智能服装应具备丰富的功能性。内置传感器能够实时监测穿着者的心率、血压、体温等生理指标，通过手机App等方式将这些数据反馈给穿着者，帮助他们及时了解自己的身体状况。此外，智能服装还可以根据穿着者的需求，提供导航、娱乐、社交等多种功能，让人们的生活更加便捷和丰富。

（3）理想的智能服装还应具备高度的安全性。在保障个人隐私的同时，智能服装应具备防水、防火、防摔等安全性能，确保穿着者在遇到意外情况时能够得到及时保护。

（4）理想的智能服装应具备易洗涤和易护理性能，使智能服装的清洁和护理变得更加简单、高效，为用户带来更好的穿着体验。

（5）理想的智能服装应追求时尚与科技的完美结合。可以通过创新的设计理念和工艺，将智能元素巧妙地融入服装的款式和细节中，让智能服装既具有科技感又不失时尚感。

（三）未来智能可穿戴服装发展趋势

目前，智能可穿戴服装被认为在医疗领域具备极大潜力和发展前景，如图9-21所示。主要是基于：

（1）未来智能穿戴服装具有高度的舒适性和便捷性，用户可以在日常生活中轻松佩戴，无须额外的操作或维护。

（2）可以进行实时健康监测与保健预防，其内置的各种传感器可以实时监测用户的生理数据，如心率、血压、体温、血氧饱和度等，及时发现异常并采取相应的预防措施。

图9-21 智能穿戴在医疗上的应用

（3）进行慢性病管理与远程监护，对于已经患有慢性病的人群，可以提供持续、可靠的健康数据维护，帮助患者和医生更好地管理疾病，特别是对于需要长期监护的老年人或残疾人，智能可穿戴服装可以实时监测他们的健康状况，一旦发生异常，可以立即发出警报，确保及时得到救助。

本章小结

■ 智能可穿戴技术结合了智能技术和服装设计，通过传感器、微处理器等元件实现实时监测用户生理指标、运动状态及环境参数，广泛应用于健康追踪、运动监测等领域。

■ 包括传感器技术（如加速计、陀螺仪、心率传感器等）、微处理器技术及其低功耗设计，这些技术共同支撑了智能可穿戴设备的运行和功能实现。

■ 在竞技运动、娱乐休闲、健康医疗等多个领域展现出广泛应用，提高了运动表现、增添了生活乐趣、实现了健康监测与预防保健。

■ 未来智能可穿戴服装将追求更高的舒适性、功能性、安全性和易护理性，实现时尚与科技的完美结合，尤其在医疗领域具备极大发展潜力。

■ 尽管发展迅速，但智能可穿戴技术仍面临功耗、数据精度、功能服务单一、价格昂贵、隐私问题及同质化现象等挑战，需不断创新以突破瓶颈。

思考与练习

1.传感器在智能可穿戴技术中的核心作用是什么？

2.思考如何选择合适的传感器来捕捉用户所需的特定数据（如心率、步数、位置等）。

3.思考如何设计低功耗、高集成度的电路系统，以满足智能可穿戴设备的长时间运行需求。

4.思考导电纱如何与传统纺织品结合，实现智能可穿戴设备的时尚与功能性的融合。

5.分析不同智能可穿戴设备案例中，传感器、电路和导电纱等技术融合方式和创新点。

6.查阅资料，探讨智能可穿戴技术在隐私保护、数据安全、续航能力等方面面临的挑战。

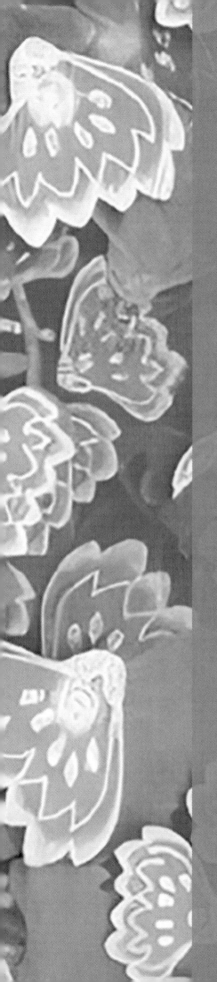

| 第十章 |

织物的服用性能

课题名称：织物的服用性能

课题内容：1.织物的外观性能

2.织物的舒适性能

3.织物的耐用性能

4.织物的保养性能

上课时数：4课时

训练目的：深入了解织物的服用性能，包括外观性能、舒适性能和
耐用性能等方面的基本概念、分类及特点。掌握各类织
物性能的评价方法、影响因素及改善措施。培养对织物
服用性能的评估能力和创新思维，推动纺织品与服装产
业向更高品质、更舒适、更耐用的方向发展。

教学要求：1.理解织物服用性能的概念及重要性。

2.掌握织物的外观性能。

3.掌握织物的舒适性能。

4.掌握织物的耐用性能。

5.关注织物服用性能最新研究成果与实践案例。

课前准备：阅读与织物服用性能相关的专业书籍、文献和报告，了
解国内外最新研究成果与实践案例。

在现代生活中，织物作为服饰的核心材料，其服用性能直接关乎着人们的穿着体验与生活质量。织物的外观性能，如色彩、纹理和图案，影响着服饰的整体美感；舒适性能则体现在织物的触感、透气性和吸湿性上，直接关系到穿着者的舒适感受。同时，耐用性能决定了织物的使用寿命，而保养性能则关乎着织物的清洁与维护的便捷性。因此，深入探究织物的服用性能，不仅对纺织行业的发展具有重要意义，也对提升人们的穿着满意度和生活品质具有不可忽视的作用。

第一节　织物的外观性能

一、织物的光泽

织物光泽是指在一定的背景与光照下，织物表面亮度及与各方向上亮度分布对比关系和色散关系的综合表现。它是正反射光、表面散射反射光以及织物内部散射、反射光的共同作用。织物的光泽强度与反射光强度及其分布相关，而光泽度则与反射光颜色纯度、内部反射光、透射光、光的干涉等有关。

织物的光泽受诸多因素的影响。

（1）纤维层面：纤维表面形态、截面形态与表层结构显著影响织物光泽。平滑的纤维表面会对入射光线产生镜面反射，且反射具有方向性，故此种纤维形成的纤维集合体光泽较强，如涤纶、锦纶长丝等［图10-1（a）］，而表面粗糙不平的纤维，会对入射光产生各方向的漫反射，故纤维集合体光泽较暗、柔和，如羊毛纤维等［图10-1（b）］；三角形和三叶截面纤维存在微区全反射现象，产生闪烁的点光泽，如涤纶仿丝绸织物［图10-1（c）］。

（2）纱线层面：纱线的捻度、捻向和毛羽也会影响织物光泽。捻度过大的纱线会造成入射光向旁边侧面反射，光泽减弱，如巴厘纱、乔其纱等织物采用的就是高捻度的纱线［图10-1（d）］；纱线中的S捻和Z捻对光线的反射不同，可以形成不同方向的反光带，当斜纹织物的斜纹方向与反光带斜向一致，可以获得清晰的斜纹效应，即Z捻向的纱线适宜织造左斜纹，而S捻向的纱线适合织造右斜纹；纱线毛羽多的织物结构疏松，表面粗糙不平，对光的散射强，呈现柔和但偏暗的光泽。

（3）织物层面：织物组织和后整理同样影响织物光泽。织物覆盖系数越大，其表面越不平整，因此对光的漫反射增加，呈现暗淡柔和的光泽；织物浮长越长，其光泽越强，如同样的条件下，缎纹组织织物光泽强，平纹组织光泽最差；织物经过烘毛、剪毛和轧光等后整理后，表面光泽也会变强。

（a）涤纶长丝　　　　　（b）羊毛纤维　　　　（c）涤纶仿丝绸织物　　　　（d）巴厘纱

图10-1　涤纶长丝、羊毛纤维、涤纶仿丝绸织物和巴厘纱

二、织物的纹理

织物的纹理是指织物组织与附加特征呈现的视觉效果，如条纹、毛绒、纱圈、拼色、花纹等。织物的纹理效应主要与纤维和纱线特征、织物组织以及织物的生产工艺等有关。

（1）纤维类型显著影响织物纹理效果，如棉织物朴素、自然、光泽柔和。由于麻纤维长短不同，故纱线粗细不匀，麻纤维织物表面有凸起，呈现朴素、自然、粗犷外观效果；丝织物表面光泽亮丽，色泽鲜亮、层次丰富；毛织物光泽柔和、色泽莹润、蓬松丰满。

（2）织物的组织设计对其外观有着显著影响。例如，平纹织物以其表面均匀分布的微小颗粒点阵展现出一种精致细腻的质感；斜纹织物则以其独特的斜向周期条纹呈现自然美感；缎纹织物则以其大面积或片条状的反光效果呈现奢华的艺术美感。此外，凸条组织织物以其明显的凹凸条纹，为织物增添了一种立体感和层次感；网眼组织织物则以其点状无反光的黑孔，呈现出一种轻盈通透的视觉效果；而蜂巢组织则以其独特的蜂窝凹凸效果，使织物在视觉上形成了一种自然和谐的纹理。

（3）利用不同织物生产工艺可以产生不同纹理效果，如花式纱线织物、提花、印花、烂花、绣花、轧花等，不同工艺产生的纹理效果不同。

①花式纱线织物表面纹理感强、层次丰富且花纹灵活多变。如用彩点纱织物具有丰富的色彩，增加了织物的活泼感；带子纱；带子纱织物呈现蓬松、粗犷的肌理风格；波形纱织物具有马赛克的模糊感；雪尼尔纱织物呈现丝绒般外观等。

②提花织物是指纱线按照不同交织规律形成花纹或者图案的纺织品，不同色彩与种类纱线配合不同交织规律可产生丰富多彩的花纹效果［图10-2（a）］。

③印花织物是采用涂料或者染料在织物上形成图案，可以产生复杂的大型图案，也可以产生简单的小图案，还可以产生不同配色方案的图案［图10-2（b）］。

④烂花织物是指用化学试剂将混纺纱或包芯纱腐蚀掉织物中的某一种纤维组分后，形成凹凸有致、轮廓清晰、花纹突出、半透明花纹的烂花效果［图10-2（c）］。

⑤绣花织物可以在织物上形成极富艺术性的花纹图案。

⑥轧花织物是指在织造完成的织物上轧花，使其表面呈现凹凸起伏、立体浮雕效果和特别的光泽的纺织品［图10-2（d）］。

（a）提花织物　　　　　（b）印花织物　　　　　（c）烂花织物　　　　　（d）轧花织物

图10-2　提花织物、印花织物、烂花织物和轧花织物

三、织物悬垂性

织物因自重而下垂的性能称为织物的悬垂性，其反映织物的垂坠程度及形态，是决定服装轮廓美感的一个重要因素。悬垂性好的织物可以形成优雅的曲面，例如裙子、窗帘、桌布等。

测量织物悬垂性的基本原理是将织物试样置于小圆台上，并使两者的中心重合，试样因自身重量沿小圆台边沿下垂，形成伞形，可以得到试样的水平投影面积，由此可以算出悬垂系数，即试样悬垂状态下的投影面积减去小圆台面积除以试样面积减去小圆台面积。图10-3（a）织物悬垂系数小，代表织物柔软；图10-3（b）织物悬垂系数大，说明织物较为刚硬。仅用织物悬垂系数表达织物悬垂性存在较大局限性，这是因为织物的悬垂性存在各向异性，图10-3（c）所示的织物仅在纬向有较好的悬垂性。因此学者们又提出了更为综合的指标以表达织物的各向异性。此外，织物悬垂性还影响织物在各个方向形成的曲面轮廓美感，如尽管有些身骨疲软的织物的悬垂系数小，但其侧面波曲不一定美。

$$悬垂系数 = \frac{试样悬垂状态下的投影面积 - 小圆台面积}{试样面积 - 小圆台面积}$$

织物的悬垂性可以分为静态和动态两种。静态悬垂性描述的是织物在静止状态下所展

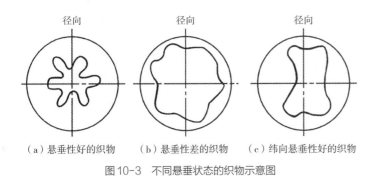

（a）悬垂性好的织物 （b）悬垂性差的织物 （c）纬向悬垂性好的织物

图 10-3 不同悬垂状态的织物示意图

现的垂坠程度和形态，而动态悬垂性则关注的是织物在运动过程中的垂坠度、垂坠形态以及飘摆的频率。好的静态悬垂性是指织物在悬置不动时，能够自然形成流畅、和谐的曲面，各部分悬垂比例均匀，呈现出协调而优雅的美感。美的动态悬垂性是指，无论穿着者是在走动时，还是在微风吹拂之下，服饰面料都能与人体动作相协调，自然飘摆，而当静止时，它又能迅速恢复流线型的静态造型，展现出良好的悬垂特性。

纤维的刚柔性显著影响织物悬垂性。通常抗弯刚度小的纤维织物悬垂性较好，如蚕丝织物，而抗弯刚度大的纤维织物悬垂性差，如麻纤维织物。纱线捻度过大，织物悬垂性差，而纱线捻度较小时，织物容易形成良好的悬垂性。过于厚重的织物抗弯刚度大，悬垂性差；而过于轻薄的织物容易轻飘，悬垂性不佳。紧度大的织物内纱线不容易松动，导致其抗弯刚度大，悬垂性差；而紧度小的织物内纱线容易松动，即交织点处存在滑动、转动等作用，故悬垂性较好。另外，织物组织显著影响其悬垂性，如在同样的参数下，缎纹组织的悬垂性好于平纹和斜纹，其中平纹最差；针织物的悬垂性优于机织物。

四、织物褶裥保持性

织物经熨烫（即一定温度和压力作用）形成的褶裥（折痕、波纹等可视痕迹），在洗涤后经久保形的程度称为褶裥保持性（图 10-4）。如裙、裤与装饰用织物通常具有褶裥保持性。

图 10-4 服装上的褶裥

织物褶裥保持性主要取决于定形后纤维内部结构稳定性和纤维间结构稳定性。褶裥的形成需要纤维具有良好的热塑性，即纤维受热变形而冷却保持一定形状的性能。涤纶具有优秀的热塑性，其褶裥保持性最佳。纱线捻度和织物密度也影响织物褶裥保持性：强捻度纱线织物内纤维间摩擦力大，形成的褶裥保持性好；高密度织物纱线间摩擦力和机械锁结作用大，织物稳定，褶裥保持性好。

五、织物的抗皱性

织物被挤压搓揉或折叠时产生塑性弯曲变形，形成皱痕。织物的抗皱性即为织物抵抗这种折皱的能力，常用折皱回复性来评价。折皱回复性是指织物经受外力作用形成折痕后的回复程度。折皱回复性显著影响织物平整度、形态稳定性与耐久性等，是反映织物外观美的重要指标，直接决定织物及服装品质。

纤维对织物抗皱性的影响主要表现在纤维形态、纤维弹性和纤维摩擦性质几个方面。在纤维形态层面，较粗的纤维具有较好的折皱回复性；异形截面纤维的折皱回复性劣于圆形截面纤维，这是由于异形截面纤维间容易发生不易回复的"自锁"现象。增加纤维弹性可以显著提高织物的抗折皱性，如羊毛纤维弹性好，故羊毛织物抗皱性也好。表面光滑的纤维摩擦因数小，其抗皱性能优于粗糙的纤维。

纱线捻度亦显著影响着织物的抗皱性：过低的纱线捻度容易导致其内部纤维滑移，使纤维变形不足，导致织物折皱不易回复；而外力施加于高捻度纱线织物时，会造成其塑性变形，另外在变形过程中，纤维产生滑移，且回复阻力大，故抗皱性也差。

织物厚度和组织对其抗皱性也存在显著影响：厚织物蓬松度高且纤维变形多，故抗皱性也较高；具有线圈结构的针织物具有较好的弹性和蓬松度，故其抗皱性比机织物好；在三原组织中，缎纹组织交织点最少，纱线容易做相对运动，织物折皱回复性较好；平纹交织点最多，织物的抗皱性较差；斜纹组织位于两者之间。

六、织物起毛起球性

织物起毛是指织物在服用过程中，其表面纤维端在摩擦力的作用下被牵拉、勾丝等，形成大量茸毛或者毛羽（图10-5）。当织物表面毛羽超过一定长度时，在摩擦力和静电等的作用下相互纠缠、钩接而形成毛球，这种现象称为织物起球。随着织物的进一步摩擦，其表面毛球受到重复弯曲，产生疲劳甚至断裂（与纤维强度相关），并从织物上脱落下来。

织物起毛起球受纤维长度、柔软度和强力影响：纤维长度越长，纱线内纤维抱合力越大，摩擦力也

图10-5　织物表面起球

越大，纤维不容易转移出去，织物抗起毛起球性能越好；纤维强力越大，形成的毛球越不容易脱落。纱线捻度越大或者织物密度越大，也可以减少毛羽的抽拔量，织物抗起毛起球性能也越好。织物组织内经浮线或者纬浮线越长，织物越容易起毛起球。提升织物光洁度可以有效减少织物起毛起球，如经过烧毛、酵洗、剪毛等处理的织物表面光洁，具有良好的抗起毛起球性能；而拉毛或缩绒织物特别容易起毛起球。减少织物起毛起球还可以采用丙烯酸类树脂整理以增加纤维和纱线内的黏结点，增大纤维间摩擦，减少其滑移；将聚氨酯涂敷于织物上形成保护膜，减少纤维的移出；或者采用改性硅酸盐聚合物渗透到织物内部以改善纤维表面摩擦系数，提高纱线防滑移效果。

七、织物的起拱性

织物起拱是指其在使用过程中在人体体表曲率变化大的部位（如肘、膝盖等部位）产生永久性的变形（图10-6）。织物起拱会对服装的外观产生破坏影响。针织物具有良好的伸缩性，其纱线间的接触点容易在较大外力下产生滑移而产生塑性变形，从而导致其横向增宽或者纵向缩短的变形，破坏织物保形性。由于较大的弹性变量，针织物在小形变下具有优秀的保形性，但在反复的外力作用下易产生疲劳变形、起拱。

图10-6　膝盖部位的起拱

八、织物的勾丝

纤维被坚硬物体勾出织物体外，形成抽拔丝痕的现象称为织物勾丝（图10-7）。勾丝会破坏织物外观及耐用性能。

影响织物勾丝的主要因素如下：弱捻的长丝织物因其纤维间的摩擦力过小，而容易被勾出织物外；结构复杂的花式纱线容易勾丝；较为松散的织物组织，由于纱线间交织阻力小，容易勾丝，而紧密组织结构的织物不易勾丝；长浮线的缎纹组织或者提花组织容易勾丝。

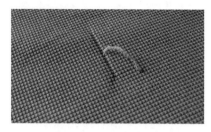

图10-7　织物表面勾丝

九、织物的缩水与湿膨胀性

织物在常温水中浸渍或洗涤干燥后，长度和宽度出现缩短或增长的现象称为缩水性或湿膨胀性（图10-8）。除羊毛会产生吸湿膨胀外，其他吸湿性纤维织物均会发生缩水现象。织物缩水会直接影响其穿着使用。

织物缩水发生的原因主要是：

（1）纤维吸湿后，纱线直径增大，其弯曲程度增加，促使织物产生收缩，从而产生缩水。

（2）在织物织造过程中，经纱会被施加一定的张力，同时纬纱也会经受牵拉外力作用，导致纱线内存在潜在应变，而织物被置于水中时，自然会收缩。

织物缩水程度显著受到织物紧密度的影响。高紧密度的织物容易积累经向和厚度方向的膨胀而产生显著收缩；而疏松结构的织物，纤维的膨胀可以填充纱线和织物中的空隙，故织物缩水明显较弱。在一定织物密度下，纤维吸湿性大小显著影响其缩水性。缩水性最大的是黏胶纤维，其次是毛、棉、丝，缩水性最小的是合成纤维及其混纺织物。另外，纱线越粗，织物越容易缩水。针织物缩水性较小，这与其线圈结构有关：纱线曲度增加造成的缩水尺寸与圈弧曲率降低形成的展平尺寸（即织物长度与宽度增加）而抵消。

（a）缩水前　　　　　　（b）缩水后

图10-8　服装缩水现象

十、织物色牢度

织物色牢度是指染色织物或者后整理织物在使用或加工过程中，经受外部因素，如日晒、水洗、汗液、摩擦等作用下的褪色程度。它是衡量织物的一项重要指标。这里主要介绍几种最重要的织物色牢度。

1. 耐皂洗色牢度

染色织物在规定条件下皂洗后的褪色程度，称为织物耐皂洗色牢度，其是纺织品贸易中最常见的检测项目。测试原理是将织物原样与一块或者两块规定的标准白布进行缝合，在规定条件下皂洗，最后评价原样褪色（即染色织物在皂洗前后褪色情况）与白布沾色（即色织物褪色而使白布沾色）两项内容。两项内容均采用标准灰卡进行评级：1级为最低，5级为最佳。

织物的耐皂洗色牢度主要与染料结构、性能以及染色工艺有关。如活性染料固色性好（染色织物的耐水洗色牢度主要取决于未固着染料含量）。未固着染料水溶性好且不易沾色，而当染料浓度较高时，未固着染料过多，容易沾色且不易去除。此外，合理的染色工艺可使染料在织物内吸附并扩散充分，织物耐皂洗色牢度好。

2. 耐摩擦色牢度

织物的耐摩擦色牢度是指着色织物在摩擦力作用下的褪色程度，是最基本的纺织品色牢度检测指标。它可分为干态摩擦和湿态摩擦，测试项目为摩擦后标准布的沾色程度，其中1级为最低，5级为最优。

织物在摩擦力下掉色的主要原因是染料的脱落，其次是着色纤维的脱落。

3. 耐日晒色牢度

织物的耐日晒色牢度是指着色织物在光照下抗褪色、变色能力。测试时，按照规定条件，将织物原样与参考标准样品（蓝色羊毛试样）在人造光源下进行暴晒，最后对比两者的变色以评价织物的色牢度。耐日晒色牢度共分八级，其中1级为最优，8级为最差。

研究发现织物光褪色主要是染料受光子激化而产生光化学反应，从而造成其结构被破坏，引起褪色和变色。为改善织物的耐日晒色牢度，可以从以下角度入手：

（1）选择具有较好耐日晒色牢度的染料，可降低光氧化作用。

（2）选择合适的固色剂，可以提高织物耐日晒色牢度。

（3）在织物后整理过程中，添加合适的助剂可以显著提升织物耐日晒色牢度。

4. 耐汗液色牢度

织物的耐汗液色牢度是指染色织物在汗液作用下的褪色程度。提高织物耐汗液色牢度的主要途径是选择固色率和上染率高的染料，并且制定合理的工艺提升织物的固色率。

5. 耐水色牢度

不同于耐皂洗色牢度，这里织物耐水色牢度是织物浸泡于水中后的原样褪色和贴衬的沾色程度。织物耐水色牢度主要与染料的固色率及上染率有关。应选择固色率和上染率高的染料，并使织物得到充分水洗，以去除其表面浮色。

第二节　织物的舒适性能

织物舒适性是指人体对织物不适感觉的评价。织物舒适性分为生理和心理舒适性，前者又分为热湿舒适性、接触舒适性和压力舒适性。其中织物热湿舒适性是指织物维持适宜的人体—服装微环境温湿性能，主要涉及织物吸湿性和导湿性、透汽性和透气性、保暖性、接触冷暖感等；织物的接触舒适性是指人体接触织物时产生的生理感觉，主要涉及刺痒感和抗静电性等；织物压力舒适性主要指人体与织物接触而出现的皮肤压力感觉，主要与服装松紧度有关。这里主要介绍织物热湿舒适性和接触舒适性相关内容。

一、吸湿性和导湿性

织物从空气中吸收或释放气态水的性能称为织物的吸湿性。在一定的大气条件下，经过一定的时间，织物从空气中吸收的水分和其放出的水分处于平衡状态，这种现象叫作吸湿平衡。织物的吸湿平衡受到环境的影响，不同大气环境，织物的含湿量不同，导致其服用性能也不同。

织物的吸湿性主要取决于纤维吸湿性，在标准状态下，纤维的吸湿性排序为：羊毛＞黏胶纤维＞苎麻＞蚕丝＞棉＞维纶＞锦纶＞腈纶＞涤纶＞丙纶。吸湿性好的织物能够及时吸收人体分泌的汗液，使人体皮肤保持干爽、舒适。在人体大量出汗时，织物吸湿量达到饱和，织物的调节作用不再显著，另外，吸水后的织物容易黏附在皮肤表面，造成人体不适。

织物的导湿性是指织物将水分（气态和液态水）从其一侧传递到另一侧的性能。织物内水分的传递通道主要有两个：一为纤维间空隙，二为纤维的导湿能力。织物的导湿能力对人体舒适性影响至关重要，其可以将人体汗液从皮肤表面转移到织物外表面，并蒸发至外界环境中，可保持人体舒适感。

二、透汽性和透气性

织物透汽性是指织物透过水汽的性能，又称织物透湿性。当织物两侧存在水汽浓度梯度时，水汽则会从浓度高的一侧通过织物传递到浓度低的一侧。水汽通过织物的传递主要有两种方式，一是通过纤维及纱线间空隙进行扩散，二是被纤维吸收，并向织物内部传递直到织物另一侧，并扩散到空气中。织物透湿性是一项重要的舒适、卫生性能，特别是贴身穿着的衣物对织物的透湿性要求更高。如果人体皮肤表面水汽不能透过织物，蒸发散热会受到限制，同时水汽会积聚在皮肤表面，造成人体闷热和不适。

织物透气性为气体分子透过织物的性能。当织物两侧存在气压差时，单位时间内流过织物单位面积的空气体积，其相反性能为防风性。织物透气性和透湿性密切相关，若空气容易通过织物，水汽也容易通过。夏季服装要求织物透气性好，在有风或者人体运动的情况下，人体产生的热量容易通过热对流和热蒸发作用散失到外界环境中。反之，冬季服装要求织物具有防风性，以减少人体热量损失。

三、保暖性

织物保暖性是指在存在温差的情况下，织物阻止热量从高温向低温方向传递的性能。织物保暖性主要取决于织物内静止空气含量及含水量。这是因为静止空气具有极低的导热系数 $[0.025\ W/(m \cdot K)]$，而水的导热系数 $[0.63\ W/(m \cdot K)]$ 远大于常见纤维材料 $[0.03 \sim 0.3\ W/(m \cdot K)]$。

纤维的形态显著影响织物的保暖性。如羊毛和羽绒集合体具有良好的保暖性能，这主要因为羊毛（卷曲结构）和羽绒（多枝杈结构）的特殊形态造成集合体内部可以固定更多的静止空气。较厚的织物拥有更多的静止空气含量以及热阻，因此保暖性更好。同样厚度下，多层织物较单层织物保暖性更好，这是因为前者层与层之间也存在静止空气。高回潮率的纤维集合体保暖性较差。

四、接触冷暖感

当人体接触服装时，皮肤和服装之间的温度差异会导致热量传递，使接触部位的皮肤温度升高或下降，并与非接触部位的皮肤温度产生差异，这种差异刺激经神经传导至大脑形成的冷暖判断称为瞬间冷暖感。但人体和服装在长时间的接触下，两者温度逐渐相同，人就不再有冷暖感觉。高温的夏季，需要服装具有冷感，而寒冷的冬季，需要服装具有暖感。

织物的导热性会影响人体冷暖感。导热性良好的织物会使皮肤表面热量迅速传递到织物，引起人体冷感；相反，导热性差的织物会减缓皮肤表面的热量传递至织物，产生暖感。织物表面结构和织物紧密度是影响织物冷暖感的主要织物结构因素。表面结构蓬松且绒毛多的织物具备暖感，这是因为其包含大量的静止空气，而静止空气的导热性差（小于纺织纤维），造成织物导热性能差。相反地，表面光滑、致密的织物具有冷感，这是由于织物和皮肤接触面积大，织物内部以及织物与皮肤之间的静止空气减少，导致织物导热性好，热量容易传递。织物的含水量大，容易产生冷感，这是因为液态水的导热性好（优于纺织纤维）。在寒冷的冬天，人体大量运动后产生的汗液会积聚在贴身服装内，人体会有极大的冷感。

五、刺痒感

研究发现织物（常说的面料）刺痛感为人体接触服装时最不舒适的感觉之一。织物刺痛感可以被形容为一种轻微的类似针扎一样的感觉，其是由于皮肤表面疼痛感受器受到织物刺激而产生的，而不是传统意义上的过敏反应。刺痛会造成人体不舒适，而不适程度主要受个体因素和穿着条件的影响。瘙痒感类似于刺痛感，两种感觉密切相关，引起刺痛感的织物也会引起瘙痒感，被统称为刺痒感觉。这些感觉显著影响服装的穿着舒适感。

织物表面毛羽的粗细、抗弯刚度、密度等对织物刺痒感有显著影响。学者研究发现人体与织物的接触面积与织物表面承载负荷的纤维头端密度是影响织物刺痒感的主要因素。如果织物与皮肤的接触面积小于$5cm^2$或者高负荷纤维的头端密度小于3根$/10cm^2$，人们将不会有刺痒感。

织物刺痒感会显著影响服装穿着舒适性以及消费者购买决定。刚硬的纤维容易对人体产生刺痒感，如羊毛和麻纤维等。为了降低此类纤维的刺痒感，研究者们尝试通过消除织物表面毛羽来改善织物刺痒感。如麻类纤维面料因其良好的吸湿排汗性、凉爽透气性和抗菌防蛀等功能而备受消费者喜爱，然而，麻面料表面通常存在长且挺括的毛羽，容易对人体产生刺痛感，这在很大程度上影响了麻类服装的使用。为了消除麻织物表面毛羽的影响，可以采用减少毛羽（如烧毛和剪毛等）或者软化毛羽（通过化学处理手段使纤维变得柔软）等措施来改进。目前，麻织物服装的刺痒感问题已经大为改善，可以作为贴身穿服装。

六、抗静电性

织物抗静电性是指织物抵抗静电的性能。抗静电差的织物严重影响人体穿着舒适性，并且易吸尘、易粘连且光泽差。

织物的抗静电性依赖于纤维亲水性和环境湿度。亲水性好的纤维抗静电性能好，如植物纤维和再生纤维通常具有良好的吸湿性，它们抗静电性较好，而化学纤维通常吸湿性较差，故抗静电性差。为了克服化学纤维抗静电性差的问题，可以在织物表面涂覆具有吸湿性的抗静电剂。另外，外界环境湿度较大时，织物不易起静电。

第三节　织物的耐用性能

织物耐用性能主要有织物力学、耐磨、耐晒、耐热和阻燃等性能。这些性能影响服装在实际穿着和护理中的耐用性，是织物质量评定的重要内容。

一、织物的力学性能

织物的力学性能是指织物在各种机械外力作用下所呈现的性能，主要包括拉伸性能、撕裂性能、顶破性能和耐磨性能。

（一）织物拉伸性能

织物的拉伸性能是指其在受到外力拉伸作用时所呈现的力学变形规律，主要包括经、纬两个方向上的拉伸性能。评价纤维材料拉伸性能的指标主要有断裂强度、断裂伸长率和初始模量等。织物断裂强度是指织物5cm宽度上的织物断裂强力，单位为N/5cm，而对不同规格的织物，其是指单位横截面或者单位特数的断裂强力，单位为N/m^2或者cN/tex。织物断裂伸长率是指织物断裂时，织物所产生的变形与原长比的百分率。织物的初始模量是织物在受拉伸力很小时抵抗变形的能力，单位为cN/tex。

如图10-9所示为几种纤维织物的拉伸曲线。麻为高强低伸纤维，毛、丝纤维为低强高伸纤维，涤纶和锦纶为高强高伸纤维。研究发现高强高伸的织物更耐用，例如锦纶和涤纶；

低强高伸织物比高强低伸织物更耐用，如毛织物比麻织物更耐用；低强低伸织物不耐用。

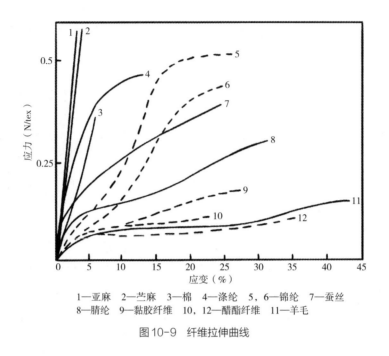

1—亚麻 2—苎麻 3—棉 4—涤纶 5，6—锦纶 7—蚕丝
8—腈纶 9—黏胶纤维 10，12—醋酯纤维 11—羊毛

图10-9 纤维拉伸曲线

（二）织物撕裂性能

织物在局部集中应力作用下，纱线逐根断裂而被撕开的现象称为织物撕裂性能，这是织物破损的常见方式。在实际使用中，织物撕裂常发生于尖锐物的钩挂、撕扯作用。特别是用于军服、篷帆、降落伞等产品的织物，它们的局部更易受到集中应力作用而产生破裂，另外其局部容易被物体钩住或被握持而撕裂。

纤维和纱线强度大的织物抗撕裂性能好。不同织物组织的撕裂性能不同：缎纹组织因纱线可以做相对运动，故其抗撕裂性能较好，而平纹组织抗撕裂性能差，斜纹介于中间。紧密度大的织物较紧密度小的织物更容易被撕裂。另外，织物经过涂层后，其抗撕裂性能也变差。

（三）织物顶破性能

织物受到垂直布面力的作用而产生破裂的现象，称为织物的顶破性能。织物在实际穿着中，其主要由人体肘部、膝部、手指和脚趾反复作用而被顶起、弯曲、从而产生顶破。

纤维和纱线强度大的织物抗顶破性能好，如锦纶和涤纶。紧密度大的织物较紧密度小的织物抗顶破性能好。针织物比机织物抗顶破性能差，前者的顶破性能为重要的考察对象（图10-10）。

图10-10 人体膝部产生的顶破

（四）织物耐磨性能

织物之间及其与其他物体间反复摩擦，逐渐被破坏而出现破口的现象，称为织物磨损。织物抵抗磨损的性能称为织物的耐磨性。服用织物最主要的失效方式是磨损（图10-11）。

织物的磨损形式主要有平磨、曲磨和折边磨。平磨是指织物在平面状态下反复与其他物体摩擦所受到的磨损，平磨主要发生在服装袖部、臀部、袜底等处。曲磨是指织物在弯曲状态下反复与其他物体摩擦所受到的磨损，曲磨主要存在于肘部和裤子膝部等处。折边磨是

图10-11 服装的磨损现象

指织物折边部与其他物体摩擦所产生的磨损，领口、袖口和裤脚口等部位的磨损为折边磨。

织物的耐磨性主要与纤维耐磨性有关。纤维的断裂拉伸强力和伸长率大，其耐磨性好，如锦纶、涤纶耐磨性好，而棉、黏胶纤维耐磨性差。长丝纱线织物比短纤维纱线织物耐磨性好，这是因为前者纤维间抱合力大，可减少纤维抽出。纱线对织物耐磨性的影响为非线性关系：过细不利于织物耐磨，适中粗细纱线的织物耐磨性好，而过粗纱线织物耐平磨性好，但是耐曲磨和折边磨差。纱线捻度过大，纤维可移动性小、易应力集中，易磨损；而捻度过小的纱线，纤维松散，在摩擦过程中，纤维易被抽出，磨损性差。在一定织物密度范围内，织物耐磨性随着织物密度的增加而增加，但是超过一定的范围，织物耐折边磨损性变差。在织物紧度较大时，交织点数量最少的缎纹组织耐磨性最优，而交织点数量最多的平纹耐磨性最差，这是因为织物交织点较少，有利于应力转移，易耐磨。当织物紧度较小时，交织点多的平纹织物耐磨性好，而交织点少的缎纹织物耐磨性差。

二、织物的热学性能

织物具有耐热性和热稳定性。织物的耐热性是指织物经热作用后强力的保持性能。织物的热稳定性是指织物在热作用下的组成、结构、形态和颜色的稳定性。其中，热作用分为干热和湿热作用。通常，织物承受干热的能力远高于湿热，这主要因为纤维容易在湿热

下发生溶胀而变得粗大，如蚕丝在温度为100℃的干热环境中，其性能没有显著变化，而当它处于100℃的水中，会溶解。

表10-1为常见纤维在受热后的强度。可见，合成纤维中的涤纶、锦纶和腈纶耐热性好，尤其是涤纶，涤纶、锦纶和腈纶分别在170℃、120℃和150℃短时间加热所引起的强度损失可以恢复。维纶耐热水性能较差，易发生变形或溶解。棉纤维和麻纤维耐热性好；黏胶纤维的耐干热性较好，其被加热到180℃时，强度损失很少；羊毛的耐热性较差，加热到100~110℃时即变黄，强度下降；蚕丝的耐热性比羊毛好，短时间加热到110℃，纤维强度没有显著变化。

在热稳定性方面，最优的为涤纶，其在130℃下加热80天，强度损失不超过30%，并且颜色未变化；天然纤维和化纤中的黏胶纤维和锦纶比较差。

表10-1　常见纤维在受热后的强度

单位：%

纤维	在20℃下未加热	在100℃下经过20天	在100℃下经过80天	在130℃下经过20天	在130℃下经过80天
棉	100	92	68	38	10
亚麻	100	70	41	24	12
苎麻	100	62	26	12	6
蚕丝	100	73	39	—	—
黏胶纤维	100	90	62	44	32
锦纶	100	82	43	21	13
涤纶	100	100	96	95	75
腈纶	100	100	100	91	55

1. 燃烧性

织物的燃烧是纤维、热和氧气三要素共同作用的结果。具体原因是纤维受热分解，产生的可燃性气体与氧气反应燃烧，所产生的热量作用于纤维导致其进一步的裂解、燃烧和炭化，直至纤维全部烧尽和炭化。根据纤维燃烧的难易程度，可以分为：

（1）易燃纤维，其在火焰中可以快速燃烧，如纤维素纤维、腈纶等；

（2）可燃纤维，其在火焰中缓慢燃烧，离开火源后可能会熄灭的纤维，如蛋白质纤维、锦纶、涤纶等；

（3）难燃纤维，其在火焰中可燃烧或炭化，离开后就会自熄，如氯纶、阻燃涤纶、芳纶等；

（4）不燃纤维，其在火焰中也不会燃烧，如石棉纤维、碳纤维、玻璃纤维等。

2. 阻燃性

织物的阻燃主要通过添加阻燃剂来实现，主要有两种方式：

（1）在织物表面涂覆阻燃剂，以隔绝热量、降低织物可燃气体的释放，达到阻燃的目的。这种方式较为简单，但是这种织物存在手感差、耐洗色牢度不高、致癌等问题。

（2）加工阻燃纤维，通过在纺丝液中加入阻燃剂实现，如黏胶、腈纶、丙纶等阻燃纤维；或者直接生产难燃纤维，如间位芳纶、聚酰亚胺纤维等。

合成纤维织物熔孔性是指其在接触火花等热物体时，出现孔洞的现象。这是因为热物体的温度超过了合成纤维的熔点，纤维会迅速吸收热量而熔融，并向织物四周扩展，在织物上形成孔洞。另外，织物燃烧中会出现熔滴滴落，其会对人体产生烧烫危害。天然纤维和再生纤维素纤维在高温时不熔融，而是分解或燃烧。在实际应用中，电焊工的服装面料通常为棉、锦或棉锦混纺织物，可以减少织物熔孔现象的发生，减少其对工人安全的威胁。

3. 热收缩性

纤维的热收缩是指纤维在受热作用下产生收缩的现象。这是因为：

（1）化学纤维在成形过程中需要高倍牵伸形成，因此形成了分子链高取向与内应力，其在热作用下回缩。内应力产生的热收缩一般不会导致纤维性能恶化，仅会造成其长度缩短，横截面积增大。

（2）纤维内分子间的作用力减弱而卷曲，产生收缩。这种热收缩会导致纤维形态及性能明显恶化。

在实际使用中，织物一般不允许有热收缩。热收缩会导致织物尺寸不稳定及布面疵点。也可以合理利用纤维的热收缩加工膨体纱等。

纤维在不同介质中的热收缩率不同。如图10-12所示为锦纶和涤纶纤维在热空气（190℃）、饱和蒸汽（125℃）和沸水中的热收缩率情况。可以看出锦纶6的热收缩率在饱和蒸汽中最大，其次为沸水，最后为热空气。这是由于锦纶吸湿性较好，水分子的进入减弱了大分子间的结合力，因此纤维的热收缩在湿热作用下更显著。涤纶的吸湿性较差，故其热收缩率仅与温度有关。

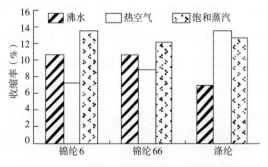

图10-12 锦纶和涤纶在不同介质中的收缩率

4. 耐日光性

织物耐日光性是指织物耐太阳光的降解性能。织物在晾晒和服用中，受日光的氧化或分解作用而降解，引起纤维强度下降。

常用纤维耐光性的优劣排序大致为：腈纶＞麻＞棉＞毛＞醋纤＞涤纶＞氯纶＞黏胶纤维＞铜氨纤维＞氨纶＞锦纶＞蚕丝＞丙纶。在常见的服用纤维中，腈纶的耐日光性最优，这是由于聚合物含氰基，氰基中的碳和氮原子间的三价键可以吸收光能并转化为热量，阻止纤维降解。丙纶耐日光性较差，这是因为丙纶分子链中无吸收紫外线的羰基，而含有活泼氢的叔碳原子易被氧化，从而降解。

第四节　织物的保养性能

织物的保养性能是指织物去污、抗霉防蛀和收存等性能。织物保养不当会影响织物外观及服用性能，甚至危害人体健康。因织物原料不同，其保养方法也各异。

一、织物的去污

织物的去污或者洗涤过程中，需要根据纤维的耐酸碱性、耐氧化剂性能、耐磨性等选择合适的洗涤剂并进行适当揉搓。

棉、麻织物耐碱不耐酸，可以选择中性或弱碱性的水进行洗涤。另外，它们抗氧化性较好，可以选择一定浓度的氧化剂进行洗涤，而过高浓度的氧化剂会造成纤维损伤。例如棉毛织物需要漂白时，可以选择一定浓度的双氧水进行漂白（约5g/L）。此外，棉、麻织物适宜使用温水（40~50℃）进行洗涤，以提高洗涤效率。注意的是内衣或带有血迹的衣物须在温度为室温的水里浸泡，以免蛋白质凝固而黏附在服装上而留下黄斑，难以清除。由于麻纤维刚性较大且抱合力差，麻织物在洗涤和甩干时，要使用比棉温和的条件，避免织物起毛和磨损。

毛、丝纤维属于蛋白质纤维，耐酸不耐碱，抗氧化性差。因此，毛、丝织物在洗涤时，适合采用中性洗涤剂，禁用碱性洗涤剂，不能使用84消毒液或者次氯酸钠进行漂白，不宜用加酶洗衣粉。毛、丝纤维具有较强的抗还原剂性，可以使用还原性较强的保险粉进行漂白。另外，为防止羊毛缩绒，须采用常温水洗，并且在洗涤时，禁止对织物拉伸与揉搓，而洗涤后，将织物平压吸干，并将其垂直悬挂沥水晾干。羊毛织物还可以干洗以避免缩绒。

对于化纤织物，人造纤维素纤维（例如黏胶纤维、醋酯纤维等）和蛋白质纤维（例如牛奶纤维、大豆蛋白纤维等）可参照对应组分天然纤维的洗涤要求进行。对于合成纤维（常见的为涤纶、锦纶和腈纶），它们的耐热性和化学稳定性均较好，故比天然纤维的洗涤条件宽松得多，可机洗且易洗净。注意的是洗涤温度不宜过高，例如涤纶在超过60℃的水中洗涤时，易发生不可恢复的"死褶"。

二、织物的防霉防蛀

天然纤维具有较强的吸湿性，容易受到霉菌的侵蚀而发霉甚至腐烂。为提升织物的防霉性，主要方法为：

（1）将织物置于通风或者干燥环境，以杜绝霉菌生长。

（2）将衣物适时地取出晾晒。

（3）采用防霉剂整理等。

其中，织物防霉整理主要实现方式：

（1）在纤维内引入防霉抗菌机制，例如将乙酰化剂或氰乙基化剂加入棉纤维并使其在纤维中扩散且存留在纤维无定形区，从而使棉织物获得较为耐久的抗微生物性能。

（2）直接将防霉剂加入纺丝液中获得纤维的抗微生物性质。

（3）将织物涂层或浸渍处理，以使织物表面形成防霉涂层。

蛋白质纤维更易受到虫蛀侵害。纤维素纤维也易被喜食纤维素的虫蛀。故防蛀对蛋白质纤维和纤维素纤维织物至关重要。为了防虫蛀，一方面可以使用药剂杀灭蛀虫并抑制霉菌繁殖，其中防虫蛀剂主要使用无萘含量的安全高效药剂。另一方面可以对织物进行防蛀整理，常见的是对毛织物进行整理，在毛织物染色、洗毛和洗涤时加入氯苄菊酯防蛀剂，可以实现安全且高效的杀虫效果。

三、服装的存放管理

若服装纺织品存放不当，极容易发生难以恢复的变形、霉变、虫蛀和变色等损伤，故需掌握各类服装的储存和保管方法。

1. 放置方式

服装的放置方式可以分为悬挂、平整折叠和完全展平三种，其主要与服装类型、材料及用途有关。

外衣正装挺括性和立体性较强，适合悬挂式收存方式。针织服装（如贴身衣裤、针织毛衣等）容易变形，不能悬挂，只能折叠存放。对于丝绸和再生纤维服装，由于其有较大塑性变形，如果短期存放，可以无痕衣架挂放；如果长期存放，需要将其折叠放入盒中，避免重压。另外，较为厚重的丝绸服装不能悬挂放置。对于蓬松的羽绒、被褥等纺织品，需折叠式存放，为节省空间，可压缩和抽真空堆放。

对于特殊的服装纺织品，如丝绸等纺织品，或者较少穿用的珍贵衣物，为了防止压褶和变形，须采用展平铺开或将单件以较少折叠的方式置于盒中。

2. 存放环境条件

服装存放的环境条件对其保养、减损非常重要。对环境的基本要求为：常温、干燥及避光。这是因为较高温度（大于室温）、高湿和长时间光照环境会造成织物老化（变色、脆化等）、发霉与变形等问题，故保持储物环境的通风、干燥、清洁以及稳定的室温是保养服装的有利条件。若存放环境发生变化时，如梅雨后，须及时取出晾晒，甚至洗涤除霉。在衣柜、收纳袋内放些包好的活性炭或木炭可以起到防潮的效果，也更加环保、安全。

3. 各类服装存放注意事项

棉、麻服装放入衣柜或者塑料衣袋前需要洁净、干燥，并且按照颜色深浅分开存放，以防染色。另外，可在衣柜或者衣袋内放置樟脑丸和防虫剂。

毛呢服装收存于衣柜、布袋或收纳筐时应该保持洁净、干燥，并且放置防蛀防霉香袋，以防虫蛀和霉变。另外，毛呢大衣在收纳一定时间后需取出晾晒，以防发霉变质。毛呢服装应该悬挂存放，以防变形。如果需要折叠放置时，最好反面朝外，以防服装褪色。禁止毛呢服装堆放，以免出现难看的折痕。

丝绸服装单件最好采用折叠式盒装存放，可防皱、防串色和防光老化。亦可采用纸张袋或深色塑料袋单独放置丝绸服装，以防止光老化，保持丝绸面料的鲜艳度。丝绸面料也易发霉虫蛀，故收纳时需要放置防霉防蛀香袋。

再生纤维服装的存放管理与天然纤维类似。它们对防霉、防蛀要求略低。合成纤维服装较其他纤维服装吸湿性差、稳定性好，故不易被虫蛀、发霉，但在存放时也须保持存放环境的通风和干燥。另外，合纤服装不能长时间悬挂，以防变形。

本章小结

■ 织物作为服饰核心材料，其服用性能直接影响穿着体验与生活品质，包括外观性能、舒适性能、耐用性能及保养性能。

■ 外观性能，涉及光泽、纹理、悬垂性及褶裥保持性，受纤维、纱线特征、织物组织及后整理工艺影响，展现不同美感。

■ 舒适性能涵盖吸湿性、导湿性、透汽性、透气性、保暖性、接触冷暖感、抗静电性及刺痒作用，是评价织物穿着舒适度的关键指标。

■ 织物耐用性能主要考察织物的力学性能，如拉伸、撕裂、顶破及耐磨性能，决定织物使用寿命。

■ 织物起毛起球影响织物外观，起拱则破坏服装保形性，两者均与纤维、纱线及织物结构密切相关。

■ 织物在水中浸渍或洗涤干燥后的尺寸变化，影响穿着效果，主要由纤维吸湿性和织物紧密度决定。

■ 衡量织物在使用或加工过程中颜色保持能力的指标，尤其是耐皂洗色牢度，对纺织品贸易至关重要。

思考与练习

1.思考不同色彩、纹理和图案的织物如何影响消费者的购买决策。

2.探讨如何调整织物的纤维成分、结构设计和后整理工艺，以改善其触感、透气性和吸湿性。

3.分析如何提高织物耐磨性、抗撕裂性和抗拉伸性，以延长其使用寿命。

4.分析不同保养方法对织物性能的影响，以及如何根据织物的特点选择合适的保养方法。

5.思考在设计和生产织物时，如何综合考虑各项性能要求，以达到最佳整体性能。

1

5

9

13

17

21

第十一章

织物与服装的风格特征

课题名称：织物与服装的风格特征

课题内容：1. 织物的风格

2. 服装的风格

3. 面料和服装的感性风格评价及设计

上课时数：4课时

训练目的：深入了解服装风格特征的基本概念、分类及特点，掌握织物风格与服装风格的评价方法与设计原理，培养创新思维与实践能力，提升服装设计审美体验和情感实现，推动服装设计与市场需求的紧密结合。

教学要求：1. 理解服装风格特征的概念、分类及其在服装设计中的重要性。

2. 掌握织物风格（视觉、触觉、听觉、嗅觉）的评价方法与设计原理。

3. 深入了解各类服装风格的特点、影响因素及表现特征。

4. 学会运用感性工学等方法进行服装风格的感性评价与设计。

5. 关注服装风格最新研究成果与案例，培养创新思维与实践能力。

课前准备：阅读与服装风格特征相关的专业书籍、文献和报告，了解国内外最新研究成果与实践案例，特别是服装风格评价与设计的创新方法。

织物风格是人的感觉器官（主要为视觉、触觉、听觉）对织物所作的综合评价，其表现为织物外观（如色彩、图案、组织纹理等）及其物理机械性能（如柔软度、悬垂性、平整度等）作用于人的感觉器官所产生的综合效应。织物风格是客观现象，但作用于人的主观意识，则变成了一种复杂的生理和心理现象，如织物给予人的轻重感、软硬感、滑爽感等。

服装的风格（服装的感性意向风格）是指在进行商品市场企划和客户细分时，通常分为中性、经典、浪漫、都市、运动休闲和民族等风格。服装的风格是服装材料、款式和文化精神、流行及市场的综合体现。

第一节　织物的风格

一、织物风格分类

织物风格有视觉风格、触觉风格、听觉风格和嗅觉风格。其中，前两种风格为主要的织物风格。

（一）织物的视觉风格

织物的视觉风格是指人的视觉器官对织物外观所作的评价，即织物给人的印象，主要涉及人对织物色泽、图案、纹理和形态等评价。织物颜色与光泽形成的视觉效果称为织物色泽感，如色泽鲜艳、色泽淡雅等定性描述。织物表面图案和组织肌理形成的视觉效果称为图像感，如平面感、光滑、粗犷等描述。织物在某种条件下，其造型和线条形成的视觉效果，称为织物的形态感，如织物的悬垂感。

（二）织物的触觉风格

织物触觉风格是指人的触觉器官在触摸织物时形成的感觉评价。其中，触觉是皮肤与织物接触而形成的感觉，可以发生在手部、颈部、唇部、项背部、臀部等。由于身体各部位灵敏性不同，手部的触觉评价常被用于表达织物的触觉风格。具体地，用手触摸、按压、抓捏、握持织物时获得的触觉感觉称为织物触觉风格，亦称手感风格。

（三）织物的听觉风格

织物的听觉风格是指人的听觉器官对织物间或织物与其他物体相互摩擦而产生的声响进行评价。如丝绸发出的"丝鸣"。

（四）织物的嗅觉风格

织物的嗅觉风格是指人的嗅觉器官对织物产生的气味进行评价。干燥、清洁的织物大多无特殊气味。目前有研究将芳香剂通过整理工艺加入织物中，经过香味整理的服装通过摩擦会散发出香味，令人心旷神怡。

二、织物视觉风格

（一）织物的色彩和光泽

1. 织物的色彩及影响因素

（1）织物的色彩。织物色彩是服装的重要构成要素，是服装流行的"先行者"。色彩主要包括色相、明度和纯度三属性，其中色相是指色彩的本来相貌，其主要与光反射到人眼视神经上的光线波长相关；明度是指色彩颜色明亮程度，是由物体反射光量不同而出现颜色明暗强弱；纯度，亦称饱和度或者彩度，是指色彩中含有某种色彩的纯净程度。此外，颜色还有色调描述，取决于颜色三属性：从色相角度可以描述为蓝色调、红色调、绿色调等；从明度角度可以描述为暗色调、明色调、灰色调等；从纯度角度可以描述为清色调、浊色调等；从色彩给人的感觉角度可以分为暖色调、冷色调等。描述织物颜色的词语主要有鲜艳、单一、呆板、流行、传统、匀净等。

（2）织物的色彩影响因素。织物的色彩不仅与染料、染色工艺密切相关，还与织物材质和组织结构等显著相关。相同的颜色在不同材质上呈现出不同的感觉。例如，相同的红色染于棉织物上可呈现朴素自然的感觉，染于羊毛上呈现温暖典雅的感觉，染于丝绸上呈现高雅华丽的感觉。织物颜色与织物组织有关：同样的颜色在机织物和针织物上给人的感觉不同，不同的机织组织或针织组织对同一颜色呈现效果亦不相同。也有利用不同颜色纱线配置及织物组织产生空间混色效果的服装产品，呈现绚丽多彩的视觉效果（图11-1）。

图11-1 不同颜色纱线配置及织物组织产生空间混色效果

2. 织物的光泽及影响因素

（1）织物的光泽。织物的光泽是指在一定光照和背景环境下，织物表面亮度、表面亮度分布及色散关系的综合体现。织物的光泽是正反射光、表面散射反射光和来自内部的散射反射光的共同作用。其中，正反射光即为镜面反射光，其强弱与织物的反射率及表面形态有关；表面散射反射光为织物表面产生的漫反射光；内部反射散射光为光线进入织物后在纤维内和纤维间出现的多重反射、散射、折射和吸收。另外，由于色散作用，织物内部反射光会形成彩色晕光，影响织物的光泽品质。织物光泽亮度强弱取决于反射光强度及分布，而织物光泽品质（即光泽优劣）主要与织物反射光颜色纯度、内部散射反射光有关。

织物光泽感是指在一定光照和背景条件下，织物表面的光泽信息通过对人视觉细胞产生刺激，进而在人脑中形成的对织物光泽的心理评价或者主观判断。织物的光泽感可以根据其他物质的光泽进行描述，如金属光泽、水晶光泽、钻石光泽、珍珠光泽等。也可根据织物光泽与织物肌理的关系描述为闪烁光泽、活泼光泽、霜纹光泽等。也可以定性地描述为高贵光泽、优美光泽、鲜艳光泽等。设计师们在进行面料选择时非常重视面料视觉效果，并且对金属光泽面料有特殊偏爱：具有金属光泽的面料制作出典雅高贵、独特前卫风格的服装，非常契合设计师对于时尚的表达。如图11-2所示为Sophie Couture高定礼服，其融合了经典褶皱和烫金元素，尽显清新和奢华。

（2）影响因素。织物光泽受到纤维表面状态、表层结构及截面形态的影响。通常纤维表面越光滑，对光线的镜面反射越强烈，织物的光泽越强；纤维的表面越粗糙，其对光线的漫反射越强，纤维表面光泽越柔和。例如，光滑表面的涤纶织物光泽较强，而表面粗糙的棉、麻纤维织物光泽较柔和暗淡。若纤维表层具有多层次结构，光线会在各层进行反射、散射与折

图11-2 Sophie Couture高定礼服

射，使得光泽柔和、均匀。如蚕丝纤维表面具有多层次结构，其呈现类似珍珠的柔和光泽［图11-3（a）］。而仿真丝纤维主要模仿蚕丝三角形截面，如涤纶仿真丝纤维［图11-3（b）］，其光泽通常明亮、刺眼，不够柔和、均匀。这是因为光线进入纤维后在三角形截面内产生全反射，出现"闪光"效应。

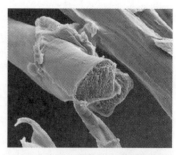

（a）蚕丝纤维多层次截面

织物光泽也受到纱线表面状态的影响。长丝纤维形成的织物表面光滑，具有较高且均匀的亮度。短纤维纱线或者花式纱线表面有毛羽或者卷曲等，对光的反射少，光泽模糊、暗淡。纱线捻向影响织物光泽，如机织物中经纬纱捻向不同，纱线反光方向相同，光泽较好。在织物层面，织物组织结构、织造密度等影响其光泽。如在相同情况下，缎纹组织较平纹和斜纹组织的光泽更好。

（b）仿真丝纤维三角形截面

图11-3 蚕丝纤维多层次截面和仿真丝纤维三角形截面

织物的光泽还受到后整理、染色的影响。如轧光、电光、剪毛、热定型等工艺可以使织物表面变得更光滑，从而提高织物的光泽感。而消光、轧花、植绒等工艺会使织物表面变得不平整，从而使其光泽变暗。如图11-4（a）（b）所示为光泽较好的轧光织物、电光织物，如图11-4（c）（d）所示为无光泽的轧花织物和植绒织物。

（a）轧光织物　　　　（b）电光织物　　　　（c）轧花织物　　　　（d）植绒织物

图11-4 轧光织物、电光织物、轧花织物和植绒织物

（二）织物表面和组织、肌理的视觉效应

1. 织物表面和组织的视觉效应

织物表面结构及纤维影响织物外观风格。例如，棉织物表现出朴素、自然、精致的外观风格；麻纤维织物呈现粗犷自然的风格；毛纤维织物具有柔和的光泽、毛面匀净、丰满

滑糯的外观风格。丝织物华丽高贵、轻盈、色泽鲜艳。

织物组织亦对其外观风格有一定的影响。例如，机织平纹织物表面有点状颗粒分布 [图11-5（a）]；斜纹织物具有明显的斜向条纹 [图11-5（b）]；绉组织织物表面呈现杂乱条状分布 [图11-5（c）]；针织平纹正面呈现竖向纹理，简约高级 [图11-5（d）]；针织罗纹具有凹凸条纹，轮廓感、立体感强 [图11-5（e）]。

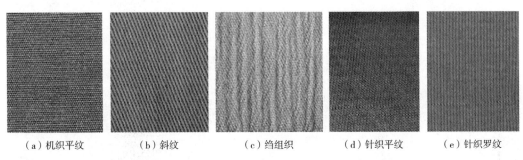

| （a）机织平纹 | （b）斜纹 | （c）绉组织 | （d）针织平纹 | （e）针织罗纹 |

图11-5　机织平纹、斜纹、绉组织、针织平纹和针织罗纹

2. 织物的肌理

织物的肌理是指织物表面组织的纹理结构，即用纱线或者再造方式将面料做成凹凸不平、纵横交错的纹理效果。利用不同颜色和结构的花式纱线可以织造出纹理感强、层次丰富、花纹多样的织物。如利用彩点纱线可编织空间混色感、灵动多样的织物；使用结子线、竹节纱可产生麻织物的粗犷风格；拉毛纱织物呈现丝绒般的外观；渐变色纱织物呈现过渡自然、层次感强的纹理外观等。

利用面料再造方式进行织物肌理创意设计，成为服装设计领域尤其是高级时装设计非常重要的部分，也是衡量服装设计创意的标准。面料再造是指对织物进行二次创作，使其产生独特的艺术风格，为设计增色。常见的面料再造方式主要有：

（1）改变织物的结构，如通过镂空、抽纱、剪切、撕破等手法，使面料形成错落有致、虚实结合的视觉效果 [图11-6（a）]。

（2）在织物表面增加材料，通过缝、绣、钉、黏合等技术手法在织物上进行添加设计 [图11-6（b）]。

（3）将不同材料进行组合创作，通过面料块和面料条拼接、点状连接件串联，或者线、绳、带等编织方法，形成高低起伏、错落有致的外观风格 [图11-6（c）]。

（4）改变织物的形态，通过抽褶、压褶、缩缝等手法，在织物表面形成不规则的皱纹，呈现立体、浮雕感的视觉效果 [图11-6（d）]。

（a）改变织物的结构　　　　　　　　　　　　　（b）在织物表面增加材料

（c）将不同材料进行组合创作　　　　　　　　　（d）改变织物的形态

图11-6　改变织物肌理的设计

（三）织物图案的视觉效果

织物图案可以通过提花、印花、烂花、绣花、轧花等方式形成。提花织物是指纱线以不同规律进行交织或者编织，从而在织物表面形成花纹图案的纺织品。配合不同色纱和纱线运动规律，可以形成富有变化、立体感强、多层次的织物图案。印花织物是利用颜料或染料在织物上印制图案花纹的纺织品，可以印有简单小循环花型图案或者复杂大循环图案，亦可印有单色或者多色图案。绣花织物是利用针线在织物上绣制各种装饰图案的纺织品，极富艺术性。烂花织物是利用化学药剂腐蚀掉织物中的一种不耐药剂的纤维（如不耐酸的棉纤维），而保留另一种耐药剂纤维（如耐酸蚕丝、涤纶）的镂空透明织物，其表面花纹突出、凹凸有序、悬垂飘逸。轧花织物是在织物表面轧花，形成凹凸花纹图案的纺织品。

三、织物的触觉风格

（一）织物触觉风格含义

织物的触觉风格（手感风格）是由织物力学性能和一些物理性能（如热湿传递）引起

的人体生理和心理反应。在实际穿着中，人的胸部、背部、臀部、肘部和膝部关节经常承受拉伸、压缩、弯曲、摩擦等力作用，其影响织物穿着合体性、活动性、舒适性等。另外，人体与织物接触时的瞬间冷暖感觉，主要与织物的热学性质相关。织物的触觉风格可以通过客观仪器准确、定量测得，如目前主要采用日本川端发明的KES-F织物风格仪（织物各项力学性能）以及热阻和湿阻仪（冷暖感）。另外，织物的触觉风格也可依靠人的感官对织物作出评价。该方法简单、方便，但是具有主观性，无法定量表达。

（二）主观评价方法及词语

织物触觉风格的主观评价主要通过人手对织物触摸、抓捏产生的感觉评价。可以先用手指捏住织物，拇指在上，食指和中指在下，轻微施压并捻动织物，以确定织物的厚薄、弹性、滑糯、松紧等特征；接着将织物放在两只手掌中心，并同时对织物两面反复摩擦，以评价织物的轻重、粗糙度、冷暖等特性；然后用手托住织物并五指并拢抓放织物，以评价织物的弹性、丰满度、挺括等特性。

用于表达织物触觉风格的词语见表11-1。其中，在25对词语中，前15项是表达织物的力学性能，15～24项是评价织物的光学、外观特征，25项是描述织物的热学词汇。织物的触觉风格通常由专家评级，可以用5、7或9级评价法。然而，其经常受到评价者经验、喜好、民族、地域等因素影响，这需要在评价中排除。

表11-1　织物触觉风格的词语

编号	英文	中文	英文	中文
1	Heavy	重	Light	轻
2	Thick	厚	Thin	薄
3	Deep	深厚有身骨	Superficial	浅薄无身骨
4	Full	丰满	Lean	干瘪
5	Bulky	蓬松	Sleazy	瘦薄
6	Stiff	挺	Pliable	疲、烂
7	Hard	硬	Soft	软
8	Boardy	刚	Limp	糯
9	Dry	干燥	Clammy	黏湿
10	Refreshing	爽快、鲜畅	Stuff	闷阻
11	Rich	油润	Poor	枯燥

续表

编号	英文	中文	英文	中文
12	Resilience	回弹性好	Plasticity	回弹性差
13	Brisk（Shari）	爽利	Sticky waxy（Numeri）	黏腻、蜡质感
14	Springy	活络	Dead	呆板、死板
15	Smooth	滑	Rough	糙
16	Fuzzy	毛茸、模糊	Clean	光洁
17	Delicate	优雅、精细	Active	光洁
18	Homely	朴实	Smart	剽犷、粗犷
19	Superior	华贵	Inferior	低端、粗劣
20	Gorgeous	华丽	Plainly	平淡、单调
21	Light	亮	Dark	暗
22	Lustrous	晶明	Lusterless	晦淡
23	Beautiful	美丽、漂亮	Ugly	难看
24	Familiar	和谐	Unfamiliar	不协调
25	Cool	凉	Warm	暖

（三）影响因素

织物材质影响其触觉风格，如蚕丝具有较好的光滑度、柔软度和凉感，毛织物具有暖感、光滑度差。纱线类型、细度和捻度对织物触觉风格有显著影响：短纤维纱线较长丝纱织物更粗糙、更温暖；粗纱形成的织物较细纱织物触感更粗糙；纱线捻度过小的织物疲软，捻度过大的织物挺括，适度捻度的织物触感既柔软又挺爽。织物紧度影响织物触感，高紧度织物挺括，而低紧度织物柔软。织物组织影响织物触觉风格，缎纹组织光滑、柔软，平纹组织平整、挺括。弹性好的织物手感活络。表面粗糙的织物，如起绒织物，触感温暖（图11-7）。此外，织物后整理也会影响其触感，如棉织物经丝光整理后变得柔软、糯滑。

图11-7 具有暖感的织物

第二节　服装的风格

一、服装的风格含义及分类

（一）服装风格含义

进入20世纪以来，消费者对服装的需求不再满足于基本的服用性能，而是为了获取更高的审美体验和情感实现。该类群体强烈追求服装风格的多元化。因此以消费者为中心的服装风格设计成为服装设计师关注的热点。

服装风格是由所有设计元素，即色彩、面料、款式和配饰等，构成的整体视觉效果。它首先对消费者产生视觉冲击力，可以使其产生精神层面上的共鸣。

（二）服装风格分类

当今，服装造型多变，风格多样。服装风格分类有多种方法，例如，按照设计理念分为极简风、解构风等；按照历史因素分为波普风、哥特风、巴洛克风等；按照流行文化影响风格分为嬉皮风、朋克风、嘻哈风等。在商品企划和市场上，服装风格通常按照造型角度进行划分，主要包括经典风格、运动风格、休闲风格、优雅风格、民族风格、浪漫风格、田园风格、前卫风格。

二、服装风格介绍

（一）经典风格

经典风格具有端庄大方、保守传统、严谨庄重、对称统一、色调沉稳、文静含蓄等特征。它相对成熟，基本不受流行趋势影响，且被大多数人所接受。表11-2所列为经典风格服装所具有的典型特征。如图11-8所示为几种经典风格服装。

表11-2　经典风格服装所具有的典型特征

服装风格	影响因素		风格表现特征
经典风格	款式造型	领型	圆形领、衬衫领、平驳领
		廓型	X、Y、H、A型

续表

服装风格	影响因素		风格表现特征
经典风格	款式造型	袖型	直袖、马蹄袖
		其他细节	少量分割线
	面料		精纺面料
	色彩		黑白、藏蓝、酒红、紫色、咖啡色等

图11-8　几种经典风格服装

（二）优雅风格

优雅风格可以被描述融合了品位、精致优雅和时尚感的服装风格。该风格来源西方服饰风格，强调女性特征和细部设计，以营造女性的精致和魅力。该风格服装轮廓线需顺应女性身形曲线，装饰也要女性化。表11-3所列为优雅风格服装所具有的典型特征。如图11-9所示为几种优雅风格服装。

表11-3　优雅风格服装所具有的典型特征

服装风格	影响因素		风格表现特征
优雅风格	款式造型	领型	圆形领、V字领、西装领、波浪领、青果领
		廓型	多为X、S型等
		袖型	无袖、筒形袖、泡泡袖、花瓣袖、羊腿袖
		其他细节	点造型以点缀为主；线造型运用较多，包括规则的公主分割线和省道腰节线；面元素的应用较多；腰线较宽松
	面料		丝绸、羊绒、亚麻和优质棉花等
	色彩		黑色、白色、米色、海军蓝和柔的粉彩等中性色调

图11-9　几种优雅风格服装

（三）民族风格

民族服饰为文化身份和遗产的反映，展示民族内涵与气质。民族服饰造型简朴大方、样式多变；材料质朴、结实耐用；色彩鲜艳明亮、对比强烈；饰品和服装图案纹样丰富多

品牌ZHUCHONGYUN在2023年的高定系列"苗"汲取了苗族"蝴蝶妈妈"的古老传说，将图腾元素巧妙融入时装，通过多色刺绣技法重现苗寨鼓藏节的绚丽画卷，宛如一部色彩丰富的史诗［图11-10（a）］。而在"山里江南"系列中，设计师运用植物染料与蓝靛，结合蜡染技艺，创造出既艳丽又高贵的色彩效果，展现了中国山川万物的瑰丽多姿。劳伦斯·许在2017秋冬系列中，大量采用变形和夸张手法，巧妙呈现苗族创世神话和传说，形成了苗绣独特的艺术风格和刺绣特色［图11-10（b）］。系列中的立体花卉和刺绣细节，均运用"苗绣"工艺，打造出高贵而雅致的形象。

（a）ZHUCHONGYUN2023年的高定系列　　　　（b）劳伦斯·许的2017秋冬系列

图11-10　ZHUCHONGYUN2023年的高定系列和劳伦斯·许的2017秋冬系列

变,色泽艳丽。在倡导传统民族文化传承与保护的今天,民族风格服装的设计变得重要与流行。目前,民族风格服装可以在传统民族服装基础上,融合当代的时尚元素;也可以在其他类型服装款式基础上,增加传统图案纹样,将民族风格服饰融入日常穿着。

(四)运动风格

运动风格的服装强调穿着舒适、活动灵便等功能。它造型顺畅自然、结构合理,便于人体活动;织物柔软透气、舒适性好;色彩明朗,图案以几何构图居多。常用配件和辅料如拉链、商标等来增强服装功能性和表现力。表11-4所列为运动风格服装所具有的典型特征。如图11-11所示为几种运动风格服装。

表11-4 运动风格服装所具有的典型特征

服装风格	影响因素		风格表现特征
运动风格	款式造型	领型	多为圆领、连帽领等
		廓型	多为H、O型等,便于活动
		袖型	直袖、落肩袖、插肩袖、连肩袖等
		其他细节	常用面状、条状分割;圆润的弧线和平挺的直线应用较多
	面料		棉针织物、吸湿排汗好的涤纶针织物等
	色彩		白色、红色、黄色、蓝色等

图11-11 几种运动风格服装

(五)浪漫风格

浪漫风格是融合浪漫主义艺术精神的服装,代表性的服装为巴洛克和洛可可服饰。该类服装款式新颖、分割处理雅致、样式丰富，给人以梦幻、浪漫、温柔甜美、古典的感觉。它轮廓常采用X型，着重袖及裙的层次感和量感，局部辅以绚丽的花边和褶裥、蝴蝶结等装饰。面料常用精巧、高雅的材料，例如丝绸和棉麻织物。色彩以柔美而优雅的浅粉色等自然色为主。图案多选用花卉、条格等。另外，大量应用各种装饰，例如饰边、镂空、绣花、光片等。如图11-12所示为几种浪漫风格服装。

图11-12　几种浪漫风格服装

（六）田园风格

田园风格服装崇尚自然、纯朴、清新，给人一种轻松恬淡、超凡脱俗的情趣。它在款式上宽大舒适；面料上采用棉麻材料；图案上常取材于树木花朵、蓝天和大海、高山雪原、大漠荒野，表现大自然的魅力，其中碎花、条纹、小方格、花边等都是该风格的常见元素。这类服装非常顺应现代人生活需求，适宜郊游、散步等休闲活动穿着。如图11-13所示为几种田园风格服装。

图11-13　几种田园风格服装

（七）休闲风格

休闲风格服装追求轻松、舒适、休闲，较正装而言更加严谨端庄，适合各个年龄段、各阶层日常穿着。该类风格服装轮廓简洁，H型、O型和A型居多，常用点、线造型；多用衬衫领、圆形领和连帽领；面料多为棉、麻等天然面料；色彩以纯色为主。如图11-14所示为几种休闲风格服装。

图11-14 几种休闲风格服装

（八）前卫风格

前卫风格服装设计灵感来自波普艺术、抽象派艺术、街头艺术等，其造型大胆奇异、离经叛道、变化多端、充满想象力。该类服装常应用超前的流行元素且元素排列不规整，可大面积采用排列多样的点造型和线造型，也有分割线或装饰线，还有立体造型的广泛使用，例如膨体袖、立体袋等。面料常用真皮、仿皮、牛仔、高科技涂层面料等。色彩常用对比鲜明的银白、霓虹等。如图11-15所示为几种前卫风格服装。

图11-15 几种前卫风格服装

第三节 面料和服装的感性风格评价及设计

一、服装的感性风格评价

服装风格的评价具有模糊性和主观性，难以准确衡量，如何获得消费者对服装的感性评价并设计符合消费者感性需求的服装是非常重要的问题。感性工学（Kansei-Engineering）提供了一种有力的研究工具和方法。它是日本长町三生于1986年首次提出，它被定义为"一种以消费者为中心的产品开发技术，一种以消费者感受和意向转化为设计要素的翻译技术"。该方法具体是通过提取消费者情感需求，并应用统计学的方法对其进行定量分析，以指导设计出符合人们感觉期望的产品。之后，该方法被广泛应用于汽车、机械、家电等行业领域。近年来，该方法在服装感性风格评价与设计方面得到了广泛研究。在测量消费者的感性意向时，主要有主观印象法和客观表征法，它们分别从心理和生理角度进行测量。

（一）主观印象法

主观印象法是以心理学实验为基础，对受试者施加不同程度的外界刺激后，再让其通过设计的问卷量表表达自身的感性认知，最后通过统计学的方法构建外界刺激与人体感性认识的关系。其中，问卷包含了针对研究对象的多个感性意象词；量表常采用的是Osgood提出的语义差分法（Semantic Differerntial），可以按照5个、7个或者9个级别对研究对象进行感性评价。该方法测量方便、无须生理学测量设备，但是较依赖受试者的主观评价。在实际操作中，受试者经常选择专家和足够数量的用户进行评价。

（二）客观测量法

为了弥补主观印象法的不足，研究者引入生理测量方法，探索人们认知加工机制，并获取用户真实情感需求。生理测量方法包括眼动追踪、脑电测量法和功能磁共振成像技术等，客观获得人们体验产品时的生理数据，从而判断人们对产品的真实感受。下面主要介绍最常用的眼动测量法和脑电测量法。

1. 眼动测量法

利用眼动追踪技术来研究人的视觉行为和认知过程的方法为眼动测量法（图11-16）。人的眼球运动有注视、跳动和平滑尾随跟踪三种方式。利用眼动设备可以记录和分析人在观察目标时的眼球运动轨迹、注视点、瞳孔变化等信息，从而了解人的认知过程和行为模式。该方法可广泛应用于心理学、行为科学、人机交互、市场营销等领域。例如，研究人的认知、情绪反应和决策机制；研究用户界面设计、服装风格等方面的优化和改进；研究消费者对产品的关注点和喜好程度。

图11-16 眼动实验技术

2. 脑电测量法

脑电测量法是一种通过测量大脑的电活动（脑电波）研究大脑功能的方法（图11-17）。脑电主要由大脑皮质锥体细胞顶树突的突触后电位变化的总和形成，大脑神经元放电时，透过大脑硬膜、头骨在头皮形成微弱的波动电位。脑电可以通过脑电设备可以将脑部自发性生物电位加以放大记录而获得的图形（即脑电图，

图11-17 脑电实验技术

EEG），也可以测量大脑在特定刺激下，脑电信号的变化（事件相关电位，EPR）。脑电测量可以帮助我们了解大脑的功能和机制，还可以监测疾病、控制药物剂量等。脑电测量法的应用范围非常广泛，可以用于神经科学、心理学、精神医学等领域的研究。近年来，该方法被用于产品的感性设计研究，如汽车、家电、文创产品、服装等。

二、服装的感性风格设计方法

（一）服装色彩

服装色彩影响其风格，从而影响消费者的感性认知及喜好，进而影响消费者的购买决策。目前，有些研究探索了服装颜色搭配对消费者的感性认知及评价。例如，吕晓娟和徐军以楚和听香服饰品为例，采用语义差分法研究了消费者对时尚女装上下装颜色搭配的感性评价（图11-18）。其中，服装的感性意向词对有"休闲的—正式的""女性的—中性的""华丽的—朴素的"等12个，并被归纳为四个主因子，即"气场因子"（温暖的—寒冷的、女性的—中性的、亲切的—疏离的、单调的—醒目的）、"性格因子"（活跃的—平静的）、"正式因子"（华丽的—朴实的、个性的—大众的、含蓄的—张扬的）和"谐调因子"

（气质的—俗气的、复古的—现代的、调和的—不调和的）。设计师可以根据感性评价结果设计符合女性消费者感性需求的上下装配色。女性出席正式场合，建议选择上装搭配饱和度较高的下装，会给人成熟稳重的感觉。

（a）朱赤色系为主色　　　　　　　　　　（b）橙黄色系为主色

（c）青碧色系为主色　　　　　　　　　　（d）紫色系为主色

图11-18　时尚女装上下装颜色搭配

还有一项研究利用眼动仪探索面料和服装色系、明度对用户客观注视与喜好的影响。如图11-19和图11-20所示分别为面料色系和服装色彩明度。结果发现受试者对强对比、高明度和色彩鲜艳的面料和服装更加关注，而且对服装的注视指标与主观喜好显著相关。这说明采用眼动仪可对服装色彩进行视觉评价，反映消费者的主观感知。在实际应用中，可以雇用少数的受试者采用眼动仪对设计的服装色彩进行评价，以确定服装是否被消费者吸引并产生兴趣，从而引起购买决策。可用于服装上市前的样品测试或预销售，用于判断产品的市场潜力。

（a）低纯度的黑白　　（b）高纯度的黑白　　（c）绿色邻近色系　　（d）对比色系
色系　　　　　　　　色系

| （e）同类色系 | （f）蓝紫色邻近色系 | （g）红色邻近色系 | （h）高纯度有彩无彩色对比色系 | （i）低纯度有彩无彩色对比色系 |

图 11-19　面料色系明度

（a）低长调　　　（b）低短调　　　（c）低中调　　　（d）中长调

（e）中短调　　　（f）中中调　　　（g）高长调　　　（h）高短调　　　（i）高中调

图 11-20　服装色彩明度

（二）服装图案

　　几种常见图案例如几何图案、传统元素图案、格纹图案、迷彩图案、波点图案等常被用在服装上。其中，图案设计元素例如种类、大小、色彩等可能影响消费者的感性意向和需求及购买意向。例如，李杨和吴晶研究了不同波点图案在服装上的设计，并评价了受试者的感性意向及其与图案设计元素之间的关系（图 11-21）。研究从品牌网站、销售平台、时尚网站等在网上筛选出 300 件最为流行畅销的波点图案，并进行聚类得到 80 种波点图案，接着根据波点元素种类、元素大小、色彩数量、色彩对比度、排列方式及密度，最后筛选出 24 种波点图案并设计在服装上。通过语意差分法收集了受试者的感性意向，并通过最小二乘法得到服装感性风格与设计要素的关系。以复古风格为例，波点图案"较多元素种类""小元

素""较多的色彩数量""较强的色彩对比""纵向的元素排列"及"高密度的排列布局"对
应服装的复古风格。该研究可以实现针对消费者不同感性需求的个性化图案定制。

图11-21　不同波点图案在服装上的设计

郝新月和刘凯旋选取了常见的袜子图案，并设计了16款袜子，利用语义差分法进行了
评价（图11-22）。通过因子分析法，发现影响袜子图案设计的主因子为个性因子、风格因
子和性格因子。袜子图案的变化会影响袜子的整体风格，如2、9和15在"简约的""单调
的"感性词汇中占比较多，它们的特点是图案变化小、线条简约、排列简单；4、5、8、11
和14在沉闷的、随性的、中性的感性词汇中占比较多，它们的特点是图案颜色较深、偏中
性化。该研究可以挖掘消费者的感性需求，并指导设计师设计出满足消费者感性需求的袜
品，从而指导企业开发出更具竞争力的袜品。

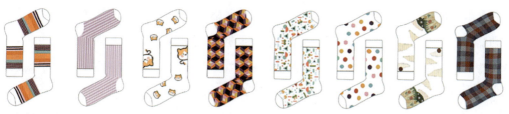

（a）条纹图案A1（b）条纹图案B2（c）动物图案3（d）几何图案A4（e）几何图案B5（f）波点图案6（g）风景图案7（h）格子图案8

（i）卡通图案A9（j）卡通图案B10（k）豹纹图案11（l）抽象图案12（m）植物图案13（n）涂鸦图案14（o）文字图案A15（p）文字图案B16

图11-22　16款袜子图案

（三）服装面料材质

服装面料材质及纹理会影响消费者的视觉及触觉，对其购买兴趣及决策有很大的影响。例如，周小溪等运用语义差分法探索了不同材质的春夏季衬衫色织面料（纯棉和涤/棉）的感性意向特征，并应用多元回归统计方法建立了感觉意向与喜好度的关系。研究发现：对于全棉色织面料，感性词对"轻盈的—厚重的""柔软的—刚硬的"和"凉爽的—温暖的"与喜好度相关，并且人们更喜欢轻盈、柔软且凉爽春夏季全棉色织面料；对于棉/涤色织面料，"天然的—人工的""无光泽的有—光泽的"和"柔软的—刚硬的"与喜好度相关，并且人们更喜欢天然、光泽好的、刚硬的春夏棉/涤色织面料。

服装面料材质会影响人体的接触舒适性。Chen等应用脑电ERP技术评价了人体指尖接触不同材质时的舒适性，并发现粗糙的织物表面会诱发较高的P300电位振幅，对应面料有较差的接触舒适性。Jeong等采用脑电EEG技术研究了运动服舒适性能，分别采集了人体穿着普通纯棉和吸湿快干运动服在休息、运动和恢复三个阶段的脑电数据。结果发现，吸湿快干的运动服具有较大的α波相对功率及α波与β波强度比，说明该服装可以使人们保持更加放松的状态，其对人体自主神经系统活动有积极影响。

（四）服装的款式和细部设计

服装的款式和细部设计，如廓型、领子、裤脚等同样影响其风格，从而影响人们的感性意向及购买意愿。如李倩文等研究了男性西装款式及设计细节对人们感性意向的影响，并建立了感性意向与设计要素的关系，指导设计师及企业开发满足人们感性需求的服装款式和细节。首先，筛选出最能突出服装款式特征的30个代表性西装样本（图11-23），其中款式特征包括廓型、领子、串口、扣子、驳头、门襟、胸袋、腰袋和装饰，并通过语义差分法得到受试者对男西装样本的感性评价；接着，通过对男西装样本款式特征的分析，提取对感性意象有关键影响的款式细节设计要素，并通过数量化Ⅰ方法建立感性意向和设计元素的关系。例如，某客户欲定制一款较为"古典的，儒雅的"男西装，其款式特征可以推荐为：X廓型、青果领、1~2粒扣、门襟圆角、胸挖袋、腰挖袋和仿手工线迹。

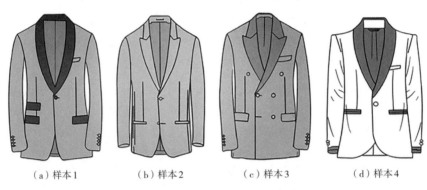

（a）样本1　　　（b）样本2　　　（c）样本3　　　（d）样本4

图11-23　男性西装样本及推荐款式

　　蔡丽玲等评价了女性运动裤的裤脚感性意向，并构建了感性意向与裤脚设计要素之间的关系。其中，裤脚设计元素综合考虑了裤脚宽松程度（直筒、宽松、修身）、收口方式（罗纹、橡筋、抽绳、扣子和不收口）和开衩方式（拉链、排扣、撕边和不开衩）。该研究通过统计学的方法建立了感性意向与裤脚设计元素之间的关系模型。例如，某用户需要"比较中性化、比较活力、比较休闲、比较大众、很简约、一般实用、一般前卫"的运动裤，通过模型可以得到4种裤脚类型（图11-24）。

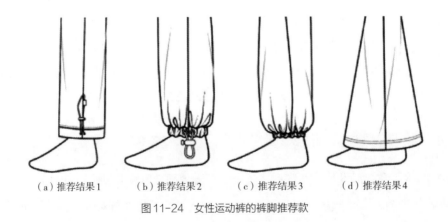

（a）推荐结果1　　　（b）推荐结果2　　　（c）推荐结果3　　　（d）推荐结果4

图11-24　女性运动裤的裤脚推荐款

本章小结

- 深入探讨了织物与服装的风格特征，分析了织物风格和服装风格的分类、影响因素及其在设计中的应用。

- 织物风格通过视觉、触觉、听觉和嗅觉等感官体验来评价，而服装风格则涵盖了色彩、面料、款式等多个设计元素，共同构成整体视觉效果。

- 织物风格分类详细阐述了视觉风格、触觉风格等，并探讨了色彩、光泽、表面组织和肌理等对织物风格的影响。服装风格则根据设计理念、历史因素和流行文化进行了多样化的分类，如经典风格、优雅风格等，并介绍了每种风格的典型特征和设计要点。

- 感性工学（Kansei-Engineering）作为评价和设计服装感性风格的重要工具，通过提取消费者情感需求并进行定量分析，指导设计出符合感觉期望的产品。本章还讨论了服装色彩、图案、面料材质和款式设计对消费者感性意向的影响，以及如何利用这些因素进行有效的服装风格设计。

- 通过本章的学习，可以更好地理解织物与服装风格的特征和评价方法，掌握如何运用感性工学进行服装风格设计，以及如何通过面料和款式的选择来满足消费者的感性需求，从而在服装市场中获得竞争优势。

思考与练习

1. 织物风格中的触觉风格是如何通过人的触觉器官对织物触摸时形成的感觉评价的？请举例说明不同类型的织物材质（如棉、丝、羊毛）在触觉上给人的不同感受。

2. 服装风格分类中，经典风格和优雅风格有何不同？请根据本章内容，描述这两种风格在设计元素和视觉冲击力上的主要区别。

3. 服装风格分类中，如何理解"中性"和"经典"这两种风格的区别与联系？

4. 感性工学（Kansei-Engineering）如何帮助设计师理解和满足消费者对服装的感性需求？请结合本章内容，讨论感性工学在服装风格评价与设计中的应用。

5. 服装色彩、图案、面料材质和款式设计如何共同作用于消费者的感性意向？请分别讨论这四个因素的重要性。

6. 在服装面料材质的选择上，如何平衡视觉和触觉的感受以满足消费者的感性需求？请结合本章中关于面料和服装的感性风格评价及设计的内容，提出你的见解。

|第十二章|

服装材料的选择

课题名称：服装材料的选择

课题内容：1.服装的分类

2.日常穿着服装材料的选择

3.特殊功能类服装材料的选择

4.创意服装材料的选择

上课时数：8课时

训练目的：使学生深入了解功能与智能服装材料的基本概念、分类及
其特性，掌握各类功能与智能服装材料的制备技术及其在
服装设计中的应用原理，通过案例分析，理解这些材料在
服装产业中的实际应用，培养创新思维与实践能力。

教学要求：1.掌握服装基本分类，包括实用服装和创意服装两大类
及其各自特点。

2.理解日常穿着类服装材料选择方法，并会分析日常服
装设计案例。

3.理解特殊功能类服装设计思路，并了解几种特殊功能
服装面料选择。

4.掌握创意服装材料选择方法，能够结合设计需求进行
材料创新选择。

课前准备：阅读服装材料选择与服装设计相关的专业书籍、文献和
报告，了解国内外服装材料选择与设计的最新研究成果
与实践案例。

服装材料的选择在服装设计和制作过程中具有至关重要的影响。它不仅仅关乎服装的外观和质感，更直接影响穿着者的舒适度、服装的功能性、耐用性以及环保性等多个方面。本章主要阐述服装开发流程、服装材料选择原则及典型服装材料选择案例分析。

第一节　服装的分类

根据设计目的与功能侧重点，服装确实可以大致分为实用服装和创意服装两大类。

实用服装主要强调其实用性和功能性，表现在：

（1）它通常以满足人们的日常穿着需求为主，例如保暖、遮羞、舒适等。

（2）注重耐用性、易清洗、易搭配等特点，让人们能够方便地应对各种日常生活场景，例如运动服、工作服、校服等。

（3）更注重人体工学的考虑，以确保穿着者在特定场合下能够保持最佳状态。

实用服装大致可以分为日常穿着类和特殊功能类两大类。其中，日常穿着类服装主要功能是满足人们日常生活中的基本穿着需求，可以细分为休闲装、职业装、运动装等。特殊功能类服装则是指那些具有特定功能或用途的服装，它们通常被用于特定的环境或场合，以提供特殊的保护或便利，如防水服、防火服、防辐射服、防护服等。

创意服装则更侧重于创新和独特性，其通常在设计上更具个性和创意，以吸引人们的目光并展示设计师的独特审美。创意服装可能采用新颖的面料、独特的剪裁或别致的装饰元素，以创造出令人眼前一亮的视觉效果。它在时尚界尤为受欢迎，它们经常出现在各种时装秀、红毯活动或特殊场合中。

针对每类服装，材料选择的方法不同。下文针对每类服装的选择方法进行介绍，并结合案例进行阐述。

第二节 日常穿着服装材料的选择

一、日常穿着类服装材料选择方法

在日常服装材料的选择上，可以采用5W1H原则，主要如下：

第一，Who（谁穿）。需要明确这件服装是为谁设计的。不同的人群，如儿童、成人、老年人，或是不同性别、职业的人，对服装材料的需求都是不同的。因此，选择材料时要考虑到穿着者的特性和需求。

第二，Why（为什么穿）。需要了解穿着者为什么穿的问题。是为了保暖、防晒、还是为了特定场合的着装需求？

第三，When（什么时候穿）。需要考虑服装在什么时间穿着。不同的季节、气候条件下，对服装材料的透气性、保暖性等要求也不同。

第四，Where（在哪里穿）。需要考虑服装在什么场合穿着。正式场合、运动场合还是日常穿着，这些都会影响到材料的选择。

第五，How many（多少费用）需要考虑服装的成本和价格。所选材料的价格应与服装的定位和消费者的购买能力相匹配。

第六，What（是什么）。需要综合以上因素，才能确定选择什么样的材料。既要考虑材料的性能，也要考虑其美观性和耐用性。

二、日常穿着类服装设计案例

（一）正装设计

正装是指在正式场合穿着的服装，包括西装、正装衬衫、套装等。它的主要作用是展现穿着者的专业形象和社交礼仪，其在商务场合中传递着专业、可靠和值得信赖的信息，有助于建立信任关系和商业合作，而在社交场合，则显示出对场合的尊重和礼貌，彰显着个人的品位和文明素养。

正装的外观和性能要求有：造型挺括、轮廓鲜明，使人看上去精神干练；舒适透气；耐用性好，要选择优质面料和做工较好的服装；易打理，由于正装衣物通常需要经常清洗和熨烫，选择易于清洗和熨烫的面料和款式可以减少日常的维护成本和时间。此外，根据具体需要，一些正装也可能需要具备一定的功能性，比如防水、防皱、防污等特性。

1. 西装

西装是一种正式服装，通常由上衣（外套）、裤子、衬衫和领带等组成。它是一种源自西方文化的传统服装，常见于商务场合、正式社交场合以及特殊场合，如婚礼、葬礼等。

在面料选择上，对于高级西装，主要选择纯羊毛，尤其是超细毛或羊毛，这些面料轻盈、柔软，质感上乘，透气性好，适合多季穿着。也可以选择亚麻，其质感轻盈、凉爽，适合夏季，但是容易皱，所以穿着时要注意整理。丝绸则适合正式场合，给人高贵典雅的感觉。也经常见上述材料混纺的面料。对于中档西装，通常采用羊毛、羊毛与涤纶混纺、羊毛与亚麻混纺、柔软舒适的纯棉面料。而低档西装通常会采用廉价的涤纶或者棉等面料。

在颜色上，通常选择深灰、深蓝和深黑，它们稳重大方，能展现出西装的奢华和品质感，适合商务场合或正式场合。而在追求清新感的季节，浅灰、浅蓝和卡其色是不错的选择，既保持了庄重感又增添了一丝活泼气息，适合春夏季或半正式场合。在图案上，选择经典的格纹和细条纹既典雅又专业，适合于商务或正式场合。大胆的花纹或华丽的印花可以凸显个性，既独特又富有时尚感，适合于休闲场合或特殊场合。

2. 套装

职业套装是一种专门设计的商务装束，由相匹配的上衣和裤子或裙子组成，其中上衣通常是修身设计的西装外套，裤子或裙子则根据个人喜好和场合需求选择。职业套装的作用不仅在于展现专业形象，更重要的是提升自信心和体现职业身份。

高中档职业套装的面料选择应注重品质和舒适度，以确保套装能够展现出专业、优雅和高档的形象，同时让穿着者感受到舒适和自信。通常选择超细羊毛、丝绸、羊绒或者三种材料的混纺面料。这些材料不仅质地优良、手感柔软，且具有良好的吸湿透气性和抗皱性，能够保持整洁而精致的外观，适合于重要商务场合和专业场合的穿着。低档职业套装通常采用经济实惠的合成纤维，如涤纶、尼龙，或棉与涤纶的混纺面料，以降低成本。这些面料具备基本舒适度和耐久性，适合日常办公穿着。此外，羊毛混纺和人造丝等材料也常用于这类套装，可提供一定保暖性和质感。

正装套装的颜色选择通常取决于场合、季节和个人偏好。在商务环境中，常见的颜色包括深灰、深蓝、黑色和深棕等经典色调，这些颜色显得稳重、正式且易于搭配。在夏季或更轻松的场合，浅色套装，如浅灰、浅蓝或浅米色，也较为常见，显得清新、轻松而不失正式感。此外，中性色如卡其色或深绿色也适合作为套装的选择，呈现出品位和个性。常见的图案包括细纹、格纹、斜纹等经典设计，这些图案既显得正式又具有品位。斜纹图案也是一种常见的商务图案，具有细微的斜线纹理，既显得优雅又不失稳重。

衬衫主要是作为一种日常穿着的服装，适合于正式或半正式场合，如办公室、商务会议、社交活动等。它们为穿着者提供舒适度和自信心，同时展现出一定的品位和专业风格。

高档衬衫通常选用优质的面料，以确保舒适度、耐久性和品质感。常见材料包括高品质纯棉、天然丝绸、亚麻或者它们的混纺面料等。中档衬衫通常选用经济实惠但质量良好的面料，以平衡舒适度和价格之间的关系，例如采用棉与涤纶混纺、棉与尼龙混纺等。低档衬衫通常选用价格较低但基本功能仍然可靠的合成纤维或混纺面料，如涤纶、尼龙、棉与涤纶混纺等。

在商务环境中，衬衫颜色主要有白色、浅蓝色、淡粉色、淡灰色和浅黄色等。这些颜色显得清爽、专业且易于搭配，适合于正式场合穿着，尤其是配合深色套装。此外，淡灰色和浅黄色也是一些人喜爱的选择，展现出一定的个性和品位。

（二）礼服

礼服是一种专为特殊场合设计的高贵、华丽的服装，通常用于正式的社交活动、庆典、晚宴、婚礼等重要场合。它的作用不仅在于提供穿着者与众不同的外观，更在于表达对特殊场合的尊重和重视，展现出优雅、自信和品位，同时也体现了对活动的尊重和礼仪的遵循。

礼服的外观和性能需求是根据性别、穿着场合、个人喜好和设计目的而定的。在外观上，男士礼服外观要求体现庄重、端庄，符合场合要求，展现出穿着者的品位和自信；女士礼服具有豪华精美、标新立异、炫耀性强的特点，注重展示豪华富丽的气质和婀娜多姿的体态。色彩高贵、华丽、端庄，注重首饰搭配。在性能上，礼服同样要求具备良好舒适度、合体度、耐久性和易保养性。

在选择材料时，要考虑到礼服的风格、季节以及活动的性质和氛围。男士礼服的材料通常选择羊毛、羊绒、丝绸和毛交织物，而夏季经常选择亚麻、棉或混纺面料。女士礼服通常选择具有垂坠感的丝绸或者人造丝绸、具有精致的花纹和浪漫的质感的蕾丝装饰、营造出闪亮效果的珠片装饰、增添活力的流苏元素等。而夏季经常会选择薄纱等透气轻盈的材料。

（三）内衣

内衣是一种穿在身体底层的衣物，通常由软性材料制成，设计用于直接接触皮肤。根据其作用，内衣分为贴身内衣、补正内衣和装饰内衣。人们每种内衣的要求不同，其面料选择也不相同。

1. 贴身内衣

贴身内衣是指与身体紧密贴合的衣物，主要包括内裤和文胸等（图12-1）。它们的作用多方面，首先，提供了身体所需的支撑和保护：对于女性而言，文胸可以有效支撑乳房，避免下垂；内裤则保护了私密部位，减少了外界摩擦和污染的影响，维护了身体的清洁和健康。其次，贴身内衣提供了穿着舒适感。此外，贴身内衣也起到了美化外观的作用。对贴身内衣要求要柔软、吸汗、透气、保温，并具有一定的延伸性和回弹性，能吸附皮肤上的污垢，同时衣料上的染料对身体无刺激，具有耐洗、耐晒、防霉、防菌等性能。

贴身内衣通常选择纯棉、棉/黏胶、天丝纤维、莫代尔纤维、大豆纤维等再生植物纤维，且采用有弹性的针织面料。高档内衣有时还采用光滑柔软的丝绸面料。还通常加入氨纶以增加弹性，加入蕾丝以提升美观性。此外，通常采用较粗的弹性纤维、涤纶和尼龙丝作为支撑材料（图12-1）。

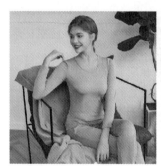

图12-1　贴身内衣

2. 补正内衣

补正内衣是一种设计用来调整身体轮廓、改善体态的内衣（图12-2）。迎合现代审美需要，如抬胸、束腰、收腹提臀、局部减肥等，采用立体裁剪要求面料具有一定的强度和刚性，能对人体起束缚作用。

补正内衣通常采用具有弹性的锦纶、涤纶、棉针织面料，辅以细

图12-2　补正内衣

钢丝、硬锦纶丝等。

3. 装饰内衣

装饰内衣是一种以美学和艺术为目的的内衣设计风格，注重在保持基本功能的同时，通过精心设计的细节和装饰元素来增添女性魅力和自信。

装饰内衣注重面料的装饰性，如刺绣、蕾丝花边，要求轻薄、柔软、光滑，对面料的舒适性要求较低（图 12-3）。常用的面料有真丝电力纺、真丝软缎（高档），再生纤维人造丝（中档）和合成纤维人造丝（低档）。

图 12-3　装饰内衣

（四）运动服装

运动服装是指专用于体育运动竞赛或参加户外体育活动穿用的服装，其通常是按照运动项目的特定要求设计制作的。设计良好的运动服装可以为穿着者提供舒适的运动体验、保护运动者免受伤害、提升运动表现。运动服装的种类繁多，可以分为田径服、球类服、摔跤服、体操服、登山服和击剑服等（图 12-4）。

图 12-4　各类运动服装

每种运动服装的要求因运动类型而异。对于球类运动来说，服装的透湿透气功能非常重要。这类运动通常伴随着高强度的身体活动和快速的移动，运动员会大量出汗。运动服装需要快速吸收汗水并将其排至面料外，同时允许空气流通，从而保持运动员的身体干爽舒适。常用的面料是异形涤纶面料、尼龙面料或者它们与棉混纺的面料，并配合特殊的针织结构。例如，德国世界杯巴西队专用球衣所采用的材料是耐克最新研制的 Nike Sphere Dry，其采用独特的三维针织结构，内部形态类似细胞，每个单元可以是圆形或六角形

（图12-5）。这种设计不仅保证了面料的超轻特性，还增强了其透气性和排汗功能，另外，内层的凸起结构能有效防止汗水黏身，提供极佳的穿着体验。

对于体操、游泳和赛车运动，考虑到运动员的运动特性，运动服装需要具备良好的延伸性和回弹性，如涤纶/氨纶、锦纶/氨纶混纺面料。

对于通常在寒冷环境下进行的滑雪和登山运动，运动服装的御寒保暖功能至关重要。它们通常采用保暖性能良好的材料制成，如羽绒、抓绒等。同时，它们还应具备防风、防水等功能，确保运动员在恶劣的天气条件下能够保持温暖和舒适，如可在服装外层采用涤纶或尼龙涂层织物，防水透湿膜等。

吸湿排汗面料

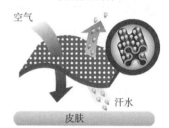

图12-5　耐克研制的Nike Sphere Dry针织面料

（五）儿童服装

童装是指所有适合儿童穿着的服装。按照年龄阶段，主要包括婴幼儿服装、小童服装、中童服装、大童服装等。童装的类型丰富，包括连体服、外套、裤子、卫衣、套装、T恤衫、鞋等。

童装的特点和要求主要体现在以下几个方面：

①安全性，童装面料应该柔软、无化学助剂、色牢度与pH达标、对皮肤无刺激的材料；

②舒适性，童装需要宽松、透气；

③美观性，童装设计应色彩鲜艳、图案可爱；

④功能性，童装的设计还需要考虑功能性，如防晒、防蚊等功能；

⑤成长性，由于儿童的生长速度较快，童装设计还需要考虑到成长性，如采用可伸缩腰围、可调节袖长等。

每个年龄阶段，上述要求侧重点有所不同，对应的面料选择不同。

1.婴幼儿服装

婴幼儿的皮肤娇嫩，容易受到外界刺激，因此面料的选择应以柔软、舒适、无刺激为主。通常选用纯棉面料。另外，婴幼儿活泼好动，应该选择弹性较大的针织面料。此外，婴幼儿服装面料应符合国家相关标准，无甲醛、无荧光剂、无有害物质等。还应注意其色牢度和环保性，应具有良好的色牢度，不易褪色。

在款式上，采用宽松包覆型、背带裤和两件套衣服等设计，不仅便于穿脱，还方便洗涤。在颜色上，应避免选择过于鲜艳或深色的面料，因为这类面料通常需要使用更多的染料和助剂，可能会带来潜在的安全风险。浅色和淡色的面料更为安全。如图12-6所示为几种婴幼儿服装。

2. 儿童服装

在为儿童选择服装时，应充分考虑其生长迅速、活动量大、皮肤敏感的特点。面料选择上，应确保材料既耐磨又柔软有弹性，这样既能适应孩子身体的变化，又能保证穿着的舒适度。此外，阻燃功能也至关重要，以确保孩子的安全。可以选择纯棉、含弹性纤维的棉布、黏胶以及经过阻燃处理的涤/棉面料等。不同类型儿童服装材料有所不同，儿童背心可选用棉、黏胶、涤/棉、涤/黏等材质；儿童衬衫和裤子则以棉、涤/棉为主；而儿童连衣裙可选用棉印花布、棉府绸、泡泡纱等面料；在秋冬季节，黏胶/涤纶、涤/棉布、涤/腈花呢等面料则能更好地保暖。

在款式上，应选择简洁大方的服装款式。在外观上，还需要考虑到服装的美观性，例如采用色彩鲜艳、图案有趣的设计可以吸引儿童的注意力，增加他们的穿着乐趣。如图12-7所示为几种儿童服装。

图12-6 几种婴幼儿服装

图12-7 几种儿童服装

第三节　特殊功能类服装材料的选择

一、特殊功能服装设计思路

功能服装的开发和设计过程始终是以用户需求为中心，这与其活动及周围环境均密切相关。需要掌握用户的需求才能进行合理的材料选择。针对功能服装设计需求，美国学者R.F. Goldman提出了"4F"设计原则：即Function（功能性）、Feel（舒适性）、Fit（合体性）和Fashion（时尚性）。在"4F"设计基础上，学者们又增加了穿脱方便性、实用性、经济性等，更加全面有效地指导功能服装设计。其中，服装的功能性主要包括防紫外、防辐射、防静电、防病毒、抗菌性等；舒适性主要包括热湿舒适性（例如材料的冷热感）、接触舒适性（例如材料的软硬感觉、刺痒、刮擦感觉）和压力舒适性；时尚性主要是指服装的外观审美；实用性包括服装的耐用性、易护理性和易保养性等。

二、几种特殊功能服装设计

（一）登山运动装设计

1. 需求分析

登山运动装就是指适合在登山运动中穿着的服装。户外登山服装的种类很多，按照不同的登山运动类型，相应的服装可分为：竞技登山服、探险登山服、旅游登山服。不同运动类型对登山运动装的要求不同。

这里主要以探险登山服装为例，从功能性、舒适性、合体性、实用性和审美性需求方面进行分析。

（1）功能性。登山运动服首先要具备安全防护功能，这体现在：登山运动的主要危险来自自然环境的恶劣，低温、暴雨、大风使人体热量大量散失是登山运动者面临的首要危险，这要求服装具备防风、防水和保温作用；登山者面临的自然环境复杂多样，一旦发生危险，获得救援的难度比较高。这要求登山运动服有警示作用。另外，登山运动服装需要有调温功能。由于登山运动经常遇到气温突变的情况或者海拔升高引起的气温降低情况，需要登山运动服装具有调温功能。

（2）舒适性。服装的舒适性也是登山运动者的重要需求。登山运动服首先具备优良的热湿舒适性。由于登山运动员活动量较大，即使在外界环境温度较低的情况下，也通常会产生汗液。服装必须具有吸湿快干性，保持人体的干爽性，否则人体会感觉不舒适，另外也可能会造成人体冷应激。这种冷应激是由于服装潮湿后导热系数增大，造成人体向外界的传导热量增大，在人体运动量较小或者外界环境温度较低时，人们会感觉极大的冷感。

登山运动装应具备优良的压力舒适性。登山运动幅度较大且肢体运动频率较大，这要求服装整体和局部宽松设计应适当，特别是肩、肘、膝等一些活动部位需要留有适当松量，不能对人体造成压力不舒适感。另外，服装质量要轻，以减少对人体压力。另外，服装的长度要适宜，上衣长度不宜超过大腿。

登山运动服应具备优良的接触舒适性，主要体现在：人体与服装接触的部位无刺痒感和尖锐感，如领口、袖口和门襟拐角部位；服装面料质地要柔软，不宜采用过硬的材料。

（3）合体性。在兼顾服装的压力和舒适性的基础上，服装尺寸要合体。服装太紧会增加人体压力，阻碍人体运动；服装太松不仅影响人体活动，还会降低服装的防风保暖性能。另外，服装的设计要考虑不同年龄阶段的人的体型特征，需为不同年龄阶段的人提供合体性设计。

（4）实用性。由于登山运动环境复杂性，登山运动服装应该具备优良的耐磨性、抗撕裂性和防污性。服装口袋储物能力要强。内层口袋可储存重要证件，外层口袋容量较大，方便拿取。

（5）审美性。登山运动服装的设计要注重美观性与时尚性，以迎合大众审美。可以从服装色彩、图案、款式和曲线分割等细节进行设计。

2. 登山运动服的设计

这里主要从面料、服装结构和细节设计上分析登山运动服的功能设计。

（1）面料。登山运动服面料按典型结构分为三层，排汗层（内层）、保暖层和防水防风层（外层）。

排汗层（内层）主要是保持皮肤干爽，提供保暖需求并且不会摩擦皮肤。此层的面料需要将人体产生的汗液从皮肤表面转移到外部。棉纤维虽然能快速吸收人体汗液，但是保水能力强，干燥很慢，当人体在低温下大量运动后，其会紧贴人体，带走人体热量。面料可以采用吸湿排汗良好的涤纶面料如杜邦公司的 Coolmax®、东洋纺的 Tiractor® 和中兴的 Coolplus® 纤维面料等或者此类化纤和棉混纺的面料。内层面料也可以采用羊毛纤维制成，这是因为毛纤维保暖性强，即使汗湿后仍具备较强的保暖效果。羊毛吸水能力比棉纤维更强、干燥时间更长，只是整个干燥过程中温暖舒适，适合低温环境穿着。另外，内层服装应该贴身，以增加保暖性，并且采用针织面料，增加弹性（图12-8）。在炎热的夏季，只需要穿着宽松的内层服装即可。

保暖层的作用是在其内部以及与内外层之间形成更多的静止空气层。羊毛保暖面料在早期备受登山者喜爱，但是其价格过高、偏重又不易干，已被其他材料替代。目前常用的保暖面料主要有抓绒衣、羽绒填充衣和化纤填充衣。目前抓绒衣主要采用涤纶纤维制成，由针织坯布经过拉毛、梳毛、剪毛、定型后得到，还有些抓绒衣采用了防静电、防泼水、防紫外线等技术。美国 Malden Mills 的产品 Polartec® 是目前

（a）始祖鸟　　　　　（b）北面
（ARC'TERYX）排汗层　　（The NorthFace）排汗层

图12-8　排汗层

最受欢迎的户外抓绒产品，被《时代周刊》誉为世界上100种最佳发明之一。它比一般的抓绒衣更加轻、软、保暖性强、不掉绒、透湿性好且干燥快（图12-9）。

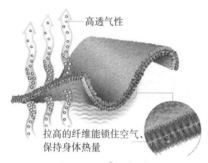

高透气性

拉高的纤维能锁住空气，保持身体热量

（a）Polartec® 抓绒面料

（b）Polartec® 抓绒面料服装

图12-9　Polartec® 抓绒面料和服装

防水防风层（外层）的主要面料是一层防水透气薄膜。世界上最著名的是1976年美国戈尔公司（W.L. Gore & Associates, Inc.）发明的一种微孔薄膜 Gore-Tex（图12-10）。这种薄膜类似人类的皮肤，材料为聚四氟乙烯（PTFE），其表面有14亿个微孔［图12-10（b）］，既能够阻止外部水和风的渗透，又能使体表汗水蒸发到薄膜外。这种面料经过超过500小时的洗涤，仍有防水性能。Gore-Tex 性能好、价格昂贵，被广泛应用于顶级户外运动品牌。除 PTFE 外，其他材料如聚氨酯（PU）和弹性聚氨酯（TPU）也有广泛应用。

（a）Gore-Tex 微孔薄膜

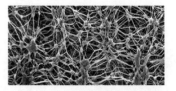

（b）微观结构

图12-10　Gore-Tex 微孔薄膜和微观图像

一般防水透气薄膜不能单独使用，必须和其他面料层结合。目前防水防风层分为两层面料和三层面料。两层面料是由防水透湿薄膜层贴合一层外层面料形成（图12-11），其中外层面料通常采用涤纶和锦纶。在实际使用中，通常在两层面料里面加上一层活动内衬，以保护防水透湿膜。三层面料是防水透湿膜两面贴合面料形成，看上去像一层面料。如图12-12所示为采用两层和三层面料制成的冲锋衣。可以看到三层面料的内衬在缝合处需要贴防水密封条。

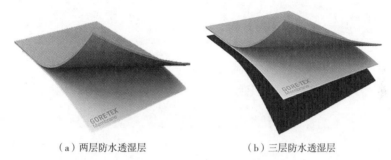

（a）两层防水透湿层　　　　　　（b）三层防水透湿层

图12-11　两层和三层防水透湿层

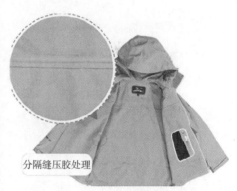

分隔缝压胶处理

（a）两层防水透湿层制成的冲锋衣　　　　　　（b）三层防水透湿层制成的冲锋衣

图12-12　两层和三层防水透湿层制成的冲锋衣

（2）服装结构和细节设计。为了确保服装的防风防水性能，除了面料外，还需要考虑服装开口处、面料接合处的防水防风性能。开口部位的设计主要有：帽子一般采用带有护脸帽的立领结构，帽子颈部和后部采用收缩装置使帽子紧贴头部［图12-13（a）］，这样避免了大风对头颈部位的侵扰，同时更加符合人体形态特征；服装的下摆和脚口部位采用收缩拉绳以防止冷风的倒灌［图12-13（b）］；袖口采用魔术贴粘合［图12-13（c）］；袖口处设小挂扣，可以把手套挂住；可设防风裙［图12-13（d）］，进一步增加服装对腰部以下部分的防护性能。在面料拼接处或者结合处（如门襟）需要加装密封条和防水拉链［图12-13（e）（f）］。

（a）可收缩带护脸的帽子　　　（b）可收缩的服装下摆　　　（c）带魔术贴的袖口

（d）防风裙　　　　　　　（e）防水拉链　　　　　（f）接缝处有密封条

图12-13　登山运动服装的防水防风的结构设计

为保持人体热湿舒适性，服装也需有优良的透湿透气性。例如可以在人体的胸、背、腋下等部位设置透气网格内里［图12-14（a）］；可以在腋下、大腿外侧设置透气拉链，方便透气［图12-14（b）（c）］。

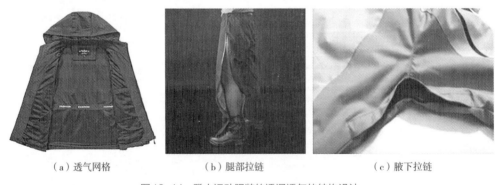

（a）透气网格　　　　　　（b）腿部拉链　　　　　（c）腋下拉链

图12-14　登山运动服装的透湿透气的结构设计

为增加服装压力舒适性，可以在人体运动幅度较大的部位，如肘部和膝关节部设计出更多的活动量，采用加大松量的立体式设计，同时在这些部位采用加厚面料，增加耐磨性［图12-15（a）（b）］。在腰部，可以采用松紧带，减少弯腰时对人体的束缚［图12-15（c）］。

（a）肘部大松量耐磨设计　　　（b）膝关节大松量耐磨设计　　（c）腰部松紧带设计

图 12-15　登山运动服装的压力舒适性设计

另外，为增加服装在多个场景下的穿着性能，经常会出现一衣多穿的可拆卸式设计（图12-16）。例如登山服的中层抓绒衣可以和外层冲锋衣结合成一件服装，也可以拆开，以满足不同温度环境人体对保暖性的需求；登山裤可以拆分成短裤，也可以组合成长裤，增加服装的实用性。

（a）可拆卸冲锋衣　　　　　　（b）可拆卸登山裤

图 12-16　登山运动服装的实用性设计

（二）医用防护服设计

医用防护服装能够阻止各类可能携带病原体的分泌物、喷溅物、颗粒物等接触人体、保护医务人员的健康与安全。特别是在2019年新型冠状病毒感染暴发后，医用防护服装对医护人员的健康再次发挥了重要作用。这里从功能性、舒适性、实用性、合体性和穿脱便利性等角度出发，介绍医用防护服装的材料选择。

1. 需求分析

（1）功能性。一次性医用防护服最主要的功能是针对病菌、电磁辐射和有害粉尘等的防护性。所以，医用防护服的设计主要考虑面料的防护性以及服装开口处的密封性。

同时，服装需要具备抗静电性能。这一性能可以防止手术服携带静电从而吸附大量的灰尘和细菌，避免对患者伤口不利，同时可以防止静电产生的火花爆引手术室内的挥发性气体；静电还可能影响精密仪器的准确性。此外，服装需要有阻燃性。

（2）舒适性。由于作业时间长，医用防护服的密闭性差，加上有时面临的高温环境，医护人员容易遭受热应激的影响。热应激会引起人体显著出汗、脱水、体温升高、心率加快等生理现象。特别是2019年新型冠状病毒感染暴发后，医护人员出汗虚脱、晕厥甚至中暑事件屡有报道。因此，在确保医用防护服防护功能的基础上，如何提高其热湿舒适性是需要探索的问题。

医用防护服装需满足人体在不同动作下的压力舒适性。这要求服装面料需要具备一定的伸长率，同时要注意在人体和服装开口处密封的基础上，减少对人体的压迫感。

另外，医用防护服装需要满足人体和服装的接触舒适性，特别要注意的是皮肤和服装直接接触的部位例如袖口、裤口等。这些部位在人体出汗的情况下和服装摩擦加剧，容易造成皮肤损伤。

（3）实用性。由于人和医疗器械之间通常存在机械性刮擦等，服装需要具备较好的耐磨性和强度，否则服装会因为破损而失去防护性能。

（4）合体性。医用防护服装需要满足合体性要求。目前的医用防护服在袖子、裤腿与躯干接合处较为肥大，在肢体伸展时容易刮到其他物体，影响工作，另外在上肢自然下垂时，腋窝处容易形成衣物堆叠，不利于人体活动。另外，目前的防护服装只有针对男性尺寸的设计，没有针对女性的设计，而医护人员中女性人数占很大比例，需要有适合女性尺寸和形态的医用防护服的设计。

（5）穿脱便利性。由于服装阻隔性能要求高，一次性医用防护服大多为连体式，穿着者需从上衣处将腿部先伸入服装中，然后上拉防护服，再一次将手臂穿入，随后需将裤脚盖住脚踝及安全鞋，并一次佩戴好护目镜等其他防护用具，最后完成戴防护帽、拉拉链等操作。由于服装的穿脱复杂性，医护人员如厕特别不方便，为了减少去厕所的次数，不得不控制食物和水分摄入，这在一定程度上损害了医护人员健康。

2. 医用防护服装设计

我国制定的医用一次性防护服国家标准 GB 19082—2009《医用一次性防护服技术要求》规定了医用防护服装的防护功能，即液体阻隔性能（抗合成血液穿透性、抗渗水性和表面抗湿性）和颗粒阻隔性能（过滤性能）、断裂强力、阻燃性、抗静电性、透湿透气等性能。同时对服装款式、结构和细节上做了规定。除了我国国标外，世界上主流的医用防护服装标准有美国NFPA 1999—2018标准和美国ANSI/AAMI PB70—2012标准以及欧盟EN 14126—2003标准。不同国家在医用防护服性能指标标准制定方面有较大的不同。需要合理设计面料、款式和结构等以满足上述性能需求。

（1）面料。目前医用防护服面料主要有单层非织造布、复合非织造布和覆膜非织造布三种类型（图12-17），其中能够满足GB 19082—2009标准的面料通常为覆膜非织造布。覆膜非织造布是在非织造布的基础上贴合一层薄膜，其形式有一层布加一层膜和两层布夹一层膜。常用的薄膜有微孔聚四氟乙烯（PTFE）和聚乙烯（PE）透气膜（图12-18），其中，非织造布复合微孔聚四氟乙烯材料的防护服装具备更佳的透湿性、耐磨性和柔韧性等特性，但是PTFE制备难度大且成本高，限制了其广泛应用。

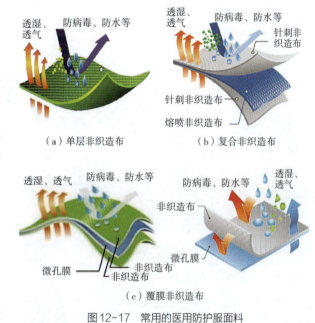

（a）单层非织造布　（b）复合非织造布

（c）覆膜非织造布

图12-17　常用的医用防护服面料

（a）PTFE微观结构及实物图　　（b）PE透气膜微观结构及实物图

图12-18　医用防护服用薄膜

（2）服装款式和结构。一次性医用防护服装根据款式可分为连体式和分体式，如图12-19所示。连体式防护服装密闭性更好，一般应用于甲类或按甲类管控的传染病治疗。为了确保医用防护服装的防护性，一般在袖口、脚踝口采用弹性收口；在帽子面部收口采用弹性收口、拉绳收口或搭扣；在面料接缝处，采用密封胶条；在门襟处增加密封胶条，保证服装门襟处的密合性（图12-19）。另外，为了防止衣袖在医护人员在作业过程中上下滑动，杜邦和UVEX公司在袖口部位增加了弹性的拇指圈（图12-20）。

在医用防护服肘部、膝关节和连帽结构处设计足够的松量，减少服装压力。另外在腰部设置弹性松紧带，满足不同身形需求（图12-21）。

图12-19　一次性医用防护服款式

（a）袖子弹性收口　　　（b）帽子弹性收口　　　（c）拼接处密封条

（d）门襟处密封条　　　（e）弹性拇指圈

图12-20　一次性医用防护服防护结构设计

（3）新材料和新技术应用。虽然标准规定了医用防护服的透湿透气性能，但是学者们发现人体穿着一次性医用防护服在凉爽环境（20℃）下短时间内（约1小时）也会产生热应激，说明现有防护服装存在热湿舒适性差的问题。学者们致力于研究如何将新材料、新技术与服装结合，改善人体穿着防护服时的热湿舒适性。

图12-21　一次性医用防护服压力舒适性设计

De Korte等设计了相变材料马甲穿在医用防护服装内部。相变材料马甲是在胸部设置16个格子，背部设置20个格子，每个格子装入相变材料，如图12-22（a）所示。该学者通过人体穿着实验证明相变材料马甲可以降低人体在室温环境下的心率，改善人体舒适性。同时，该马甲使用方便：从低温箱内取出马甲，直接从头上套入并系上两侧的带子，穿上医用防护服工作，脱下时解开带子从头部脱下，消毒，再放入低温箱［图12-22（b）］。然而，该相变材料马甲能否推广使用还需要进一步进行人体穿着试验，综合评价该服装的有效性、重量感和运动便利性等问题。

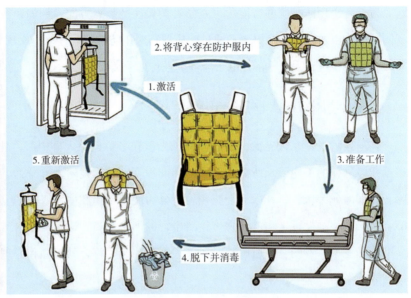

（a）相变材料马甲 　　（b）相变材料马甲使用步骤

图 12-22　相变材料马甲

　　正压医用防护服是通过积极送风的方式改善人体热湿舒适性，如图 12-23 所示。该服装在腰部设置送风装置（图 12-24），送风装置内置风机产生的气流通过送风口，经过和服装连通的管道进入防护服内部，在服装内部形成空气流动，促进汗液蒸发带走热量，减少人体的不适感。气流被送出送风口之前，需要经过防喷溅盖板和过滤装置，保证清洁空气进入服装内部。送风装置通过弹性腰带挂在后腰部，并通过背带固定。正压医用防护服已用于医护人员作业现场。然而，目前缺乏针对正压医用防护服的人体穿着实验，需要开展实验评价其有效性、舒适性、穿脱便利性等。

图 12-23　正压医用防护服

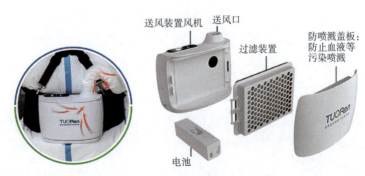

图 12-24　正压医用防护服的送风装置

另外，医用防护服的智能化也是学者们关注的热点方向。例如，智能医护服装可以监视防护性能以及做出危险提醒，通过感应器与医用防护服的连接，实现温度、气体等监控，将数据实时传送到手机屏幕等电子器件上进行远距离监测。

（三）肢体残障人群服装设计

我国残障人口基数庞大，而肢体残障人群在各类残障人群中所占比例最高为29.07%。根据残障部位的不同以及所需要外界的辅助程度，肢体残障人群分为上肢残障者、下肢残障者和偏瘫或卧床者。其中，上肢残障者分为使用单拐和使用双拐的上肢残障者，下肢残障者包括需要拄杖行走和需要乘坐轮椅出行的下肢残障者，偏瘫或卧床者分为久卧型、久坐型和站立型。不同于普通服装，残障人群服装必须符合其生理和心理特征，才能对人体起到辅助作用，维护其尊严。

在研究残障人体形态、运动能力、生理和心理特征的基础上，分析残障群体对服装的需求，从而指导下一步功能服装的设计。这里主要从穿脱方便性、舒适性、功能性、合体性、实用性和审美性等方面进行分析。

1. 需求分析

（1）穿脱方便性。目前，服装穿脱不方便是所有肢体残障者最为重要的"痛点"问题之一，主要表现在洗澡、起床和上厕所时服装穿脱非常不便。偏瘫和卧床者人群通常还需要他人的协助来完成服装的穿脱，特别是长期卧床老人，穿衣时即使有护理人员辅助仍然较为困难，而且老人极易被弄疼甚至扭伤。残障人群服装的款式结构、开口和系结方式要尽可能满足穿脱便捷及小范围活动的需求。例如，上衣领部、肩部及袖部设计开口；裤子前后裤片不缝合；用拉链、磁扣或魔术贴来代替烦琐的纽扣等。研究者还发现弹性面料可以减少下肢残障者穿裤子的时间，提高裤子穿脱便捷性。

另外，针对轮椅使用者和长期卧床人群，如厕时，裤子的穿脱方便性问题更为突出。在设计时，通常需要对裤子裆部设置开口及遮挡布。

（2）舒适性。研究者们调查发现残障人群对于服装舒适性的要求高于服装穿脱便捷性。服装的舒适性主要包括接触舒适性、压力舒适性和热湿舒适性。为满足人体接触舒适性的需求，需要选择柔软的面料如棉、天丝等。为满足压力舒适性的需求，应选用宽松的服装，同时避免局部压力。例如需要拄杖行走的下肢残障者通常使用拄杖类辅助器械帮助行走，如果肘部的宽松量不足，则会造成服装拉扯，使肩背部过于紧绷，造成压力增大。残障人群对服装热湿舒适性的要求比正常人高，特别是长期使用轮椅者和卧床者，这是由于这两类人群臀部和背部与座椅接触或者长期与床接触，容易产生闷热感、出汗、长褥疮，滋生细菌加重病情，因此应该选择吸湿排汗、透湿透气好的面料。

（3）功能性。残障人群的体温调节能力弱于正常人，一方面是因为其运动少且运动量小，因此产热量少，特别是轮椅肢残者和截瘫者产热量更少；另一方面是因为人体血液循环减慢。服装应具备良好的调温性能：在低温环境下，服装要有足够的保暖性来维持人体所需的热平衡，特别是要加强服装对下肢和腰腹部的保暖；在高温环境下，服装应该具有良好的水分管理性能、透湿和透气性等。

（4）合体性。由于残障人群形态及运动特征和普通人不同，需要特别注意其服装的合体性。在形态上，肢残人士身体通常存在左右不对称、上下比例不协调等问题，所以可以通过服装设计细节和手法塑造服装的外形，让人们的视觉焦点集中在服装造型和细节上，而忽略穿用者本身缺陷，例如设计时运用色块分割、超大翻领、夸张肩部、精致装饰等方式。

肢体残障者在运动时，由于其局部反复重复某个动作并和服装拉扯作用力强，因此会造成人体局部压力较大和不舒适感。例如，下肢残障者要注意袖肘部位的合体性，过紧会造成肩背部、肘部和袖口的压力过大。

另外，残障人士长期保持一个姿势时候，要注意服装的局部合体性。例如，轮椅使用者的上衣要前片短、后片长，裤子前裆要略短、后裆需较长，否则前片和前裆会堆积在人体前部造成不舒适感。

（5）实用性。针对肢体残障人群特别是长期使用拐杖者和轮椅使用者，要特别注意服装的局部耐磨性。例如长期拄拐杖人群所穿服装容易在肘部，前臂外侧，大腿部和腋窝处出现磨损。故这些部位的面料应具有一定的耐磨性。长期轮椅使用者的肘部、臀部和背部与轮椅反复摩擦，这些部位也应配置耐磨性好的面料。

针对残障人群特别是长期轮椅使用者和卧床者，要特别注意服装的局部抗菌和易洗快干等功能。这两类人群要特别注意腰腹部和臀部面料的抗菌性和易洗快干性等。

（6）审美性。肢体残障者特别是40岁以下的残障者对服装的审美性有较高的要求。肢体残障人群通常希望服装对其身体有遮盖和美化作用，使其看起来和正常人没有区别。例如，可以通过色彩设计、款式设计和细节设计实现服装的美观舒适设计。

2. 残障人群服装设计案例

（1）轮椅使用者服装设计。从开襟方向和位置设计、紧固件的选择、服装口袋位置和服装宽松度方面，Shurong等设计了针对生活可以自理的轮椅使用者下装（图12-25）。裤子开口设置在腰部两侧向下16cm处，以魔术贴连接，便于穿脱。开口两侧布料重叠遮挡，腰

（a）腰部魔术贴　　　（b）磁扣　　　　耐磨面料　■ 高弹性面料　　　抗菌面料
　　　　　　　　　　　　　　　　　　　（c）轮椅使用者上衣　　　　（d）轮椅使用
　　　　　　　　　　　　　　　　　　　　　　　　　　　　　　　　　者裤装

图12-25　轮椅使用者易护理服装设计

部搭配3个可调节的暗扣，解决如厕问题，保持坐姿即可上厕所。另外，上装采用大的磁性扣代替塑料扣。

在面料方面，由于轮椅使用者经常转动轮椅，袖子部分必须用耐磨性好的涤/棉织物；背部、肩部和身体侧边采用高弹性织物；臀部和裆部应该用抗菌性好、耐磨的涤/棉织物以防压疮和脓性感染。作者通过真人穿着实验证明新设计的服装在穿脱便利性方面明显优于传统服装。

Wang等基于一衣多穿的理念设计了一款面向轮椅使用者的功能服装（图12-26）。上衣采用方形袖窿拉链，后背设计横向拉链，方便调节；肘部外侧设计褶裥，符合肘部弯曲形态，使肘部运动更加灵活。下装在大腿根部设置前后开口和拉链，可以安装或拆卸，方便如厕和清洗；在膝盖的前部设计褶裥，以适应坐姿时膝盖弯曲状态，减少裤装对膝盖的压力；在臀部、下背部、膝盖等需要特别保暖的区域增加可添加层。

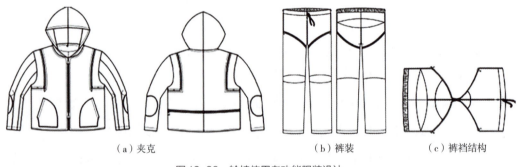

（a）夹克　　　　　　　　（b）裤装　　　　　（c）裤裆结构

图12-26　轮椅使用者功能服装设计

（2）上肢残障者服装设计。Chang等设计了上肢残障者服装（图12-27）。在色彩上，上衣和裤子使用相同颜色的材料和面料，以减少上半身和下半身的视觉不平衡性。

上衣结构设计上的重点是利用不同的尺寸来加强人体的厚度和宽度特点，并利用填充材料来平衡视觉效果。设计的核心要素是肩部设计，应将肩部做成弯曲形状，并用三维方法进行修正。垫肩可以弥补左右肩高差2.5cm，在垫肩中间设计一个凹面，在1/3位置设计一个较高的肩尖。外侧材料做成翘曲肩的形状，肩垫两侧加宽袖孔和肩部，肩垫将肩宽和肩厚拉长2cm。

下肢主要考虑人体运动功能，上下水平分割设置在腰线最细的位置，便于运动。同时也减少了服装的不对称并美化了服装外观。

（3）卧床老人服装设计。潘力等设计了不同程度的卧床老人的服装。如

图12-27 上肢残障者服装设计

图12-28所示为轻、中度卧床老人服装设计。为配合医用导尿管的使用，在裆部做了特殊结构设计：在裤前裆处留有开口，以便放入导尿管，在裤裆开口下方有托袋，以支撑接尿器；在外层设计遮挡布，遮盖接尿器及隐私部位。另外，在裤管侧面设置固定导尿管的拉链，顺着导尿管向下设有盛放尿液容器的立体口袋，其中口袋表面为两层，里层是透明的PVC材料，方便随时观察老人的尿量，外层是起遮挡作用的口袋布。裤子后方挖空臀部位置，并外接一片可拆卸的遮挡布，方便随时换洗。

（a）轻、中度卧床老人服装款式图　　（b）轻、中度卧床老人服装
　　　　　　　　　　　　　　　　　　　　　　　实物图

图12-28 轻、中度卧床老人服装设计

如图12-29所示为重度卧床老人服装设计。为穿脱方便，上衣插肩袖只与前片缝合，后衣片单独存在。穿着时先将后衣片铺在床上，然后把老人翻身到后片上，接着盖上前片并分别穿上两个袖子，最后将后片的侧摆交叉粘到前衣片上即可。另外，因重度卧床老人大小便一直在床上，容易污物倒流弄脏衣服，所以其上衣的前片稍可盖住腰腹。裤子采用剪掉前中、后中腰部及裆部的"裤裙"方式，只留腰部两侧及裤管，裙片用以遮羞，这样既方便护理人员更换纸尿片，又能防止裤管下滑。

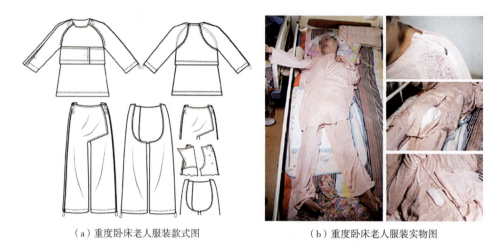

（a）重度卧床老人服装款式图　　　　　（b）重度卧床老人服装实物图

图12-29　重度卧床老人服装设计

第四节　创意服装材料的选择

一、创意服装材料选择方法

创意服装是打破常规服饰理念，主要利用色彩、文字、图像、材料等体现独特的个性审美表达，让人们在穿衣方面更加自由和个性，传达更多情感和情绪。材料的选择和应用一般可以遵循以下流程和方法。

（一）获得创意服装材料灵感

在设计创意服装时，服装设计与材料选择是交织在一起的。选择合适的面料可以实现设计创意和效果，反过来，面料选择也可以为设计带来新的灵感和可能性。

创意服装材料灵感可以来源于日常生活，可以通过观察人们的日常生活习惯、需求以及审美趋势，从中发现新的设计点，如环保主题的服装，则可以选择使用可再生或可降解的材料来制作面料。此外，可以师法自然界的万物汲取灵感，如动植物的纹理、色彩和形态，例如，观察蜘蛛网的精致结构，可以创造出具有相似纹理和透明度的面料。还可以从历史、传统、民族服饰以及现代艺术中汲取灵感。不仅如此，科技革新为创意设计带来了更多可能性，如利用3D打印技术可以创造出具有复杂结构和形状的面料。

（二）研究创意服装材料特性

要深入研究创意服装材料特性，以实现最佳应用。不同设计理念与目标受众对创意服装特性有不同要求，但共性在于：独特性、艺术性、舒适实用及环保可持续。独特纹理、色彩和结构赋予服装独特视觉效果；材料应体现艺术审美，增添魅力；同时注重舒适性与实用性；选择可再生、环保材料，降低环境影响。

（三）进行创意服装材料创新实验

需要进行材料创新实验以获得理想的创意服装效果。通常利用的手段如下。

1. 面料改造

面料改造是对现有面料进行创新和改造的过程，它涉及对面料形态、结构、色彩、纹理等方面的变化。通过对面料进行切割、拼接、折叠、缝纫、印染、刺绣等操作，创造出全新的面料效果和表达方式。

2. 混合搭配

创意服装材料的混合搭配是指将不同材质、不同风格、不同颜色的面料进行巧妙组合，创造出独特的视觉效果。可以将不同材质混搭，强调材质的对比和碰撞的视觉效果；也可以利用不同颜色的面料进行搭配，创造丰富多彩的视觉效果；将不同风格的面料进行混搭，可以创造出独特的时尚风格；利用不同纹理的面料进行搭配，可以增加服装的层次感和立体感。

3. 新材料与新技术应用

创意服装设计在现代科技的推动下，展现出了前所未有的创意与独特性。例如3D打印技术、激光切割技术、AI技术和智能穿戴技术等，为设计师提供了无限的创新空间，使得创意服装设计更加多元化和个性化。

4. 可持续材料开发与应用

可持续材料在创意服装的应用设计中发挥着日益重要的作用。可以采用环保面料进行创意设计，如再生纤维和生物基纤维面料等，来打造兼具时尚与可持续性的服装作品。也可以再加工纺织废料或废旧纺织品，可制得新型面料，这包括物理改造如裁剪、拼接以及化学处理如漂白、染色等。

二、创意服装材料应用设计

（一）基于面料改造的创意服装设计

面料改造是创意服装设计中常用的一种手法。如图12-30所示这个服装系列以《哪吒之魔童降世》故事背景为灵感来源，表达优秀传统文化与现代生活态度的结合。这一系列作品以推绣和手工抽褶为设计手法，使其形成起伏不平的褶皱纹理，既增添了服装的立体感和层次感，又表达了主题。

图12-30　基于面料改造的创意服装设计（广东工业大学学生作品一）

如图12-31所示灵感源于中国传统皮影艺术，设计采用了平面立体肌理的羊毛毡在廓型较夸张的服装造型上展现皮影艺术的美。同时，通过精细的工艺，形成可硬可柔的视觉以及触觉感受，让更多的人认识和了解皮影艺术。

图12-31　基于面料改造的创意服装设计（广东工业大学学生作品二）

（二）基于混合搭配的创意服装设计

混合搭配在创意服装设计中也较常使用。例如，对比色和邻近色的使用带来强烈的视觉美感［图12-32（a）］。厚重、平整的皮革与轻薄、蓬松的纱质面料进行搭配，会产生强烈的视觉效果［图12-32（b）］。在大面积的条纹图案上一些纯色和拼接的印花图案带来了强烈的视觉冲击力［图12-32（c）］。

（a）使用对比色和邻近色的创意服装

（b）使用皮革和纱质面料搭配的创意服装

（c）不同图案拼接的创意服装

图12-32 基于混合搭配的创意服装设计

（三）基于新材料和新技术的创意服装设计

1. 新材料应用

新材料和新技术为创意服装设计带来了更多可能性。如图12-33（a）所示为设计者利用温感变色纱线，结合扳针床"仿刺猬外观"凹凸肌理设计的创意服装设计。如图12-33（b）所示为设计者利用光纤材料设计的仿水母外观服装。如图12-33（c）所示为设计者采用夜光材料设计的创意夜行服装。

2.3D打印技术

3D打印技术在创意服装设计中的应用为设计师们带来了无限的可能性，它可以依据设计师的构想，快速形成结构，为设计增添未来感和科技感。值得一提的是，3D打印参数化设计将服装设计的自由度提升到了一个新的高度，其通过精确控制打印参数，可创建出更加个性化、复杂且富有创意的服装作品。如图12-34所示为广东工业大学服装设计专业学生创作的3D打印仿生服饰作品及参数化配饰。

（a）"仿刺猬外观"凹凸肌理创意服装设计

（b）仿水母外观服装

（c）创意夜行服装

图12-33　基于新材料和新技术的创意服装设计
（广东工业大学学生作品）

3. 激光切割技术

激光切割技术为创意服装设计注入了新的活力，设计师通过精确控制激光束，将面料切割成各种独特的形状和图案，打造出既具有现代感又充满艺术气息的时装作品。如图 12-35（a）所示为学生通过激光切割技术制作的城市元素创意服装；如图 12-35（b）所示为学生创作的仿建筑纹理的服装。

4. AI技术的应用

AI能够迅速生成多样化的服装设计方案，设计师们可以借助AI技术快速试错、调整细节，从而大大缩短设计周期。同时，AI还能提供个性化的服装推荐和定制服务，满足消费者的多元化需求。如图 12-36所示为学生利用Midjourney软件生成的创意图案，并制作出服装。

5. 智能穿戴技术

智能穿戴服装可以实时捕捉穿着者生理信号或者环境变化信号而做出某些调节，其主要涉及服装内置的传感器和控制装置，其中传感器主要包括光、热、声、电流传感器等。如图 12-37（a）所示为学生创作的距离感应的智能交互服装，主要利用了距离传感器作为输入信号，通过舵机控制服装帽子升起和降落。如图 12-37（b）所示为学生创作的声音感应的智能交互服装，主要利用了声音传感器作为输入信号，控制服装灯带的发光。

图 12-34 3D打印服饰作品（广东工业大学学生作品）

（a）城市元素创意服装　（b）仿建筑纹理的服装

图 12-35 激光切割服装作品
（广东工业大学学生作品）

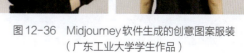

图 12-36 Midjourney软件生成的创意图案服装
（广东工业大学学生作品）

（a）距离感应　　　　　　　　　　　（b）声音感应

图12-37　智能交互服装设计（广东工业大学学生作品）

（四）基于可持续材料的创意服装设计

利用环保材料进行创意服装设计，是现代时尚界的一种重要趋势。如图12-38所示为学生创作的基于竹材料的创意服装。竹子在可塑性方面展现出了卓越的特性，其在受力时能够灵活弯曲而不易断裂，这种独特的可塑性为创意服装设计提供了无限的想象空间。该作品利用竹材料，通过弯曲、编织、折叠等手法，创造出形态各异、充满动感的服装造型。如图12-39所示为学生利用环保的黏土材料制作的创意服装。也可利用旧衣改造以及各类废料的二次资源利用进行创意服装设计。如图12-40所示为学生利用废弃面料创作的服装作品，宣传了环保理念。

图12-38　基于竹材料的创意服装（广东工业大学学生作品）

图12-39　利用环保的黏土材料制作的创意服装（广东工业大学学生作品）

图12-40 利用废弃面料创作的服装作品（广东工业大学学生作品）

本章小结

- 深入探讨了服装材料选择的重要性和原则，以及在不同类型服装设计中的应用。服装材料不仅影响外观和质感，还直接关系到穿着者的舒适度、功能性、耐用性和环保性。

- 服装材料选择应遵循实用和创意两大分类，其中实用服装强调日常穿着需求和功能性，创意服装则注重创新性和独特性。每种服装的材料选择方法不同，需要根据5W1H原则（Who、Why、When、Where、How much、What）来确定。

- 日常穿着类服装材料选择涉及正装、礼服、内衣和运动服装等，每种服装都有其特定的材料需求。特殊功能类服装材料选择则侧重于用户需求和"4F"设计原则（Function、Feel、Fit、Fashion）。

- 创意服装材料选择方法包括获取灵感、研究材料特性和进行创新实验。通过面料改造、混合搭配、新材料与技术应用以及可持续材料开发，设计师能够创造出具有独特风格和视觉效果的服装。

- 本章通过案例分析，展示了如何根据不同服装的需求和功能，选择合适的材料，以及如何通过材料创新来提升服装的设计感和实用性。

思考与练习

1. 服装材料的选择如何影响服装的外观设计和质感？

2. 在实用服装和创意服装的材料选择上，各有哪些不同的考虑因素？

3. 5W1H原则在服装材料选择中是如何应用的？请举例说明。

4. 正装设计中，为何要选用纯羊毛或羊毛混纺面料？这些面料的特性是什么？

5.礼服材料选择时，应考虑哪些因素以确保其华丽和舒适？

6.运动服装在材料选择上有哪些特殊要求？这些要求如何影响运动员的表现？

7.儿童服装在材料选择上有哪些安全和舒适方面的考虑？

8.特殊功能类服装的设计中，"4F"设计原则是如何体现的？

9.在创意服装设计中，如何通过面料改造和混合搭配来实现设计创新？

10.可持续材料在创意服装设计中的应用有哪些挑战和机遇？

参考文献

[1] 张素俭，吴春燕，高伟良. 吸湿排汗涤纶双面织物的开发[J]. 棉纺织技术，2012，1：57–59.

[2] JIANG H H，CAO B，ZHU Y X. Improving thermal comfort of individual wearing medical protective clothing: Two personal cooling strategies integrated with the polymer water–absorbing resin material [J]. Building and Environment，2023，243：110730.

[3] YANG J C，ZHANG X P，KOH J J. Reversible hydration composite films for evaporative perspiration control and heat stress management[J]. Small，2022，18（14）：2107636.

[4] WANG L J，PAN M J，LU Y H，et al. Developing smart fabric systems with shape memory layer for improved thermal protection and thermal comfort[J]. Material & Design，2022，221：110922.

[5] 李卓. 感性工学设计方法：车身造型适应性研究[M]. 武汉：武汉理工大学出版社，2019.

[6] 吕晓娟，徐军. 基于感性工学的女装色彩搭配评价[J]. 毛纺科技，2021，49：94–98.

[7] 张苏道，薛文良，魏孟媛，等. 眼动仪在服装面料色彩视觉评价中的应用[J]. 纺织学报，2019，40（3）：139–145.

[8] 李杨，吴晶. 服装波点图案消费感知与设计要素的相关性[J]. 纺织学报，2020，41：132–136.

[9] 郝新月，刘凯旋. 袜子装饰图案设计的感性评价研究[J]. 毛纺科技，2021，49：54–59.

[10] 李倩文，王建萍，杨雅岚，等. 基于数量化理论I的男西装款式要素感性评价[J]. 纺织学报，2021，42：155–161.

[11] 蔡丽玲，任钱斌，季晓芬，等. 女性运动裤脚款式感知评价与个性化定制推荐[J]. 纺织学报，2023，44：165–171.

[12] GOLDMAN F. The four "Fs" of clothing comfort[M]// Elsevier Ergonomics Book Series. Amsterdam：Elsevier，2005，3（C）：315–319.

[13] PARK S H. Personal protective equipment for healthcare workers during the COVID–19 pandemic[J]. Infection & chemotherapy，2020，52（2）：165–182.

[14] DE KORTE J Q，BONGERS CCWG，CATOIRE M，et al. Cooling vests alleviate perceptual heat strain perceived by COVID–19 nurses[J]. Temperature，2021，9（1）：103–113.

[15] CHANG W M, ZHAO Y X, GUO R P, et al. Design and study of clothing structure for people with limb disabilities[J]. Journal of Fiber Bioengineering and Informatics. 2009，2（1）：62–67.

[16] HU S R, WU X X. The design and evaluation of easy–care clothing for disabled[C]// Proceedings of the 2016 2nd International Conference on Architectural，Civil and Hydraulics Engineering. 2016.

[17] WANG Y Y，WU D W，ZHAO M M，et al. Evaluation on an ergonomic design of functional clothing for wheelchair users[J]. Applied Ergonomics，2014，45：550–555.

[18] 潘力，杨玉洁，朱春燕. 基于卧床老人功能性服装的设计研究与实践[J]. 装饰，2018，（11）：116–119.